全国高等职业教育规划教材

Flash CS6 动画设计项目化教程

主　编　刘本军　叶云青
副主编　王　敏　杨　华
参　编　黄亚娴　严　滔　徐　艳　向　阳

机械工业出版社

Flash CS6 是 Adobe 公司 Creative Suite 6 中的一款矢量动画制作和多媒体设计软件，广泛应用于网站广告制作、游戏设计、MTV 制作、电子贺卡制作、多媒体课件制作等领域。

本书由浅入深，通过循序渐进的方式介绍了 Flash CS6 的各种基础知识和操作，侧重于实用性，以"软件功能+项目化案例+实训"的结构方式构建内容，使读者在学习 Flash CS6 动画制作的过程中轻松掌握各种动画的创建方法和技巧。本书主要内容包括：Flash CS6 的动画基础知识、图形的绘制与编辑、文本的创建与编辑、元件与库资源的管理、Flash 基本动画制作与高级动画制作、声音和视频的应用、ActionScript 3.0 基础和进阶以及 Flash 组件的使用，最后介绍了 Flash 动画的发布，并特别介绍了在智能手机平台上的使用。

本书配套教学光盘，包含所有案例和实践任务的 FLA 源文件、设计素材、效果及电子课件，方便教师教学和读者练习。特别声明，所有文件仅供教学使用，不可用于商业目的。

本书不仅可供高职高专院校、成人高校及本科院校举办的二级职业技术学院、继续教育学院和民办高校使用，也可以作为 Flash 动画爱好者及电脑动画制作培训班的参考书。

图书在版编目（CIP）数据

Flash CS6 动画设计项目化教程 / 刘本军，叶云青主编. —北京：机械工业出版社，2014.7（2016.8 重印）
全国高等职业教育规划教材
ISBN 978-7-111-47432-6

Ⅰ．①F… Ⅱ．①刘… ②叶… Ⅲ．①动画制作软件—高等职业教育—教材 Ⅳ．①TP391.41

中国版本图书馆 CIP 数据核字（2014）第 162754 号

机械工业出版社（北京市百万庄大街 22 号　邮政编码 100037）
责任编辑：鹿　征
责任校对：张艳霞
责任印制：李　洋

北京振兴源印务有限公司印刷

2016 年 8 月第 1 版·第 2 次印刷
184mm×260mm·19.25 印张·476 千字
3001—4800 册
标准书号：ISBN 978-7-111-47432-6
　　　　　ISBN 978-7-111-89405-562-0（光盘）
定价：46.80 元（含 1DVD）

前 言

在这个日新月异的网络时代，Flash 就像一道亮丽的彩虹，闪现在我们面前，Flash 不仅已经成为了一种动画制作手段，而且在网页制作、多媒体演示、手机、电视等领域得到了广泛应用。Adobe 公司推出的 Flash CS6，将动画设计、用户界面、HTML 代码整合功能，特别是智能手机程序的应用设计提升到了前所未有的高度。

本书主要介绍 Flash CS6 的基本应用，涉及 Flash CS6 的基本操作、动画制作技巧以及 ActionScript 3.0 编程技术。

全书以 Flash 动画制作过程为基础构建案例，贴近职业实际，按照实际动画设计应用提取不同的能力目标，分配到 10 个不同的项目中。项目 1 与 Flash 的第一次亲密接触，项目 2 图形的绘制与编辑，项目 3 文本的创建与编辑，项目 4 元件与库资源的管理，项目 5 Flash 基本动画制作，项目 6 Flash 高级动画制作，项目 7 声音和视频的应用，项目 8 ActionScript 3.0 入门，项目 9 ActionScript 3.0 进阶，项目 10 组件的使用与动画的发布。

有一点要着重说明的是 Flash CS6 中的编程语言。Flash 的老用户对 ActionScript 2.0 都已经非常熟悉了，随着编程技术的专业化，ActionScript 3.0 必然会代替 ActionScript 2.0。所以本书中涉及编程的地方，都是用 ActionScript 3.0 来进行制作，毕竟优秀的设计者和开发者总是勇于挑战、与时俱进的。

在本书的配套光盘中收集了各个项目案例的素材文件、源文件、SWF 动画文件及电子课件等，同时本书的习题涵盖了 Adobe 中国产品专家认证考试以及 Adobe Flash 动画设计师认证考试的知识点和技能点，为读者学习 Flash 提供一定的帮助。

在本书的编写过程中，国内著名游戏工作室西山居工作室的创始人之一李兰云，宜昌神工动画公司高级角色动画师薛辉给予了大力支持，在此表示衷心的感谢！

本书由刘本军和叶云青主编，参与编写的人员还有王敏、杨华、黄亚娴、严滔、徐艳、向阳。由于作者水平有限，书中纰漏在所难免，恳请广大读者批评指正。

编 者

目 录

项目 1　与 Flash 的第一次亲密接触

项目概述

本项目在介绍 Flash 的发展历程和特点之后，通过欣赏经典的 Flash 动画作品，激发同学们的学习兴趣，以此来了解 Flash 动画的应用领域，并通过案例来熟悉 Flash CS6 的工作环境，为进一步学习制作 Flash 动画做准备。

知识目标

- 了解 Flash 的发展历史和特点
- 了解 Flash 动画的应用领域
- 熟悉 Flash CS6 的工作环境
- 掌握 Flash CS6 文档的基本操作和辅助工具的使用

技能目标

- 能使用播放器播放动画
- 能正确启动和关闭 Flash
- 能进行新建和保存等常规操作
- 能区分不同格式的动画文件
- 能设计简单动画并发布动画

1.1　任务 1——认识 Flash

【任务背景】　在学习 Flash 动画之前，首先要对 Flash 动画有所了解，通过欣赏经典的 Flash 动画作品，揭开 Flash 的神秘面纱，同时培养大家对 Flash 动画的学习兴趣。只要对 Flash 产生兴趣，接下来的学习就会很轻松。ShowGood 公司出品的《大话三国》系列可谓一夜走红，图 1-1 所示为《大话三国》的动画效果，极为搞笑的对白，极尽夸张的设计，使许多 Flash 粉丝印象深刻，是经典的 Flash 作品之一。

【任务要求】　在本书配套光盘中有部分经典的 Flash 动画作品，通过 Flash Player 可以播放这些动画作品，了解 Flash 动画的相关应用领域。

图 1-1　【大话三国】

【素材支持】　配套光盘\【项目 1】与 Flash 的第一次亲密接触\经典作品

1.1.1　知识储备——Flash 发展历程

Flash 是一款优秀的二维矢量动画软件，采用矢量绘图方式显示图形，允许用户以时间轴的方式控制图形的运动，通过流的方式传输多媒体数据，同时支持以脚本控制各种动画元素，实现用户与动画的交互，是目前应用最为广泛的多媒体动画制作工具。

1995 年是互联网高速发展的一年，人们已经不满足于互联网的平面浏览模式，乔纳森·盖伊凭借着敏锐的市场观察力，设计了 Future Splash Animator 矢量动画软件，这就是Flash 的前身。这个软件有很多优点，其中最为称道的是流式播放和矢量动画，一方面流式播放可以解决网络带宽的问题，支持一边下载一边播放，而另一方面矢量图像解决了传统位图占用空间大的缺陷，直到现在这些仍然是 Flash 赖以辉煌的主要优势。

软件设计出来以后，主要拥有两大客户：微软公司使用该软件设计出了 MSN 中全屏幕广告动画界面来模拟电视，而迪斯尼公司使用该软件设计了 Disney online 网站。Macromedia公司觉察到了危机，因为在这之前该公司的 Shockwave 播放器，是网络上 Director 交互电影的唯一解决之道，他们一直希望迪斯尼会使用 Director 来制作这个动画网站。但是Shockwave 并非矢量图像，而且不具备流式播放的优势，所以并不适合网络传播，于是Macromedia 公司找到了乔纳森·盖伊，双方促成了并购。

1996 年 11 月，Macromedia 公司对收至麾下的 Future Splash Animator 进行了修改，并赋予它一个闪亮的名字——Flash。由于网络技术的局限，Flash 1.0 和 Flash 2.0 均未得到业界的重视。1998 年，Macromedia 公司推出了 Flash 3.0，并同时推出了 Dreamweaver 2.0 和Fireworks 2.0，三者一起被称为 Dream Team，这就是后来非常有名的"网页三剑客"。

1999 年 6 月，Macromedia 公司推出了 Flash 4.0，并且推出了 Flash Player 4.0 播放器，而原本的 Shockwave 播放器，成为 Director 软件的专用播放器，使得 Flash 摆脱了 Director束缚，成为真正意义上的交互多媒体软件。

2000 年 8 月，Macromedia 公司推出了 Flash 5.0，采用 JavaScript 脚本语法的规范，发展出第一代 Flash 专用交互语言 ActionScript 1.0。这是 Flash 的一项重大革命，因为在此之前，Flash 只可以称之为流媒体软件，而当大量的交互语言出现后，Flash 才成为了交互多媒体软件，这项重大的变革对 Flash 的发展有着相当深远的意义。

2002 年 3 月，Flash MX（Flash 6.0）发布时，陆续增加了动态图像、音乐、流媒体等技术，并且添置了组件、项目管理、预建数据库等功能，使 Flash 已经具备了挑战 HTML，成为网站主流技术的可能性。

2003 年 8 月，Macromedia 公司推出了 Flash MX 2004（Flash 7.0），它已经不再局限于让 Flash 只在网络上发展，实现了对手机和移动设备的支持，为 Flash 成为跨媒体播放软件创造了条件。在另一方面，Macromedia 公司对 Flash 的 ActionScript 脚本语言进行了重新整合，摆脱了 JavaScript 脚本语法，采用了更为专业的 Java 语言规范，发布了 ActionScript2.0，使之成为了一个面向对象的多媒体编程语言。

2005 年 4 月 18 日，Macromedia 公司被 Adobe 公司收购，Flash 8.0 也成为 Macromedia公司推出的最后一个 Flash 版本，它从多方面改进了 Flash 动画的性能和效果，在提高表现力的同时，动画文件大小也得到了有效的控制和压缩。

2007 年 3 月 27 日，基于 ActionScript 3.0 的 SWF 创作工具 Flash 9 正式发布，并且被命名为 Flash CS3，成为了 Adobe Creative Suite 中的一个成员。ActionScript 3.0 是一门功能强大的、面向对象的、具有业界标准素质的编程语言，与 ActionScript 1.0 和 ActionScript 2.0 有本质的不同，是 Flash Player 功能发展中的重要里程碑，代码执行的速度比原有 ActionScript 代码快 10 倍。同时 Flash 的创作与 Adobe 公司的矢量图形软件 Illustrator、业界标准的位图图像处理软件 Photoshop 完美地结合在一起，它们之间的文件转换和导入支持更加完美。

经过 Flash CS4 版本后，2010 年 4 月 12 日，Adobe 公司推出了 Flash 的全新版本 CS5，新版本增加了很多实用的功能，并针对一些时下流行的软件提供了支持，可以完成精彩的交互创作，用于提供跨个人计算机、移动设备以及几乎任何尺寸和分辨率的屏幕一致呈现的令人痴迷的互动体验，使得 Flash 逐渐走入每个人的生活。

2012 年 6 月 29 日，Adobe 公司又推出了最新的 Flash CS6 版本。除了对软件本身的操作进行了整合优化外，Flash CS6 还可以创建交互式的 HTML 内容，同时能针对 Android 和 iOS 平台进行设计，模拟屏幕方向、触控手势和加速计等常用的移动设备应用互动来加速测试流程，具有排版精确、版面保真和丰富的动画编辑功能，能帮助使用者清晰地传达创作构思。

目前，Flash 已经具备了跨平台交互多媒体的特性，被称之为"最小巧的多媒体平台"。这一切的发展是 Macromedia 公司和乔纳森·盖伊始料不及的，但 Flash 的取胜之道却是乔纳森·盖伊在最初设计 Flash 时就已经奠定了，那就是矢量动画、关键帧技术和流式播放。

1.1.2 知识储备——Flash 动画的特点

Flash 之所以能够风靡全球，和它自身鲜明的特点是分不开的。在网络动画软件竞争日益激烈的今天，Macromedia 和 Adobe 公司凭借其对 Flash 的正确定位和雄厚的开发实力，使 Flash 的新功能层出不穷，从而奠定了 Flash 在网络交互动画上不可动摇的霸主地位。

Flash 动画的特点，主要体现在以下几个方面。

1．界面友好，易于上手

Flash 动画对电脑硬件要求不高，一般的家用电脑就可以成为专业动画制作平台。Flash 软件不但功能强大，界面布局也很合理，使得初学者可以在很短的时间内就熟悉它的工作环境。Flash 动画的制作者不一定要有美术基础，只要有创作的灵感，就可以通过图片、文字和音乐的形式表现出来。

2．文件体积小、适用于网络传播

在 Flash 动画中主要使用的是矢量图，无论放大多少倍都不会失真，而且动画文件非常小巧，同时采用流式播放技术，即用户可以边下载边观看，从而减少了等待的时间，同时 Flash 动画可以上传于网络上，供浏览者欣赏和下载，可以利用这一优势在网络上广泛传播。

3．强大的交互功能

在 Flash 中，高级交互事件的行为控制使 Flash 动画的播放更加精确且容易控制。设计者可以在动画中加入滚动条、复选框、下拉菜单和拖动物体等各种交互组件，甚至可以与 Java 或其他类型的程序融合在一起，在不同的操作平台和浏览器中播放。它可以让欣赏者的动作作为动画的一部分，用户可以通过单击、选择等动作，决定动画的运行过程和结果，这一点是传统动画所无法比拟的。

4．节省动画开发成本

制作一部短短 10 分钟的传统动画片，需要几千张画面，如此繁重而复杂的绘制任务，要花费许多人力和时间。使用 Flash 制作动画，避免了重复劳动，减少人力、物力资源的消耗，极大地降低了制作成本，同时缩短了动画制作的周期，并且可以制作出更酷更炫的效果。

5．支持多种输出格式

Flash 支持多种格式的文件导入与导出，不仅可以输出 swf 动画格式，还可以输出 avi、gif、mov 和可执行文件 exe 等多种文件格式。

6．跨越多个媒体平台

Flash 动画不仅可以在网络上传播，还可以在电视、电影甚至手机中播放，越来越多的手机支持 Flash，使 Flash 在移动领域的应用也越来越广泛。在 Macromedia 未被 Adobe 收购前，就已经着手让 Flash 技术进军移动领域，曾经推出了针对移动设备的 Flash Lite 解决方案。由于移动应用的发展缓慢，Flash Lite 并没有取得理想的成就，一直没有达到 Adobe 的预期效果。

2007 年，iPhone 手机的横空出世，打乱了移动市场的格局。2008 年 Android 系统手机问世，随后，移动互联网时代就这样"忽如一夜春风来"。好在 Adobe 及时调整了方向，将重点放在 AIR 上，让 AIR 支持 Android、iOS 和 Blackberry 等主流移动平台。2010 年，Adobe 发布的 AIR 2.5 版本，支持 Android 平台和 Blackberry 的 Playbook，随后的 2.6 版本增加了对 iOS 平台的支持。2011 年底，Adobe 正式宣布终止更新移动版的 Flash Player，集中力量发展 AIR 移动技术，现在 AIR 已经到了 3.7 版本，已成功地将 AIR 技术引入移动平台，一举打开了通往移动领域的大门。

1.1.3　初次接触——【大话三国】

播放 Flash 动画需要专门的 Flash 动画播放器，即 Flash Player，它能够实现播放控制的常用功能，包括播放、暂停、继续播放、停止、前进一帧、后退一帧、循环播放和全屏幕播放等。除此之外，由于 Flash 动画是矢量动画，通过 Flash Player 还可以对动画画面的大小、品质等进行相应设置。

默认情况下，在安装 Flash CS6 软件的同时会安装 Flash Player 11.0。在本书配套光盘素材文件【配套光盘\项目 1 与 Flash 的第一次亲密接触\经典作品】有部分经典的 Flash 动画作品，双击"大话三国.swf"文件即可打开 Flash Player，如图 1-1 所示。

对于播放器的操作主要有两种方法：一种是使用菜单栏对动画进行控制，另一种是在播放器中单击鼠标右键，通过快捷菜单控制动画，两者的作用完全相同。Flash Player 的菜单栏中有 4 个菜单项，分别为"文件"、"查看"、"控制"和"帮助"，它们的主要作用如下。

- 文件：用于操作和管理动画文件，包括打开、关闭、打印、创建播放器和退出，以及最近打开过的 Flash 动画文件。
- 查看：用于控制动画画面大小和品质的显示，包括 100%、显示全部、放大、缩小、全屏以及品质的低、中等、高显示。
- 控制：用于控制动画播放，包括播放、后退、向前、向后、循环等。

● 帮助：用于显示 Flash Player 的版本信息。

1.1.4 动画欣赏——Flash 动画的应用

随着互联网和 Flash 技术的发展，Flash 动画与电视、广告、卡通、MTV 等应用结合得更加紧密，可使用 Flash 动画进行商业推广，把 Flash 从个人爱好推广为一种阳光产业，渗透到音乐、传媒、广告和游戏等各个领域，开拓发展无限的商业机会。其用途主要有以下几个方面。

1．动画制作

动画制作是 Flash 的看家本领，它对矢量图的应用以及对声音、视频的良好支持，使它能够在文件容量不大的情况下实现多媒体的播放。动画具备丰富的想象力、夸张的动作以及幽默的行为和语言，这些都可以用 Flash 来表现，因此 Flash 是动画制作的重要工具之一。图 1-2 所示为部分经典 Flash 动画。

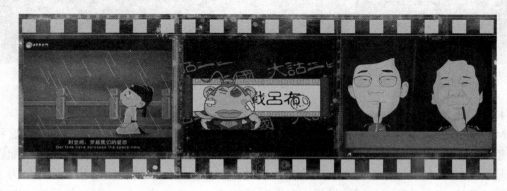

图 1-2 动画制作

2．网络广告

全球有超过 7 亿在线用户安装了 Flash Player 播放器，该播放器使浏览者可以直接欣赏 Flash 动画，而不需要下载和安装插件。随着经济的不断发展，大众的物质生活提高了，对娱乐服务的需要也在持续增长。在互联网上，由 Flash 动画引发的对动画娱乐产品的需求，也将迅速膨胀，越来越多的知名企业通过 Flash 动画广告获得了很好的宣传效果。图 1-3 所示为部分 Flash 动画在网络广告领域中的应用。

图 1-3 网络广告

3. Flash 网站

网站是一种宣传企业形象、扩展企业业务的重要途径，由于制作精美的 Flash 可以具有很强的视觉冲击力和听觉冲击力，因此一些公司在建设网站时，往往会采用 Flash 制作网站所有的页面，借助 Flash 的精彩效果吸引客户的注意力，从而达到比以往静态页面网站更好的宣传效果。图 1-4 所示为部分 Flash 动画在网站建设领域中的应用。

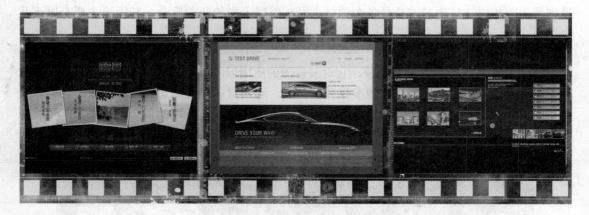

图 1-4　Flash 网站

4. Flash MTV

MTV 是一种现代视频艺术，以往都是一些专业从事演唱的人才能制作，而现在这种曾经可望而不可及的娱乐方式已经逐步进入了普通百姓的生活。MTV 采用优美的歌曲配以精美的画面，使原本只是听觉艺术的歌曲变为视觉和听觉结合的一种崭新的艺术形式。为了克服视频 MTV 在观看时因为网速过慢而时断时续的缺点，现在许多用于网络传播的 MTV 都采用了 Flash 来制作。图 1-5 所示展示了部分经典 Flash MTV 动画的界面。

图 1-5　Flash MTV

5. 教学课件

由于科技的发展，现在的教育方式也不再是单一的书本教育。为了能让学生在轻松愉快的氛围中学到知识，很多学校都采用了多媒体教学，而 Flash 动画课件在多媒体教学中占据了重要的位置。特别是 Flash 的交互功能，可以将教学课件的功能发挥得淋漓尽致。图 1-6

所示为部分 Flash 动画在教学领域中的应用。

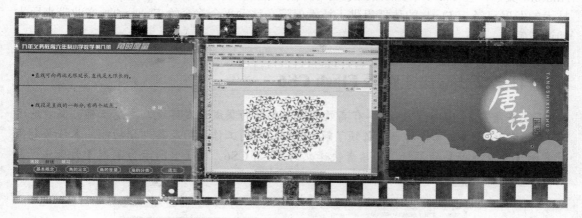

图 1-6　教学课件

6. 交互游戏

对于大多数的 Flash 学习者来说，制作 Flash 游戏是一项很吸引人，也很有趣的技术，甚至许多发烧友都以制作精彩的 Flash 游戏作为主要的学习目标。随着 ActionScript 动态脚本编程语言的逐渐发展，Flash 已经不再局限于制作简单的交互动画程序，而是致力于通过复杂的动态脚本编程制作出各种各样有趣、精彩的 Flash 互动游戏。图 1-7 所示为部分 Flash 动画在游戏领域中的应用。

图 1-7　交互游戏

7. 移动电话

Flash Lite 是 Adobe 针对移动开发的第一代解决方案，它更像是移动电话的 Flash 播放器（Flash Player）版本，有了这个播放器，就可以在绝大多数的智能手机上播放 Flash 动画，甚至还能享受 Flash 游戏程序带来的乐趣。

随着移动设备的迅速发展，智能手机也开始运用"双核"甚至"四核"技术了，完全有能力运行更复杂的程序。2010 年，Adobe 公司成功地将 AIR 技术引入移动平台，从此一举打开了通往移动领域的大门。从 Flash CS5.5 开始，用户可以通过 AIR for Android 命令将 Flash 动画转换为可以在 Android 系统中运行的文件，也可以通过新建 Adobe AIR for

Android 文档, 在 Flash 中完成应用程序的制作, 然后通过发布设置完成程序的发布。手机技术的发展已经为 Flash 的传播提供了技术保障, 移动平台将会给 Flash 动画产业带来巨大的商业空间。

1.2 任务 2——快速熟悉 Flash CS6

【任务背景】 Flash CS6 是具有高效和高定制性的集成开发环境, 要想正确、高效地运用 Flash CS6 软件来制作动画, 必须了解 Flash CS6 的工作界面及各部分功能, 本任务利用对案例【大唐盛世】的剖析, 使读者快速熟悉 Flash CS6, 图 1-8 所示为案例【大唐盛世】的动画效果。

图 1-8 【大唐盛世】

【任务要求】 利用该动画了解 Flash CS6 的工作界面, Flash 文档的基本操作以及辅助工具的使用, 为后面的学习奠定坚实的基础。

【素材支持】 配套光盘\【项目 1】与 Flash 的第一次亲密接触\FLA 源文件\大唐盛世.fla

1.2.1 初次接触——Flash CS6 工作界面与【大唐盛世】

Flash 以便捷、完美、舒适的动画编辑环境, 深受广大动画制作爱好者们的喜爱。Flash CS6 的工作界面继承了以前版本的风格, 只是看起来更加美观、使用起来更加方便快捷, 图 1-9 所示为 Flash CS6 的启动界面。

1. Flash CS6 的欢迎界面

Flash CS6 工作环境比以前的任何版本都更为友好、方便, 继承了 Flash 8 以来的欢迎界面, 可以为用户节省大量的初始操作时间, 快速创建各种类型的 Flash 文档, 或者访问相关的 Flash 资料。启动 Flash CS6 时, 在软件界面中即可看到 Flash CS6 的欢迎界面, 如图 1-10 所示。

图 1-9　Flash CS6 的启动界面

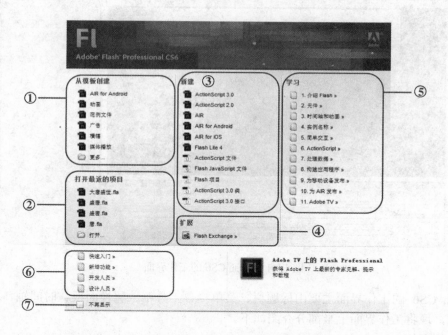

图 1-10　Flash CS6 欢迎界面

- ①从模板创建：在该栏目中可选择一项已保存的动画文档，作为模拟进一步编辑、发布，用户可以利用这些成品文档提高工作效率，初学者还可以利用它作为学习范例。
- ②打开最近项目：此区域含有最近打开过的文档，方便用户快速打开。
- ③新建：在"新建"栏目中，可根据需要快速新建不同的文档类型。
- ④扩展：单击该选项，将在浏览器中打开 Flash Exchange 页面，该页面提供了 Adobe

公司出品的众多软件的扩展程序、动作文件、脚本、模板等下载资源。
- ⑤学习：选择此栏目条目，可在浏览器中查看由 Adobe 公司提供的 Flash 学习课程。
- ⑥相关资源：Flash 在此提供了"快速入门"、"新增功能"、"开发人员"和"设计人员"的网页链接，用户可使用这些资源进一步了解 Flash。
- ⑦不再显示：勾选此选项，Flash 在下一次启动时，则不再显示欢迎界面。如果要指定再次显示"欢迎屏幕"，执行菜单"编辑"→"首选参数"命令，然后在"常规"选项卡中启动"欢迎屏幕"。

2. Flash CS6 的工作界面

在欢迎界面中选择"新建"区域中的"Flash 文件（ActionScript 3.0）"项目，进入 Flash CS6 的工作界面。为了更好地熟悉 Flash 的界面环境，以案例【大唐盛世】来介绍 Flash CS6 的工作界面。

操作步骤为：执行菜单"文件"→"打开"命令，打开"素材\项目 1 与 Flash 的第一次亲密接触\FLA 源文件\大唐盛世.fla"，如图 1-11 所示。

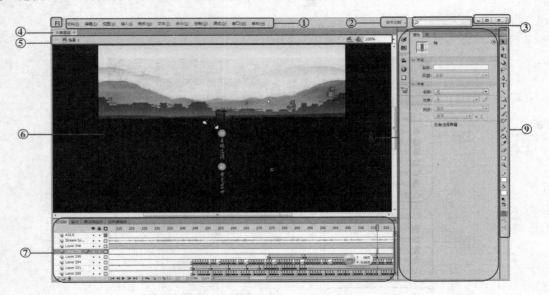

图 1-11　Flash CS6 的工作界面

Flash CS6 的工作界面主要由标题栏、菜单栏、工具箱、属性面板、时间轴、舞台和面板等组成，现将工作界面上半部分介绍如下。

（1）标题栏

Flash CS6 的标题栏分为 5 个部分，包括应用程序图标、菜单栏、工作区切换器、搜索框和窗口管理程序。

- 应用程序图标："Fl"字样图标是显示当前软件的名称，右键单击此图标，将打开快捷菜单，对窗口进行"还原"、"移动"、"调整大小"、"最小化"、"最大化"和"关闭"等操作。
- 工作区切换器：借助 Flash 提供的此工具，用户可以方便地切换工作区，以适应面向不同方向的用户需求，或者创建和管理新的工作区，如图 1-12a 所示。

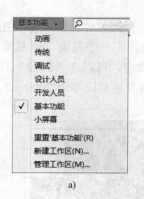
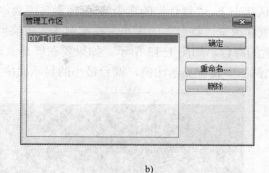

a)   b)

图1-12 工作区配置菜单与"管理工作区"对话框

Flash CS6 提供了 7 种工作区，用于面向不同类型用户的需要：①在默认状态下，Flash CS6 将显示名为"基本功能"的工作区；②用于动画设计人员的"动画"工作区；③与 Flash CS6 之前版本相似，以适应旧版本操作习惯的"传统"工作区；④用于程序后期调试测试工作的"调试"工作区；⑤用于矢量图形绘制的"设计人员"工作区；⑥用于 Flash 脚本开发的"开发人员"工作区；⑦用于开发 iPhone 等移动设备程序的"小屏幕"工作区。在列表的最后提供重置工作区、新建工作区、管理工作区 3 种功能，如图 1-12b 所示，"重置"用于恢复工作区的默认状态，"新建工作区"用于管理个人创建的工作区配置，可执行重命名或删除操作。

- 搜索框：该选项提供了对 Flash 中功能选项的搜索功能，在该文本框中输入需要搜索的内容，再按〈Enter〉键即可。
- 窗口管理按钮：Flash 的窗口管理按钮主要包括 4 种，即"最小化"、"最大化"、"向下还原"以及"关闭"。
- 菜单栏：菜单栏是最常见的界面要素，它包括"文件"、"编辑"、"视图"、"插入"、"修改"、"文本"、"命令"、"控制"、"调试"、"窗口"和"帮助"等一系列菜单，根据不同的功能类型，可以快速地找到所要使用的各项功能选项。

（2）窗口选项卡

窗口选项卡显示编辑文档的名称，此时为"大唐盛世"，当用户对文档进行修改而未保存时，则会显示"*"作为标记。

（3）编辑栏

该栏左侧显示当前"场景"或"元件"，单击右侧的"编辑场景"按钮，可选择要编辑的场景，单击旁边的"编辑元件"按钮，选择要切换编辑的元件。要取消显示该栏，执行菜单"窗口"→"工作栏"→"编辑栏"命令即可。

3．舞台

"舞台"位于工作界面的正中间部位，是放置动画内容的矩形区域，这些内容包括矢量插图、文本框、按钮、导入的位图图形或视频剪辑等。就像影片一样，Flash 动画在时间的维度上以帧为单位，每一帧的内容都将在舞台上得以表现。在创作和编辑 Flash 影片时，需要在舞台上组织影片每一帧的内容。

默认状态下，"舞台"的宽为 550 像素，高为 400 像素，根据设计需要，可以在属性面板上设置和改变"舞台"的大小。在案例【大唐盛世】中，设计了一个高为 780 像素、宽为 550 像素的舞台，如图 1-13 所示。如果要在屏幕上查看整个舞台，可以在"舞台"右上角的"显示比例"中设置显示比例，舞台最小的显示比率为 8%，最大显示比率为 2000%。

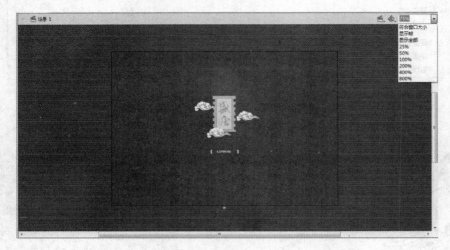

图 1-13　工作区与舞台

在下拉菜单中有 3 个选项："符合窗口大小"选项用来自动调节到最合适的舞台比例大小；"显示帧"选项可以显示当前帧的内容；"显示全部"选项能显示整个工作区中包括在"舞台"之外的元素。此时由图片作背景填充的中央区域就是舞台，舞台周围深红色的区域就是工作区，相当于舞台两边的后台。演出开始，也就是动画发布时，观众只能看到舞台上的表演，至于工作区，也就是后台，是看不到的。

4. 时间轴

时间轴是制作 Flash 动画的关键部分，要想用 Flash 设计创作出优秀的动画作品，必须对时间轴有清楚和深刻的理解。时间轴用于组织和控制文档内容在一定时间内播放的层数和帧数，它由许多小格组成，每一个小格就相当于传统动画制作的一幅画面，我们把它叫做"帧"，帧也就是形成动画的一幅画面。

时间轴的主要组件就是图层、帧和播放头，在案例【大唐盛世】中，动画内容较多，时间轴面板显示的部分帧如图 1-14 所示。

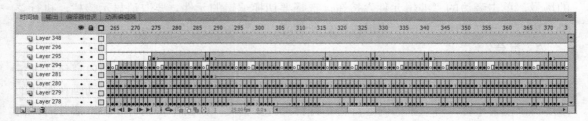

图 1-14　时间轴

时间轴的一些概念和功能介绍如下。

● 时间轴标尺由帧标记和帧编号两部分组成。默认情况下，帧编号居中显示在两个帧标记之间，帧标记就是标尺上的小垂直线，每个刻度代表一帧，每 5 帧显示一个帧编号。

● 播放头主要有两个作用：一是拖动播放头时可浏览整个动画效果；二是选择需要处理的帧。用户拖动时间轴上的播放头时，可以浏览动画，随着播放头位置的变化，动画会根据播放头的拖动方向向前或向后播放。

● 时间轴上的状态栏显示当前帧数、帧频和运行时间 3 个信息。在播放 Flash 动画时，将显示实际的帧频，如果计算机运行速度慢，该帧频可能与文档的帧频设置不一致。

帧视图按钮的图标位于时间轴的右上角，单击该图标按钮时，会弹出一个下拉菜单，如图 1-15a 所示。通过面板的下拉菜单，用户可以更改帧单元格的宽度和减小帧单元格行的高度。如果需要打开或关闭用彩色显示不同的帧，可以选择"彩色显示帧"命令。

 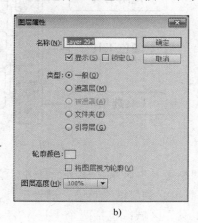

a)   b)

图 1-15 "帧视图按钮"菜单与"图层属性"对话框

如果需要更改"时间轴"面板中的图层高度，可以双击"时间轴"中图层的图标，或者在图层名称上单击鼠标右键，在弹出的菜单中选择"属性"选项，在弹出的"图层属性"对话框中对"图层高度"进行设置，最后单击"确定"按钮，如图 1-15b 所示。

图层就像透明的纸张一样，在舞台上一层层地向上叠加。图层用以帮助用户组织文档中的插图，用户可以在图层上绘制和编辑对象，而不会影响其他图层上的对象。如果一个图层上没有内容，那么就可以透过它看到下面的内容。

5. 工具箱

利用工具箱中的工具可以方便用户绘制、涂色、选择和修改位图，并更改舞台的视图，或者设置工具选项等，如图 1-16 所示。工具箱分为如下 6 个区域。

● "选择变换工具"区域：包括了部分选择工具、套索工具、任意变形工具和渐变变形工具，利用这些工具可对舞台中的元素进行选择、变换等操作。

● "绘图工具"区域：包括了钢笔工具组、文本工具、线条工具、矩形工具组、铅笔工具组、刷子工具组，以及 Deco 工具，这些工具的组合使用，能让设计者更方便地绘制出理想的作品。

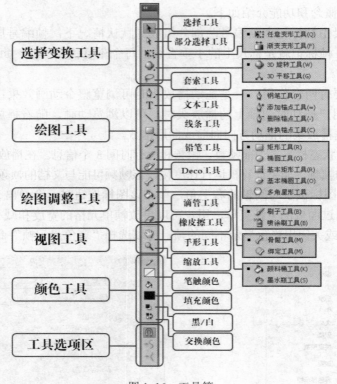

图 1-16　工具箱

- "绘图调整工具"区域：该组工具可对绘制的图形、元件的颜色等进行调整，它包括骨骼工具组、颜料桶工具组、滴管工具、橡皮擦工具。
- "视图工具"区域：包括两个工具，"手形工具"用于调整视图区域；"缩放工具"用于放大或缩小舞台的大小。
- "颜色工具"区域：主要用于"笔触颜色"和"填充颜色"的设置和切换。
- "工具选项区"区域：工具选项区是动态区域，它会随着用户选择的工具的不同，而显示不同的选项。

关于工具栏的操作主要有以下 3 种。

1）显示或隐藏工具栏：执行菜单"窗口"→"工具"命令，可以显示或隐藏工具栏。

2）选择工具：如果要选择工具栏里的工具，可以执行以下操作之一：① 单击要使用的工具，工具栏底部的"选项"区域中可能会显示相关的组合键；② 按下该工具的快捷键；③ 要选择位于可见工具后面弹出菜单中的工具，请按住可见工具的图标，然后从弹出的菜单中选择具体的工具。

3）自定义工具栏：自定义工具栏可方便用户指定在创作环境中显示哪些工具，使用"自定义工具栏"对话框来添加或从工具栏中删除工具。如果要自定义工具栏，执行菜单"编辑"→"自定义工具面板"命令，在弹出的"自定义工具栏"对话框中进行设置。

6. 面板

在 Flash 中所做的事情几乎都涉及面板，在 Flash CS6 中包含 20 多个面板，只是在默认情况下这些面板大部分都是关闭的。Flash CS6 中的面板一般集中在"窗口"菜单中，选择某个菜单命令即可弹出相应的面板，弹出的面板都是处于系统默认的位置，并以成组的形式出现，它们被显示在窗口的右侧或下侧。

在制作动画的过程中为了制作方便，许多时候都需要重新设置面板的显示状态和位置，根据需要打开、关闭或自由结合面板。Flash CS6 常用的面板如下。

（1）属性面板

它是动态面板，有的书籍也译为"属性检查器"，它的内容根据选择对象的不同而改变，可以方便地查看和更改当前选项的属性，如图 1-17a 和图 1-17b 所示，分别为矩形工具和 Deco 工具属性面板。

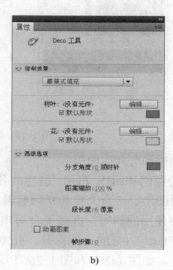

图 1-17　矩形工具和 Deco 工具属性面板

（2）时间轴和动画编辑器面板

时间轴面板是使用最频繁的面板之一，在前面做过介绍，它分为两个区域，左侧用于图层的编辑与调整，右侧主要用于执行插入帧或补间等操作。创建一个补间动画的一般做法是编辑不同帧上的元件后，创建相应的补间，而动画编辑器面板就是用于控制补间的，选中一个补间或补间动画的元件，可以看到动画编辑器显示的信息。如图 1-18 所示，右侧显示对应项目的曲线，如"Alpha"曲线和"缓动"曲线表示元件的透明度和运动变化曲线，曲线是可编辑的。

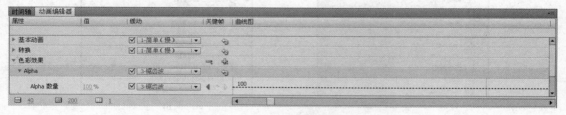

图 1-18　动画编辑器面板

（3）颜色面板和样本面板

执行菜单"窗口"→"颜色"命令，打开颜色面板，该面板可用于设置笔触和填充的颜色类型、Alpha 值，还可对 Flash 整个工作环境进行取样等操作，执行菜单"窗口"→"样本"命令，打开样本面板，该面板提供了最常用的颜色，并且能添加和保存颜色，用鼠标单击可选择需要的常用颜色。如图 1-19a 和图 1-19b 所示，分别为颜色面板和样本面板。

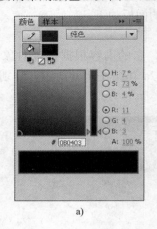
a)

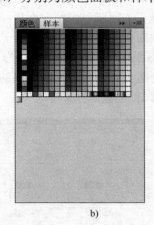
b)

图 1-19　颜色面板和样本面板

（4）库面板和公共库面板

库面板是存储和组织 Flash 创建的各种元件的地方，它还可用于存储和组织导入的文件，包括位图图形、声音文件和视频剪辑。库面板用户可以组织文件夹中的库项目，查看项目在文档中使用的频率，并按类型对项目进行排序。另外，Flash 还提供了公共库面板，它用来存放 Flash 自带的元件符号，分为"声音"、"按钮"和"类"，可以随时使用创建实例，非常方便。如图 1-20a 和图 1-20b 所示，分别为库面板和公共库面板。

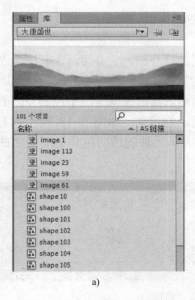
a)

b)

图 1-20　库面板和公共库面板

（5）对齐面板、信息面板与变形面板

执行菜单"窗口"→"对齐"命令，打开对齐面板，可以重新调整选定对象的对齐方式

16

和分布，共分为 5 个区域。

1）对齐：用于调整选定对象的左对齐、水平中齐、右对齐、上对齐、垂直中齐和底对齐。

2）分布：用于调整选定对象的顶部、水平居中和底部分布，以及左侧、垂直居中和右侧分布。

3）匹配大小：用于调整选定对象的匹配宽度、匹配高度或匹配宽和高。

4）间隔：用于调整选定对象的水平间隔和垂直间隔。

5）与舞台对齐：按下此按钮后可以调整选定对象相对于舞台尺寸的对齐方式和分布，如果没有按下此按钮则是两个或两个以上对象之间的相互对齐和分布。

执行菜单"窗口"→"信息"命令，打开信息面板，可以查看对象的大小、位置、颜色和鼠标指针的信息。面板分为 4 个区域。

1）左上方显示对象的"宽"和"高"信息。

2）右上方显示对象的 X 轴和 Y 轴坐标信息，如果要显示对象注册点（中心点）的坐标，则单击"坐标网络"的中心方框；要显示左上角的坐标，则单击"坐标网格"中的左上角方框。

3）左下方显示在舞台中鼠标位置处的颜色值与 Alpha 值。

4）右下方显示鼠标的 X 轴和 Y 轴坐标信息。

执行菜单"窗口"→"变形"命令，打开变形面板，可以对选定对象执行缩放、旋转、倾斜和创建副本的操作，分为 3 个区域。

1）最上面的是缩放区，可以输入"垂直"和"水平"缩放的百分比值；选中"约束"按钮可以使对象按原来的长宽比例进行缩放。

2）选中"旋转"单选项，可输入旋转角度，使对象旋转；选中"倾斜"单选项，可以输入"水平"倾斜和"垂直"倾斜对象的角度。

3）单击面板的"复制并应用变形"按钮，可以执行变形操作并且复制对象的副本；单击"重置"按钮可恢复上一步的变形操作。

如图 1-21a、图 1-21b 和图 1-21c 所示，分别为对齐面板、信息面板与变形面板。

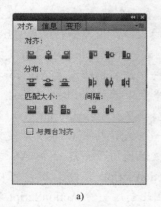
a)

b)

c)

图 1-21　对齐、信息与变形面板

1.2.2　知识储备——Flash CS6 文档操作

用户可以在 Flash 中新建文档，并修改文档的属性，对这些文档进行编辑操作后，还可以将文档保存为单独的文件。

1. 新建动画文档

执行"文件"→"新建"命令，弹出"新建文档"对话框。新建动画文档有两种方式，第一种是在"常规"选项卡中选择相应的文档类型，新建一个空白文档，如图1-22所示。

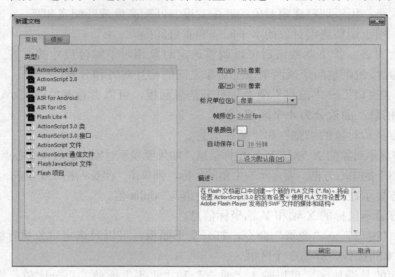

图1-22 "新建文档"对话框

通过"常规"选项卡可以创建如下文档类型：（1）ActionScript 3.0：该项所创建的文档，在编辑时所使用的脚本语言是 ActionScript 3.0 版本，生成的文件类型为*.fla 文件；（2）ActionScript 2.0：使用 ActionScript 2.0 作为脚本语言创建动画文档，生成*.fla 文件；（3）AIR：用于开发 AIR 的桌面应用程序；（4）AIR for Android：选择该选项，表示创建一个 Android 设备支持的应用程序，将在 Flash 文档窗口中创建文件类型为*.fla 的文件，该文档将设置 AIR for Android 的发布设置；（5）AIR for iOS：选择该选项，表示创建一个 Apple iOS 设备支持的应用程序，将在 Flash 文档窗口中创建文件类型为*.fla 的文件，该文档将设置 AIR for iOS 的发布设置；（6）Flash Lite 4：用于开发可在 Flash Lite 4 平台上播放的 Flash，Flash Lite 4 是使用手机流畅播放、运行 Flash 视频或程序的环境；（7）ActionScript 3.0 类：ActionScript 3.0 允许用户创建自己的类，选择该项可创建一个 AS 文件（*.as）来定义一个新的 ActionScript 3.0 类；（8）ActionScript 3.0 接口：该选项用于新建一个 AS 文件（*.as），以定义一个新的 ActionScript 3.0 接口；（9）ActionScript 文件：用户可以在"帧"或者"元件"上添加 ActionScript 脚本代码，也可以在此创建一份 ActionScript 外部文件，以供调用；（10）ActionScript 通信文件：创建一个作用于 FMS（Flash Media Server）服务端的 ASC（ActionScript Communications）脚本文件；（11）FlashJavaScript 文件：该选项用于创建一份 JSFL 文件，JSFL 文件是一种作用于 Flash 编辑器的脚本；（12）Flash 项目：单击该项，将弹出 Flash 项目管理器，在项目工作间的下拉列表中可选择"新建项目"、"打开项目"等项目管理操作。

第二种创建方式是在"模板"选项卡中通过 Flash 为用户提供的模板，新建一个动画文档，进一步编辑后进行发布，如图 1-23 所示。

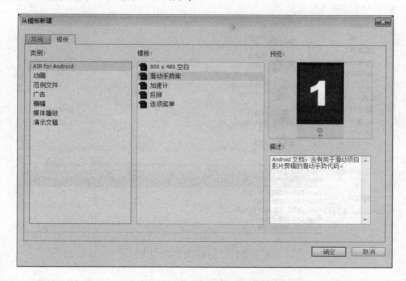

图 1-23 "模板"选项卡

通过"模板"选项卡可以创建如下文档类型：（1）AIR for Android：此类别的模块是 Android 设备支持的模块，是新版本新增的功能；（2）动画：动画类别中的模板是一种动画效果的应用示例，选择一个动画模板在预览中即可看到动画效果；（3）范例文件：不仅限于动画的多种综合应用实例，如 AIR 应用程序的窗口示例；（4）广告：该类下的模板文件并没有真正的内容，它只是方便快速新建一类既定的文档大小的模板；（5）横幅：用于快速新建一类特殊的横幅效果，打开一个模板后，可根据提示对其进行修改；（6）媒体播放：该类别下包含了各种用于媒体播放的预设模板；（7）演示文稿：该类别下含有两款模板，高级演示文稿和简单演示文件，它们虽然外观一致，但实现手段并不相同，前者使用 MovieClips 实现，后者借助时间轴实现。

2．打开动画文档

一般打开文档的操作步骤是执行菜单"文件"→"打开"命令，弹出"打开"对话框，选择要打开的一份或多份文档，单击"打开"按钮，即可打开一份甚至多份文档。

除了使用命令打开外，还可以使用快捷键〈Ctrl+O〉或者直接拖曳所需要打开的文档到 Flash 软件图标。如果需要打开最近打开过的文档，还可以在菜单"文件"→"打开最近的文档"命令中选择并打开文档。

3．保存动画文档

在制作动画的过程中，要养成随时保存文件的好习惯，防止因突然断电、死机等原因丢失数据而造成损失。执行菜单"文件"→"保存"命令，或者使用快捷键〈Ctrl+S〉，在弹出的"另存为"对话框中指定文件的保存位置，并在"文件名"文本框中输入文件名，选择保存的文件类型，如图 1-24 所示，单击"保存"按钮，即可将当前正在编辑的文档保存。

图1-24 "另存为"对话框

制作完成一个动画后，若不想对动画进行修改，可以执行菜单"文件"→"另存为"命令，或使用快捷键〈Shift+Ctrl+S〉，将动画另存为一个副本。执行菜单"文件"→"另存为模板"命令，可以把文件保存为模板，方便日后重复编辑。执行菜单"文件"→"保存全部"命令，可以保存打开的所有动画文件。

① 默认情况下，Flash 保存的文档格式是以 Flash CS6 文档的形式保存的，这种文档在以前的 Flash CS4 版本中就不能打开了，但是有的设计者还用的是 Flash CS4。要解决这个问题，可以在另存时，将保存"类型"设置为 Flash CS4 文档，这样就可以让 Flash CS4 用户也可以打开文档；② 在保存时也可以选择一种未压缩的格式（XFL 格式）保存文档，XFL 格式实际上是文件的文件夹，而不是单个文档。该文件格式将展示 Flash 的内容，使其他设计人员可以轻松地编辑源作者的文档或者管理它的资源，而无需在 Flash 应用程序中打开影片。例如，库面板中所有导入的照片都会现在 XFL 格式内的一个 Library 文件夹中，可以编辑库照片或者用新照片交换它们，Flash 将自动在影片中进行这些替换操作。

4. 测试动画文档

测试动画文档主要是测试动画的完整性和连续性以及场景之间的衔接等，其目标是减少工作中的失误，使动画变得完美。测试动画文档可以使用"控制"菜单中的"测试影片"、"测试场景"以及"调试"菜单下"调试"命令，也可以直接使用快捷键〈Ctrl+Enter〉测试动画。3 个菜单项的区别如下。

- 测试影片：将动画影片在测试环境中完整地播放。
- 调试影片：将动画影片在测试环境中完整地播放。测试环境中，在打开影片的同时，还会打开"调试器"面板，并等待播放命令后，才会开始播放。
- 测试场景：仅在测试环境中播放，只编辑场景或元件，而不测试整部动画影片。

　　　　　① 测试完成后，都会产生一个*.swf 文件，并且都位于源文件 fla 所在的目录中。② Flash 会在测试模式下自动循环播放动画影片，如果不想让动画影片循环播放，可执行菜单"控制"→"循环"命令，取消选中该选项。③ 利用选择工具在舞台上单击，在属性面板底部，SWF 历史记录显示并保存了最近发布的 SWF 文件的文件大小、日期和时间的日志，这有助于跟踪设计者的工作进度和文件的修订情况。

5．发布动画文档

在发布动画文档时，Flash 会创建一个 SWF 文件和一个 HTML 文档，告诉 Web 浏览器如何显示 Flash 内容，需要把这两个文件夹以及 SWF 文件引用的其他文件（例如 FLV 或 F4V 视频文件和外观）都上传到 Web 服务器。执行菜单"文件"→"发布"命令，将把所有必需的文件都保存到相同的文件夹中。在发布动画文档之前，可以对动画进行设置。执行菜单"文件"→"发布设置"命令，弹出"发布设置"对话框，如图 1-25 所示。

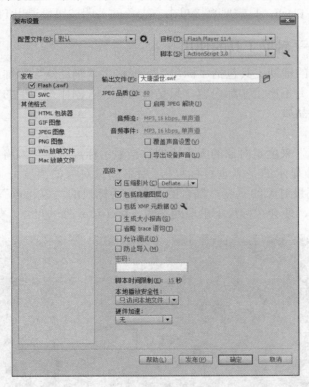

图 1-25 "发布设置"对话框

　　　　　如果动画浏览者的计算机中没有安装 Flash Player 播放器，那么用户就不能观看到 SWF 格式的动画。放映文件 EXE 格式可以使没有安装 Flash Player 播放器的计算机，也可以观看 Flash 动画。Flash Player 11.2 之前的版本支持创建播放器，但 Flash Player11.3 独立播放器发布后，由于增加了一些新功能，导致创建播放器这个功能使用不了。可以在 Flash Player 11.2 以前版本播放器中通过"创建播放器"命令，将 SWF 格式的动画转换为 EXE 格式，这样即可随时随地观看 Flash 动画。在案例【大唐盛世】中，三种动画文件不同的显示形态如图 1-26 所示。具体的操作步骤如下：双击打开动画文件"配套光盘\项目 1 与 Flash 的第一次亲密接触\效果文件\大唐盛世.swf"，执行菜单"文件"→"创建播放器"命令，弹出"另存为"对话框，在其中设置文件保存路径及名称，单击"保存"按钮，即可将 SWF 格式的 Flash 动画转换为 EXE 格式。

图 1-26　Flash 三种动画文件显示形态

6．关闭动画文档

要关闭当前文档，可单击该文档窗口的选项卡的"关闭"按钮，也可以通过执行菜单"文件"→"关闭"命令，或者使用快捷键〈Ctrl+W〉关闭当前文档。执行菜单"文件"→"全部关闭"命令，可关闭所有打开的文档。关闭文档并不会退出 Flash CS6，如果既要关闭所有文档，又要退出 Flash，只需要直接单击右上角的关闭按钮可退出 Flash。

1.2.3　任务拓展——辅助工具的使用

Flash CS6 提供的辅助工具包括"标尺"、"网格"、"辅助线"等辅助工具，这些辅助工具对创作的作品本身并不产生实际内容，只是作为设计者创作过程中的左膀右臂，提升设计者的工作效率和作品品质。

1．标尺

可以使用"标尺"来度量对象的大小比例。当显示标尺时，它们将显示在工作区的左边和上边；工作区左边显示的是"垂直标尺"，用来测量对象的高度；工作区上边显示的是"水平标尺"，用来测量对象的宽度。舞台的左上角为标尺的"零起点"，当选中舞台中的一个元件或其他元素时，便会在标尺上出现两条线，标示该元件的尺寸，如图 1-27 所示。

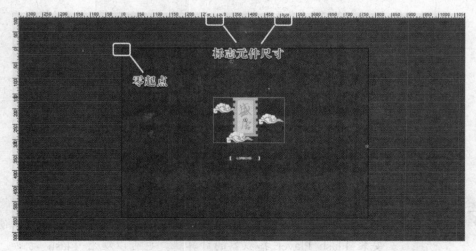

图 1-27　显示标尺

如果要显示或隐藏标尺，执行菜单"视图"→"标尺"命令。如果要指定文档的标尺度量单位，执行菜单"修改"→"文档"命令，在"文档属性"对话框中的"标尺单位"下拉菜单中选择合适的单位即可。

2. 网格

在文档中显示网格时，将在所有场景中的插图之后显示一系列的直线。用户可以将对象与网格对齐，也可以修改网格大小和网格线颜色。如果要显示或隐藏绘画网格，执行"视图"→"网格"→"显示网格"命令；如果要打开或关闭对齐网格线，执行"视图"→"贴紧"→"贴紧至网格"命令；如果要设置网格首选参数，执行"视图"→"网格"→"编辑网格"命令，将弹出"网格"设置对话框，完成"网格"的编辑后，制作一些规范图形将变得很方便，并可以提高工作效率，如图1-28所示。

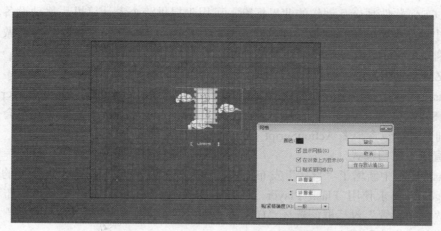

图1-28　显示网格与"网格"对话框

3. 辅助线

如果设置了显示标尺，可以将水平辅助线和垂直辅助线从标尺拖动到舞台上。用户可以移动、锁定、隐藏和删除辅助线，也可以将对象与辅助线对齐，更改辅助线颜色和对齐容差（例如，对象与辅助线必须有多近才能与辅助线对齐），另外它还支持自动吸附功能。

执行菜单"视图"→"辅助线"→"编辑辅助线"命令，打开"辅助线"对话框，如图1-29所示。

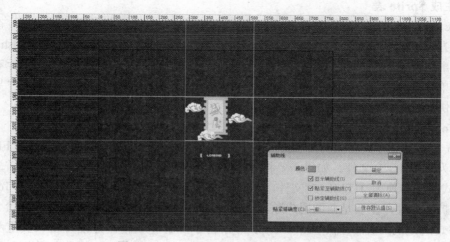

图1-29　显示辅助线与"辅助线"对话框

如果要显示辅助线，执行菜单"视图"→"辅助线"→"显示辅助线"命令，在"水平标尺"或"垂直标尺"上按下鼠标并拖动到舞台上，"水平辅助线"或者"垂直辅助线"就被制作出来了。辅助线默认的颜色为绿色，可以在"辅助线"对话框中编辑"辅助线"的颜色，同时选择是否"显示辅助线"、"贴紧辅助线"和"锁定辅助线"，以及在"贴紧精确度"中设置"辅助线"的精确度。

1.2.4 任务拓展——Flash CS6 新增功能

Flash CS6 软件是交互创作的业界标准，可用于提供跨个人计算机、移动设备，以及几乎任何尺寸和分辨率的屏幕都能呈现的互动体验。Flash CS6 在用户体验等方面做了较多的改进，特别是增强了在移动设备应用中的功能。

1．LZMA 压缩方法

在 Flash CS6 中提供了更加高效的 SWF 文件压缩选项，对于面向 Flash Player 11 或更高版本的 SWF 文件，可使用一种新的压缩算法 LZMA。采用新压缩算法效率会提高多达40%，特别是对于包含很多 ActionScript 或矢量图形的文件而言。

2．"直接"窗口模式

在 Flash CS6 中新增了"直接"发布模式，该种模式发布支持使用 Stage3D 的硬件加速内容（Stage3D 要求使用 Flash Player 11 或更高版本）。执行"文件"→"发布设置"命令，弹出"发布设置"对话框，选择"HTML 包装器"选项，可以在"窗口模式"下拉列表中看到新增的"直接"模式。

3．导出 PNG 图像序列

在 Flash CS6 中新增了导出 PNG 图像序列的功能，使用此功能可以将 Flash 中制作的动画效果、影片剪辑等元素导出为一系列的 PNG 图像文件。如果需要导出 PNG 图像序列，可以在"库"面板或者舞台中选择单个影片剪辑、按钮或图形元件，单击鼠标右键，在弹出的菜单中选择"导出 PNG 序列"命令，即可导出 PNG 图像序列，可以将所导出的 PNG 图像序列应用到其他的程序中。

4．生成 Sprite 表

Sprite 表是一个图形图像文件，该文件包含选定元件中使用的所有图形元素。在文件中会以平铺方式安排这些元素。在库中选择元件时，还可以包含库中的位图。在 Flash CS6 中新增了导出 Sprite 表的功能，用户可以选择舞台上的元件或库中的元件，单击鼠标右键，在弹出的菜单中选择"导出 Sprite 表"选项，弹出"生成 Sprite 表"对话框，单击"导出"按钮，即可快速导出元件的动画序列。

5．Toolkit for CreateJS 扩展

Flash CS6 提供了 Toolkit for CreateJS 扩展，通过使用该扩展功能可以直接将 Flash 动画文件转换为 HTML 5 文件。如果需要将 Flash 格式文件转换为 HTML 5 文件，首先需要将 Flash 格式文件转换为 HTML 5 文件，Adobe 官网站提供了此扩展插件的下载。Toolkit for CreateJS 扩展插件，主要是帮助用户顺利过渡到 HTML 5。它将库中的元件和舞台上的内容转变为格式清楚的 JavaScript，JavaScript 非常易于理解和编辑，方便开发人员重新使用，他们可以使用 JavaScript 和 CreateJS 增加互动性。Toolkit for CreateJS 还发布了简单的

HTML 页面，以提供预览资源的快捷方式。

6．AIR 本机扩展

在 Flash CS6 中提供了 AIR 本机扩展功能，可以将本机扩展合并到用户在 Flash CS6 中开发的 AIR 应用程序里。通过使用 AIR 本机扩展，应用程序可以访问目标平台上的所有功能，即使运行本身没有内置这些功能的支持也是可以的。

7．模拟 AIR 移动内容

在 Flash CS6 中新增的移动内容模拟器允许用户模块硬件按键、加速计、多点触控和地理定位。

8．为 AIR 远程调试选择网络接口

在将 AIR 应用程序发布到 Android 或 iOS 设备时，可以选择用于远程调试的网络接口上。Flash 会将选定网络接口的 IP 地址打包到调试模式移动应用程序中。当应用程序在目标移动设备上启动时，它会自动连接到主机 IP，并开始调试会话。

9．支持 AIR 的运行时绑定

在 AIR 应用程序"部署"选项卡中有一个"将 AIR 运行时嵌入应用程序"的选项，嵌入了运行时的应用程序，可以在任何桌面、Android 或 iOS 设备上运行，而不需要再安装共享的 AIR 运行时。

10．在 AIR 插件中支持直接渲染模式

在 Flash CS6 中提供了在 AIR 插件中直接渲染模式的支持，该功能为 AIR 应用程序提供对 StageVideo 和 Stage3D 的 Flash Player Direct 模式渲染支持。在 AIR 应用程序的描述符文件中，可以使用新 renderMode=direct 设置。可为 AIR for Desktop、AIR for iOS 和 AIR for Android 设置直接模式。

11．通过 Wi-Fi 调试 iOS

使用 Flash CS6 可以通过 WiFi 调试关于 iOS 的 AIR 应用程序，其中包括断点、单步执行跳入子函数和单步执行跳出子函数、变量监视器和追踪。

12．获取最新版 Flash Player

通过 Flash CS6 可以随时获得最新版本的 Flash Player，在软件中执行菜单"帮助"→"获取最新版本 Flash Player"命令，将会打开操作系统默认的浏览器，并自动跳转到 Adobe 官方网站的 Flash Player 下载页面，在该页面中可以下载到最新版本的 Flash Player。

1.3 项目实训——金陵十二钗

1.3.1 实训目标

在 Flash CS6 中有许多功能强大的模板，这些模板实际上就是已经编辑好了完整影片架构的文件，并且拥有强大的互动扩充功能。在制作时，只需根据设计需要，将模板中相应的图片内容做简单的替换或修改，即可快捷、轻松地创作出一个内容全新的动画影片。通过本项目实训，掌握 Flash CS6 模板的使用方法，从而熟悉软件的工作环境和基本操作。

1.3.2 实训要求

利用 Flash CS6 的"简单相册"模板，通过提供的素材图片制作项目的动画效果，如图

1-30 所示。在光盘"【项目 1】与 Flash 的第一次亲密接触\设计素材"目录里，有素材图片 001.jpg、002.jpg 等，并有样例文件"金陵十二钗.fla"，仅供参考。

图 1-30 【金陵十二钗】

1.3.3 实训步骤

1）在 Flash CS6 中执行"文件"→"新建"命令，在弹出的对话框中选择"模板"选项卡，将设备"类别"设置为"媒体播放"，然后在"模板"的列表框中选择"简单相册"选项，单击"确定"按钮，即可看见模板影片中的内容，如图 1-31 所示。

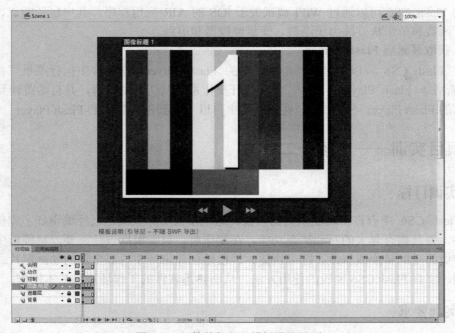

图 1-31 "简单相册"模板设计界面

26

"简单相册"模板实际上是由 6 个图层构成，每个图层都有不同的作用和显示内容，它们组合在一起就构成了模板。① "说明"图层：对模板进行说明，舞台下方红色的文字即是，起辅助说明作用，不出现在动画效果中；② "动作"图层：该图层是专门用于控制影片的动作脚本，不理解的读者可以不去理会具体的含义，在后面的项目中会有详细的介绍；③ "控制"图层：该图层用于放置"后退"、"播放"和"前进"三个按钮，控制图片的播放；④ "图像/标题"图层：该图层用于放置每张图片和图片文字的标题；⑤ "遮幕层"：该图层为图片后面淡黄色的矩形框，在本项目中最后并没有使用，被删除了；⑥ "背景"图层：该图层用于放置黑色花纹背景。

2）选择"图像/标题"图层的第 1 帧，使用选择工具选择该帧中的图片，按〈Delete〉键删除该图片，然后依次对第 2、3、4 帧执行同样的操作。

3）用鼠标框选中所有图层的第 12 帧，执行菜单"插入"→"时间轴"→"帧"命令，或按下快捷键〈F5〉，将所有图层时间轴的长度增加到第 12 帧，再用鼠标选择该"图像/标题"图层的第 5 帧，按下鼠标右键，在弹出的命令菜单中选择"转换为关键帧"命令，将该图层的第 5～12 帧都转换为关键帧，如图 1-32 所示。

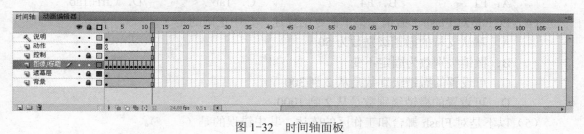

图 1-32　时间轴面板

4）选择"图像/标题"图层的第 1 帧，执行菜单"文件"→"导入"→"导入到舞台"命令，将"实践任务/设计素材"目录下的图片文件导入到舞台中，在弹出的"导入"窗口中选择"001.jpg"图片，然后按下"打开"按钮。

5）这时会弹出一个对话框，询问是否希望导入该序列中的所有图像，按下"是"按钮，将"001—012"序列中的图片都导入到舞台中，这时 12 张图片就分别放置到了"图像/标题"图层的第 1 帧至第 12 帧。

6）选择"图像/标题"图层的第 1 帧，用选择工具选中导入的图片"001.jpg"，分别执行菜单"修改"→"对齐"→"水平居中"命令和"修改"→"对齐"→"垂直居中"命令，将图片放置于舞台的正中央。

7）选择"图像/标题"图层的第 1 帧，使用文本工具，将舞台上方的文字修改为"红楼梦金陵十二钗之一：贾元春"，并使用选择工具适当调整文字的位置，用同样的方式，将第 2～12 帧中的图片和文字进行调整和修改。

8）选择"遮幕层"图层，按下鼠标右键，在弹出的菜单中选择"删除图层"命令，删除此图层。

9）按下快捷键〈Ctrl+S〉保存文件，然后执行"控制"→"测试影片"命令，或按下快捷键，测试动画文件的效果，如图 1-30 所示。

1.4 技能知识点考核

一、填空题

（1）Flash CS6 的动画文件的扩展名为_____，播放动画后，生成播放文件的扩展名为_____。

（2）Flash CS6 默认情况下创建的文档所使用的脚本语言是_____。

（3）_____位于工作界面的正中间部位，是放置动画内容的矩形区域。

（4）在发布动画文档时，Flash 会创建一个_____文件和一个_____文档。

二、选择题（1～4 单选，5～6 多选）

（1）Flash CS6 的时间轴中，主要包括（　　）部分。

    A．图层、帧和播放头　　　　　　　　B．图层、帧和帧标题

    C．图层文件夹、图层和帧　　　　　　D．图层文件夹、播放头、帧标题

（2）在 Flash CS6 开始页面中，无法直接建立（　　）文件。

    A．Flash 文档　　　B．幻灯片放映文件　　　C．GIF 文件　　　D．Flash 项目

（3）在 Flash CS6 中，通过快捷键（　　）可以在所有面板之间进行关闭/打开切换？

    A．F1　　　　　　B．F4　　　　　　C．Tab　　　　　　D．Ctrl+Tab

（4）以下是对 Flash "撤销" 菜单命令的描述，其中正确的是（　　）。

    A．默认支持的撤销级别数为 50

    B．撤销级别数为固定不变

    C．可设置的撤销级别数是从 2 到 300

    D．可设置的撤销级别数是从 2 到 1000

（5）以下是对 Flash 舞台和工作区的陈述，其中错误的是（　　）。

    A．舞台位于文档窗口的中间，默认为白色，也可设置为其他颜色

    B．工作区位于舞台的周围，显示为灰色，为固定大小

    C．放置在舞台和工作区中的内容都会显示在最终的 SWF 文档中

    D．工作区可以根据内容的增加而进行扩展，以方便放置更多的对象

（6）历史面板的使用可以方便地撤销和重做相关操作，下列说法正确的是（　　）。

    A．如果撤销了一个步骤或一系列步骤，然后又在文档中执行了某些新步骤，则无法再重做已撤销的那些步骤，它们已从面板中消失

    B．在撤销了历史记录面板中的某个步骤之后，如果要从文档中除去删除的项目，需使用 "保存并压缩" 命令

    C．默认情况下，Flash 的历史记录面板支持的撤销次数为 100

    D．可以在 Flash 的 "首选参数" 中选择撤销和重做的级别数（从 2 到 9999）

三、简答题

（1）简述 Flash 动画的特点以及 Flash CS6 的新增功能。

（2）什么是工作区？和以前版本相比，Flash CS6 工作区有什么变化？

（3）什么是舞台？如何改变舞台的大小来查看各种动画文档？

（4）Flash CS6 有哪些辅助工具？如何使用这些辅助工具？

1.5 独立实践任务

【任务要求】 根据本项目所学习的知识，利用模板文件和相关的素材（配套光盘\【项目 1】与 Flash 的第一次亲密接触\实践任务\设计素材\花样童年 00.jpg～12.jpg、相框.jpg、温馨背景音乐.mp3），在新建的文档中显示标尺、辅助线和网格，将文档的尺寸更改为 1024 像素 ×768 像素，调整图片位置到舞台的中央，大小为 800 像素×600 像素，修改动画的背景图片，并尝试添加背景音乐，动画效果如图 1-33 所示，最后将动画保存为"花样童年.fla"。

图 1-33 【花样童年】

项目 2　图形的绘制与编辑

 项目概述

　　Flash CS6 中的绘图工具可以为动画影片中的艺术作品创建和编辑图形。在使用 Flash 的绘图和填色功能之前，必须先理解 Flash 绘图工具的工作方式，熟悉绘制、着色和编辑图形等基本操作，才可以绘制出栩栩如生的矢量图形。

 知识目标

- 了解工具箱中的常用工具
- 熟悉常见绘图工具的使用方法及属性设置
- 掌握使用各种工具绘制及编辑图形的方法

 技能目标

- 能使用矩形工具、椭圆工具等绘制简单图形
- 能使用钢笔工具、铅笔工具等绘制复杂图形
- 能使用颜料桶工具、墨水瓶工具等设置对象的颜色
- 能使用 Deco 工具绘制各种图形

2.1　任务 1——基本图形的绘制

　　【任务背景】　"中国心"是目前网络最流行的图片，可以使用 Flash CS6 的形状绘图工具快速、简便地绘制出这颗红心，如图 2-1 所示。

　　【任务要求】　本案例主要是熟悉 Flash CS6 的形状绘图工具，包括矩形工具、椭圆工具和星形工具的基本用法，以及选择工具的用法，利用绘制的正方形和圆形叠加起来实现心形图形的制作。

　　【案例效果】　配套光盘\【项目 2】图形的绘制与编辑\效果文件\中国心.swf

图 2-1　【中国心】

2.1.1　知识储备——选择变换工具

　　Flash CS6 提供了一些基本的图形绘制和编辑的工具，利用它们可以创建规则或异形的矢量线条和矢量色块，合理地利用这些基本工具可以创建出许多丰富多彩的图形。同时，Flash CS6 还提供了强大的图像编辑功能，可以对矢量图形进行各种变换。工具箱中的选择变换工具用于选择、移动复制图形以及改变图形的形状，主要包括选择工具、部分选取工

具、套索工具和任意变形工具。

1．选择工具

　　选择工具是工具栏的第一个工具，用于对图形的选取、移动、复制以及改变图形的形状，是使用频率最高的一个工具。操作时单击"选择工具"按钮或者按快捷键〈V〉键。选择工具没有相应的属性面板，但在工具箱上有一些相应的附加选项，具体的选项设置如图 2-2a 所示。

a)

b)

图 2-2　选择工具的使用

● "贴紧至对象"按钮：单击该按钮，此时使用选择工具拖动对象，光标处将出现一个小圆圈，将对象向其他对象移动，当在靠近目标对象的一定范围内，小圆圈会自动吸附上去。一般制作引导路径动画时，可利用此按钮将关键帧的对象锁定到引导路径上。

● "平滑"按钮：此按钮可以将选中的矢量图形的图形块或线条做平滑化的修饰，使图形的曲线更加柔和，借此可以消除线条中的一些多余棱角。

● "伸直"按钮：此功能可以将选中的矢量图形的图形块或线条做直线化的修饰，使图形的棱角更加分明。

　　使用选择工具后，在舞台中的对象上单击鼠标进行选择，被选中的线条或填充颜色方块以白色的点阵显示。鼠标指针变为　形状后，即表明该图形已经被选取，如图 2-2b 所示，案例文件为"配套光盘\项目 2　图形的绘制与编辑\FLA 源文件\加勒比海盗.fla"。

　　如果是组合元件，将以蓝色边框显示被选取状态，位图则是以灰色边框表示被选中。在选中一个图形后按住〈Shift〉键，可以再选取多个图形内容。在选取的图形范围上按住鼠标并拖曳，即可将所选图形移动。如果选中一个图形后按住〈Alt〉键，拖动选中的对象到任意位置，则选中的对象被复制。

　　选择工具不但可以选择移动工具，还可以对舞台中的图形进行造型编辑。在工具面板中启用选择工具后，将光标移动到线条或图形的边缘，光标形状变为　或　，如图 2-3a 和图 2-3b 所示，按住鼠标左键并拖动，可以方便地修改线条或图形边缘的形状，效果如图 2-3c 所示。

2．部分选取工具

　　部分选取工具通过对路径上的控制点进行选取、拖曳、调整路径方向及删除节点等操作，完成对矢量图形的造型编辑。在绘图工具箱中选择部分选取工具后，单击图形，图形会出现可编辑的节点，将鼠标移到要编辑的节点上，待鼠标指针变为　形状后，按住鼠标左键进行拖动即可进行编辑，如图 2-4 所示。

图 2-3　修改线条或图形边缘的形状

图 2-4　部分选取工具的使用

部分选取工具没有相应的属性面板，而且工具箱的选项面板也没有任何选项设置，它主要用于调节对象的形状，经常和钢笔工具一起使用，所以没有颜色和缩放之类的属性设置。

3. 套索工具

套索工具可以精确地选择不规则对象中的任意部分。在工具箱中选中套索工具，如图 2-5a 所示，将鼠标移动到舞台中，鼠标指针变为 形状，此时直接拖动鼠标即可在图形对象中选取需要的范围，完成区域的选择，如图 2-5b 和图 2-5c 所示，可参见案例文件【太阳公公.fla】。

图 2-5　套索工具的使用

在工具箱中选择套索工具，其选项区域如图 2-5a 所示，其中各按钮的功能如下。

- "魔术棒"按钮 ：用于沿对象轮廓进行大范围的选取，也可选取色彩范围。
- "魔术棒设置"按钮 ：在选项区域中单击该按钮，将打开如图 2-5d 所示的"魔术棒设置"对话框，用于设置魔术棒选取的色彩范围，其中两项参数含义如下：阈值，用于定义选取范围内的颜色与单击处像素颜色的相近程度；平滑，用于指定选取范围边缘的平滑度，有像素、粗略、平滑和一般 4 个选项。
- "多边形模式"按钮 ：用于对不规则图形进行比较精确的选取。

在使用套索工具对区域进行选择时，要注意以下几点：① 在"阈值"文本框中可以输入 0～200 的数值，数值越高，包含的颜色范围越广，如果输入 0，则只选择与单击的第一个像素的颜色完全相同的元素。② 在划定区域时，如果勾画的边界没有封闭，套索工具会自动将其封闭。③ 被套索工具选中的图形元素将自动融合在一起，被选中的组和符号则不会发生融合现象。④ 逐一选择多个不连续区域的话，可以在选择的同时按下〈Shift〉键，然后使用套索工具逐一选中欲选取区域。

4．任意变形工具

任意变形工具主要用于对各种对象进行不同方式的变形处理，如拉伸、压缩、旋转、翻转和自由变形等。通过任意变形工具，可以将对象变形为自己需要的各种样式。在工具箱中选择任意变形工具后，将会激活工具箱底部的相关按钮，如图 2-6a 所示，其中各按钮的作用和功能如下。

- "旋转与倾斜"按钮 ：单击该按钮，可以对选中的对象进行旋转或倾斜操作，如图 2-6b 所示。
- "缩放"按钮 ：单击该按钮，可以对选中的对象进行放大或缩小操作，如图 2-6c 所示。
- "扭曲"按钮 ：单击该按钮，可以对选中的对象进行扭曲操作，该功能只对分离后的对象即矢量图形有效，且只对四角的控制点有效，如图 2-6d 所示。
- "封套"按钮 ：单击该按钮，当前被选中的对象四周会出现更多的控制点，可以对对象进行更精确的变形操作，如图 2-6e 所示。

a)　　　　　　b)　　　　　　c)　　　　　　d)　　　　　　e)

图 2-6　任意变形工具的使用

2.1.2　知识储备——形状绘图工具

在 Flash CS6 中，内置的几何形状工具包含线条工具、矩形工具、基本矩形工具、椭圆工具、基本椭圆工具、多角星形工具，结合基本的形状工具，几乎可以绘制所需要的绝大部分图形。

1. 线条工具

线条工具用于绘制各种各样的线条，其使用方法为选择工具箱中的线条工具，如图 2-7a 所示，然后将鼠标移到舞台中，鼠标指针变为"+"形状，在舞台中按住鼠标左键并拖动鼠标到需要的位置后，释放鼠标左键即可绘制出一条直线。若绘图时按住〈Shift〉键，则可以绘制水平、垂直或者 45 度角方向的直线，如图 2-7e 所示。

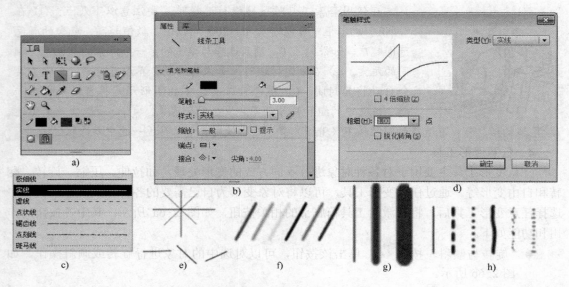

图 2-7　线条工具的使用

可以通过属性面板对线条的属性进行设置，如图 2-7b 所示，如颜色、粗细、样式、端点、接合等，通过属性面板中的"端点"和"结合"选项，还可以选择线条端点样式，以及两条线段落连接的方式。属性面板各项参数的功能如下。

- "笔触颜色"按钮 ∥ ▇▇：单击该按钮，在打开的颜色面板中选择所绘制线条的颜色，可以绘制出彩色线条，效果如图 2-7f 所示。
- "笔触"：用来设置所绘线条的粗细度，直接在文本框中输入笔触的数值，范围为 0.1～200，可以绘制粗细不等的线条，如图 2-7g 所示。
- "样式"：在下拉列表中可选择绘制的线条类型，Flash CS6 中已经预先设置了一些常用的线条类型，如图 2-7c 所示。也可以单击右侧的"编辑笔触样式"按钮 ∥，在打开的"笔触样式"对话框中，对选择的线条类型的属性进行相应的设置，如图 2-7d 所示。利用不同的笔触样式，可以绘制不同样式的线条，如图 2-7h 所示。
- "缩放"：限制 Player 中的笔触缩放，以防止出现线条模糊。该项包括一般、水平、垂直和无 4 个选项。
- "提示"：将笔触锚记点保存为全像素，以防止出现线条模糊。
- "端点"：设置线条两端的样式，有"无"、"圆角"和"方型"3 个选项。
- "接合"：定义两条相连线条的连接方式，有"尖角"、"圆角"和"斜角"3 个选项。

选中了线条工具之后，可以在工具栏下方的选项栏中，看到两个设置按钮。![按钮]按钮是"对象绘制"按钮，如果单击这个按钮，使它凹入，表示启用这个选项，然后进行绘图，那么绘制出来的线条将会是一个个独立的组合个体，避免多条线条相互切割，如果再次单击这个按钮，取消这个选项，然后进行绘图，那么绘制出来的线条将会是一个个普通矢量图，线条之间可以互相交叠、切割；![按钮]按钮是"贴紧至对象"按钮，在前面的选择工具也有这个选项，启用这个选项，在绘制线条的时候，线条的终点将会自动吸附到鼠标指针附近的其他线条上。

2. 矩形工具和基本矩形工具

选择工具箱中的矩形工具，在舞台中单击并拖动鼠标，直到创建了适合的形状和大小后，释放鼠标，即可绘制出一个矩形图形，得到的矩形由"笔触"和"填充"两部分组成，如图 2-8a 所示。

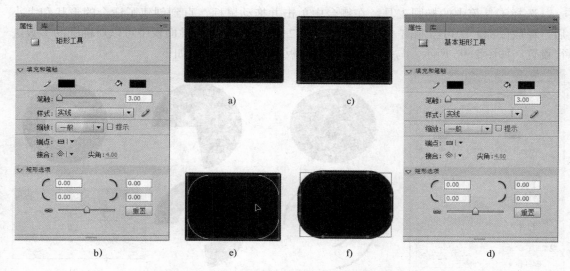

图 2-8　矩形工具和基本矩形工具的使用

如果要对图形的"笔触"和"填充"进行调整，可以在其属性面板中进行相应的设置，如图 2-8b 所示，与线条工具属性面板不同的参数功能如下。

● "填充颜色"按钮██：线条工具不支持填充颜色的使用，默认情况下只能对笔触颜色进行更改设置，而矩形工具可以设置矩形的填充颜色。

● "矩形选项"：用来指定矩形的角半径，直接在每个文本框中输入内径的数值，即可指定角半径，值越大，得到的角越圆。如果输入的值为负数，则创建的是反半径效果。默认情况下值为 0，创建的是直角。如果取消左下角的限制角半径的图标，则还可以分别调整每个角的半径。

● 重置：单击此按钮，可以重置属性面板里矩形工具的所有参数选项。

选择工具箱中的基本矩形工具，在舞台中单击并拖动鼠标，直到创建了适合的形状和大小后，释放鼠标，即可绘制出一个基本矩形，如图 2-8c 所示，其属性面板如图 2-8d 所示。

① 在绘制矩形的同时按下〈Shift〉键，则可以在工作区中绘制一个正方形。② 基本矩形工具和矩形工具最大的区别在于，使用矩形工具绘制完矩形以后，是不能在绘制好的矩形图形属性面板中重新设置的。若要改变这个属性，则需要重新绘制一个新的矩形，而使用基本矩形工具绘制完矩形以后，可以对相应的属性直接进行修改。例如，可以使用选择工具对基本矩形四周的任意控制点进行拖动，调出圆角，如图 2-8e 和图 2-8f 所示。③ 除了直接使用选择工具拖动更改角半径，还可以通过属性面板中拖动矩形选项区域下的滑块进行调整。当滑块为选中状态时，按住键盘上的上方向键和下方向键，可快速调整角半径。④ 当"矩形边角半径"文本框中输入的值为正且足够大时，则可以绘制一个圆形，当输入的值为负值时，则创建的是反半径矩形，边角向内陷。

3. 椭圆工具和基本椭圆工具

选择工具箱中的椭圆工具，在舞台中单击并拖动鼠标，直到创建了适合的形状和大小后，释放鼠标，即可绘制出一个椭圆，如图 2-9a 所示。在属性面板中可以对椭圆的参数进行设置，如图 2-9b 所示，与矩形工具属性面板不同的参数功能如下。

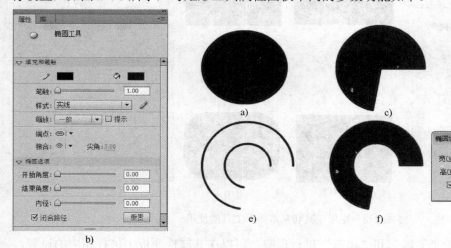

图 2-9　椭圆工具和基本椭圆工具的使用

- "开始角度/结束角度"：通过拖动滑块条上的滑块，或者在后面的文本框中输入角度值，可以控制椭圆的起始点角度和结束点的角度。通过它们可以轻松地将椭圆和圆形的形状修改为扇形、半圆以及其他形状。图 2-9c 所示为设置开始角度为 100.00 时的绘制效果。
- "内径"：用于调整椭圆的内径，可以直接在文本框中输入内径的数值（0～99），也可以拖动滑块调整内径的大小。图 2-9d 所示为设置内径为 50 时的绘制效果。
- "闭合路径"：用于确定椭圆的路径是否闭合，当椭圆指定了内径以后，会出现多条路径，如果不勾选该复选框，则绘制时会出现一条开放路径，此时如果未对图形应用任何填充，则绘制出的图形为笔触，如图 2-9e 所示。默认情况下选择闭合路径，效果如图 2-9f 所示。

基本椭圆工具在使用上与椭圆工具是基本一致的，在绘制基本椭圆后，可以使用选择工具对基本椭圆的控制点进行拖动，改变椭圆的形状以及开始角度等参数。

① 使用椭圆工具时，按下〈Shift〉键，则可以在工作区中绘制一个正圆形；如果同时按住〈Shift〉键和〈Alt〉键绘制图形，可以从中心绘制或绘制一个圆形。② 基本椭圆工具和椭圆工具最大的区别在于，椭圆工具绘制完圆形形状以后，是不能在绘制好的圆形属性面板中重新设置的，若要改变这个属性，需要重新绘制一个新的圆形，而使用基本椭圆工具绘制完矩形以后，可以对相应的属性直接进行修改。③ 如果想指定椭圆的像素大小，可以在选择椭圆工具以后，按住〈Alt〉键同时单击舞台边缘，弹出"椭圆设置"对话框，在该对话框中可以指定椭圆的宽度和高度，以及是否从中心绘制，如图 2-9g 所示。矩形工具和基本矩形工具也同样如此。

4. 多角星形工具

选择工具箱中的多角星形工具，在舞台中单击并拖动鼠标，直到创建了适合的形状和大小后，释放鼠标，即可绘制出一个多角星形，如图 2-10a 所示。在属性面板中可以对椭圆的参数进行设置，如图 2-10b 所示，与矩形工具属性面板基本一样，不同的是多了一个"选项"按钮。单击此按钮，就会弹出"工具设置"对话框，如图 2-10c 所示，其参数功能如下。

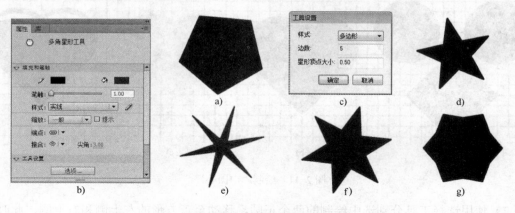

图 2-10　多角星形工具的使用

- "样式"：用于设置绘制的多角星形样式，包括"多边形"和"星形"两个选项，默认为多边形，如图 2-10d 所示为绘制的星形形状。
- "边数"：用于设置绘制的多角星形边数，可在文本框中输入一个 3~32 的数字。
- "星形顶点大小"：用于指定星形顶点的深度，输入一个 0~1 的数字，数字越接近 0，创建的星形顶点越深（如针一样），如图 2-10e、图 2-10f、图 2-10g 所示，分别为设置星形顶点大小 0.2、0.5、0.9 的后绘制的效果。

2.1.3　案例精讲——中国心

本案例将绘制中国心图形，在绘制该图形时，主要使用矩形工具、椭圆工具、多角星形工具绘制图形并进行设置。其中需要重点掌握的是矩形工具和椭圆工具的使用方法。

【案例：中国心】操作步骤如下。

1）执行菜单"文件"→"新建"命令，在弹出的对话框中依次选择"常规"→"Flash 文件（ActionScript 3.0）"选项后，单击"确定"按钮，新建一个影片文档，执行菜单"文件"→"保存"命令，文件名为"中国心.fla"。

2）执行菜单"视图"→"网格"→"显示网格"命令，将舞台用网格显示出来，这样做的目的是在绘图过程中网格线将起到很好的辅助作用，特别是对规则的几何图形。

3）选择矩形工具，设置笔触颜色为"无"，填充颜色为"红色"，边角半径为"10"，然后按下〈Shift〉键，在工作区中绘制一个正方形。

4）在工作区使用选择工具选中正圆形，单击鼠标右键，在弹出的菜单中选择"任意变形"命令，这时正方形周围会出现 8 个控制点，将鼠标移至最右下角的那个控制点，鼠标将变为旋转样式，然后按住〈Shift〉键控制正方形以 45 度角旋转，使正圆形旋转 45 度，如图 2-11a 底部所示。

5）选择椭圆工具，设置笔触颜色为"无"，填充颜色为"红色"，然后按下〈Shift〉键，在工作区中绘制一个正圆形，注意圆的直径要和正方形的边长相等。

6）在工作区中使用选择工具选中该圆，然后复制该圆，并使用选择工具将两个圆分别拖放于正方形上方，注意将位置调整对齐，如图 2-11a 所示。

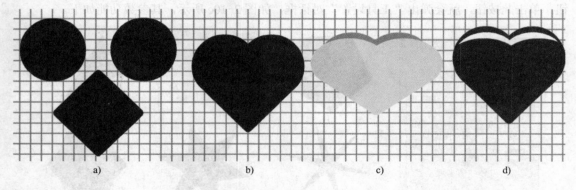

图 2-11　绘制"中国心"

7）使用选择工具分别选中绘制的两个正圆，移动至正方形的左上侧和右上侧，此时三个对象变成了一个整体，如图 2-1b 所示。

8）使用选择工具选中心形对象，复制该对象并将此心形拖离原位置，单击鼠标右键，在弹出的快捷菜单中选择"任意变形"命令，调整其高度为原来的 80%左右，将其填充颜色更改为"绿色"。

9）使用选择工具选中绿色心形对象，复制该对象并将此心形拖离原位置，单击鼠标右键，在弹出的快捷菜单中选择"任意变形"命令，调整其高度为原来的 80%左右、宽度为原来的 120%左右，将其填充颜色更改为"黄色"，并拖曳至绿色心形对象的位置，如图 2-11c 所示。再次拖曳黄色心形，将得到一个形状，将其填充颜色更改为"白色"，并将其拖至红色心形中上部位置，如图 2-11d 所示。

10）选择多角星形工具，设置笔触颜色为"无"，填充颜色为"黄色"，绘制 5 个五角星，并调整其大小和位置，就得到如图 2-1 所示的案例效果。

11）执行菜单"控制"→"测试影片"命令，或按〈Ctrl+Enter〉组合键预览并测试对象的显示效果，效果如图 2-1 所示。

2.2 任务 2——角色的绘制

【任务背景】 利用铅笔工具和钢笔工具可以随意地绘制线条和形状，而钢笔工具是绘图工具中比较难掌握的工具之一，通过案例【猴小弟】来熟悉钢笔工具等的使用，效果如图 2-12 所示。

【任务要求】 本案例主要是通过钢笔工具来勾勒角色的线条，同时使用矩形、椭圆、线条等工具绘制身体各个部分，接下来用颜料桶工具给各个部分填充颜色，完成角色的绘制。

【案例效果】 配套光盘\【项目 2】图形的绘制与编辑\效果文件\猴小弟.swf

图 2-12 【猴小弟】

2.2.1 知识储备——手工绘图工具

手工绘图也就是用鼠标徒手绘制图形，包括铅笔工具、钢笔工具、刷子工具。合理地使用这些工具，不但可以有效提高工作效率，而且能让绘制出的图形别具特色。

1. 铅笔工具

使用铅笔工具可以随意绘制出不同形状的线条，就像在纸上用真正的铅笔绘制一样，Flash 会根据所选的绘图模式对线条自动进行调整，使其更笔直或者更平滑。选择工具箱中的铅笔工具，当鼠标移到舞台中时，鼠标指针变为 形状，按住鼠标左键随意拖动即可绘制任意直线或曲线，若绘图时按〈Shift〉键按钮，则绘制水平或者垂直方向直线，如图 2-13a 所示。当在工具箱中选择铅笔工具后，单击工具箱底部的"铅笔模式"按钮，在弹出的下拉列表中有 3 种绘图模式可以选择，如图 2-13b 所示，其功能分别如下。

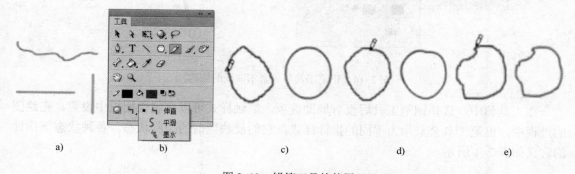

图 2-13 铅笔工具的使用

- "伸直"：这是 Flash 的默认模式，在这种模式下绘图时，Flash 会把绘制的线条变得更直一些，一些本来是曲线的线条可能会变成直线，接近三角线、椭圆、圆形、矩形和正方形的形状转换为这些常见的几何形状，如图 2-13c 所示。
- "平滑"：在这种模式下绘图时，线条会变得更加柔和，使其尽可能成为有弧度的曲线，如图 2-13d 所示。

● "墨水"：在这种模式下绘图时，绘制后没有任何变化，保持线条的原始状态，如图 2-13e 所示。

使用铅笔工具绘制出的线条被称为"笔触"，由于铅笔工具很难绘制出非常流畅的线条，所以在 Flash 绘图的过程中并不是最常用的工具。

2. 钢笔工具

钢笔工具可以绘制直线和平滑流畅的曲线（贝塞尔曲线），并对曲线的弯曲度进行调节，从而使绘制的线条达到理想的效果。它是一种比较灵活的手绘工具。在使用钢笔工具绘制图形的过程中，直线和曲线之间可以相互转换。

选择工具箱中的钢笔工具，按住鼠标左键不放，在弹出的下拉列表中有钢笔工具、添加锚点工具、删除锚点工具和转换锚点工具 4 个选项可供选择，如图 2-14a 所示。

所谓贝塞尔曲线，是由法国数学家贝塞尔在 1824 年提出的概念，成为计算机矢量图形学的基础。它的意义在于，无论是直线或曲线都能在数学上予以描述。Flash 从 5.0 版本开始，就可以使用贝塞尔曲线来进行精确的绘图了。如图 2-14b 所示，图中表示的就是一条贝塞尔曲线，其中①、②、③都位于曲线上的点，这些点称为"控制点"、"节点"或者"锚点"，其中①和③是空心的，表示它未被选中，而②是实心的，表示它已经被选中了，被选中的控制点上会出现两个"控制柄"，就是④和⑤。如果将曲线看作一条绳子，那么控制点就是钉子，将绳子钉在板上；而控制柄则决定了绳子在控制点处的走向。在 Flash 中，使用钢笔工具和部分选取工具，可以精确地绘制和调整线条。要特别注意的是，控制柄只会在编辑的时候出现，但是不会出现在导出后的作品中。

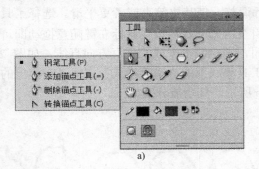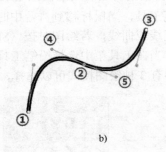

图 2-14 钢笔工具与贝塞尔曲线的结构

在工具箱中，选择钢笔工具后没有辅助选项，笔触样式可以在属性面板中设置。在绘图的过程中，钢笔工具会显示为不同的指针样式，它们反映当前的绘制状态。各种状态下指针的含义如表 2-1 所示。

表 2-1 钢笔工具各种状态下指针的含义

指 针 状 态	含义及功能
初始锚点指针	选中钢笔工具后看到的第一个指针，指示下一次单击鼠标时将创建初始锚点，它是新路径的开始，可以终止任何现有的绘画路径
连续锚点指针	指示下一次单击鼠标时将创建一个锚点，并且一条直线与前一个锚点相连接。在创建所有用户定义的锚点（路径的初始锚点除外）时，显示此指针

指 针 状 态	含 义 及 功 能
添加锚点指针 ♠+	指示下一次单击鼠标时将向现有路径添加一个锚点。若要添加锚点，必须选择路径，并且钢笔工具不能位于现有锚点的上方。根据其他锚点，重绘现有路径。一次只能添加一个锚点
删除锚点指针 ♠−	指示下一次在现有路径上单击鼠标时将删除一个锚点。若要删除锚点，必须用部分选取工具选择路径，并且指针必须位于现有锚点的上方。根据删除的锚点，重绘现有的路径，一次只能删除一个锚点
连续路径指针 ♠/	从现有锚点扩展新曲线。若要激活此指针，鼠标必须位于路径上现有锚点的上方，仅在当前未绘制路径时，此指针才可用。锚点未必是路径的终端锚点，任何锚点都可以是连续路径的位置
闭合路径指针 ♠○	在绘制路径的起始点处闭合路径，只能闭合当前正在绘制的路径，并且现有锚点必须是同一个路径的起始锚点。生成的路径没有将任何指定的填充颜色设置应用于封闭形状，单独应用填充颜色
连接路径指针 ♠○	除了鼠标不能位于同一个路径的初始锚点上方外，与闭合路径工具基本相同。该指针必须位于唯一路径的任一端点上方。可能选中路径段，也可能不选中路径段。注意：连接路径可能产生闭合形状，也可能不产生闭合形状
回缩贝塞尔手柄指针 ♠↑	当鼠标位于显示其贝塞尔手柄的锚点上方时显示，单击鼠标将回缩贝塞尔手柄，并使得穿过锚点的弯曲路径恢复为直线段
转换锚点指针 ∧	将不带方向线的转角点转换为带有独立方向线的转角点，若要启用转换锚点指针，也可以利用〈Shift+C〉键转换钢笔工具

3．刷子工具

刷子工具与铅笔工具非常相似，它们都可以绘制出任意不同形状的线条，唯一不同的是，使用刷子工具所绘制的形状是被填充的，因此利用这一特性，可以制作出如书法等特殊效果。单击工具箱中的刷子工具，移动鼠标到舞台中，鼠标指针将变成一个黑色的圆形或方形的刷子，单击鼠标即可在舞台中绘制对象。选中刷子工具后，将激活工具箱底部的相关按钮，如图 2-15a 所示，在其中可对刷子模式、刷子大小和刷子形状等进行设置。

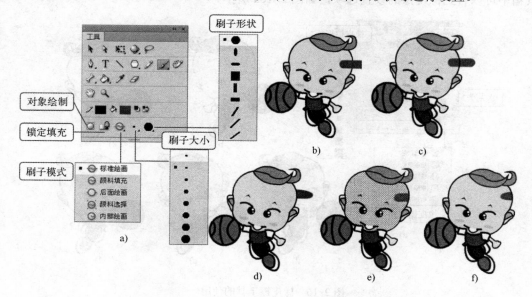

图 2-15　刷子工具的使用

"刷子模式"按钮提供了 5 种不同刷子模式，从中可以根据不同的需要进行选择，具体的功能如下。

- "标准绘画"：可以对同一层的线条涂色，效果如图 2-15b 所示。
- "颜料填充"：对填充区域和空白区域涂色，不影响线条，效果如图 2-15c 所示。
- "后面绘画"：在舞台上同一层的空白区域涂色，不影响线条和填充区域，效果如图 2-15d 所示。
- "颜料选择"：当使用工具箱中的"填充"选项和属性面板中的"填充"选项填充颜色时，此模式会将新的填充应用到选区中，类似于选择一个填充区域并应用新填充，效果如图 2-15e 所示。
- "内部绘画"：对开始时"刷子笔触"所在的填充区域进行涂色，但不对线条涂色，也不允许在线条外面涂色。如果在空白区域中开始涂色，该"填充"不会影响任何现有的填充区域，效果如图 2-15f 所示。

"锁定填充"按钮可以锁定刷子使用渐变颜色来涂色，实现更复杂的填充。"刷子大小"按钮可以选择刷子的大小，范围从小到大。"刷子形状"按钮可以选择刷子，其中包括直线条、矩形、圆形等 9 种形状。

2.2.2 知识储备——绘图辅助工具

在绘制图形的过程中还会用到一些辅助工具，它们分别是橡皮擦工具、喷涂刷工具、手形工具和缩放工具等。它们虽然不是主要的绘图工具，但在绘图过程中也是不可缺少的。

1. 橡皮擦工具

使用橡皮擦工具可以对绘制图形中不满意的部分进行擦除，以便重新对其进行绘制，可以根据实际情况设置不同的擦除模式获得特殊的图形效果。单击工具箱中的橡皮擦工具，在工具箱中可以看到橡皮擦的设置选项，如图 2-16a 所示。

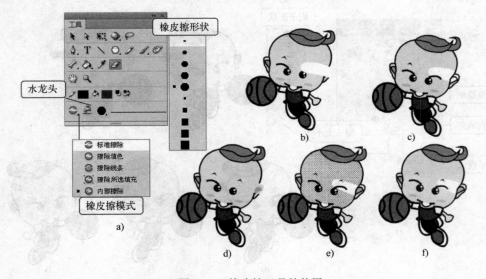

图 2-16　橡皮擦工具的使用

使用橡皮擦工具，然后在工具箱中单击"橡皮擦模式"按钮，在该下拉列表中提供了 5 种模式供用户选择，具体的功能如下。

- "标准模式"：可擦除线条和填充内容，效果如图 2-16b 所示。

- "擦除填色"：只擦除填充内容，不擦除线条，效果如图 2-16c 所示。
- "擦除线条"：只擦除线条，不擦除填充内容，效果如图 2-16d 所示。
- "擦除所选填充"：只能在选定区域内擦除线条和填充内容，即用橡皮擦工具前，先用选择工具选中图形中需要擦除的区域，然后进行擦除，效果如图 2-16e 所示。
- "内部擦除"：只有从填充区域内部擦除才有效，如果从外部向内部擦除，则不会擦除任何内容，这种擦除模式只能擦除填充内容，不擦除线条，效果如图 2-16f 所示。

"水龙头工具"按钮是用来擦除一定范围内的线条或填充色，是一种智能的删除工具，只需要在删除的线条或填充区域内部单击，即可快速擦除。如果擦除的填充部分使用的是渐变颜色，将会擦除整个渐变色块。

"橡皮擦形状"按钮为用户提供了圆形和方形两种橡皮擦形状，每种形状各有 5 种尺寸大小，用户可以根据自己的需要，选择适合的形状和大小来进行擦除。

2. 喷涂刷工具

喷涂刷工具在功能上与粒子喷射器非常相似，使用它可以一次将形状图案放入舞台中。默认情况下，喷涂刷工具使用当前选定的填充色进行喷涂，用户也可以根据自己的需要，将影片剪辑或图形元件喷涂到舞台中。

选择工具箱中的喷涂刷工具，在工具箱中可以看到喷涂刷工具的设置选项，如图 2-17a 所示。其属性面板如图 2-17b 所示。选择默认的填充颜色或单击"编辑"按钮，弹出 "选择元件"对话框，如图 2-17c 所示。选择已有的元件作为"粒子"喷涂， 鼠标在舞台上单击后的喷涂效果如图 2-17d 所示。

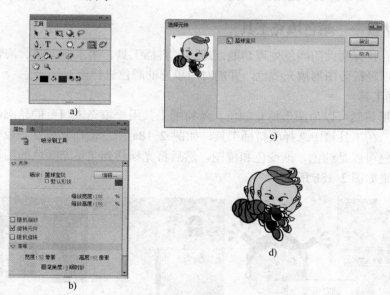

图 2-17　喷涂刷工具的使用

喷涂刷工具属性面板各项参数功能如下。
- "默认形状"：勾选该复选框，将使用默认的黑色圆点作为喷涂粒子。
- "缩放宽度"：当使用默认形状时，设置此数值，可以调整圆点的大小。当使用自定义元件作为喷涂粒子时，使用此参数可以调整元件的宽度。

- "缩放高度"：仅限于在使用自定义元件作为喷涂粒子时，此参数被激活，用来调整元件的高度。
- "随机缩放"：勾选该复选框，将可随机缩放每个用于喷涂的基本图形元素的大小。
- "旋转元件"：基于鼠标的移动方向，旋转用于喷涂的基本图形元件。使用默认喷涂点时，会禁用此选项。
- "随机旋转"：随机旋转每个基本图形元素在舞台上的旋转角度。使用默认喷涂点时，会禁用此选项。
- "宽度/高度"：用来调整喷涂的画笔大小。
- "画笔角度"：调整旋转画笔的角度。当画笔的长度不同时，此选项才具备实际的意义。

3．手形工具

手形工具可以在绘图时用来移动场景的视图区域。选择工具箱中的手形工具，它没有任何附属选项设置，按住鼠标左键不放，即可上、下、左、右移动场景的视图区域。

如果双击工具箱中的手形工具按钮，则可以快速将工作区中的对象移动到工作区的中心位置，并将对象进行适当缩放，使整个对象显示在工作区中。此外，当从工具箱中选择其他工具时，若按下空格键不放，则此时工具将暂时切换为手形工具，释放空格键后，绘图工具就会恢复为原来的工具状态。

4．缩放工具

缩放工具可以在绘图时以放大或缩小的方式观察当前帧。正常单击时为放大，按住〈Alt〉键为缩小。在舞台上单击拖出一个矩形区域，将自动放大到充满窗口。

2.2.3　知识储备——颜色填充工具

Flash CS6 具有强大的颜色处理功能，通过颜料桶工具、墨水瓶工具、滴管工具和渐变变形工具，可以轻松为图形填充颜色，并能对所填充的颜色进行修改。

1．颜料桶工具

绘制完图形后就可以为图形填充颜色，颜料桶工具用于填充未填色的轮廓线或者改变现有色块的颜色。在工具箱中选择颜料桶工具，如图 2-18a 所示，在其属性面板中选择要填充的颜色，该颜色可以是纯色、渐变色和位图，然后将光标移到要填充颜色的图形中进行单击即可填充，效果如图 2-18b 所示。

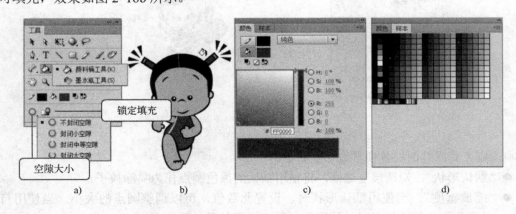

图 2-18　颜料桶工具的使用

如果图形中有缺口，没有形成闭合，可以使用"空隙大小"按钮，针对缺口的大小进行填充。在工具箱的选项区域中，单击该按钮，然后在该列表框中选择合适的选项进行填充即可，各个选项的含义如下。

● "不封闭空隙"：只有区域完全闭合时才能填充。
● "封闭小空隙"：系统忽略一些小的缺口进行填充。
● "封闭中等空隙"：系统将忽略一些中等空隙，对其进行填充。
● "封闭大空隙"：系统可以忽略一些较大的空隙，并对其进行填充。

"锁定填充"按钮只能应用于渐变，选择此选项后，就不能再应用其他渐变，而渐变之外的颜色也不会受到任何影响。

颜料桶工具经常与样本面板和颜色面板一起使用，可以执行"窗口"→"颜色"命令和"窗口"→"样本"命令打开这两个面板。

在颜色面板中，提供了更改笔触和填充颜色，以及创建多色渐变等选项，不但可以创建和编辑纯色，还可以创建和编辑渐变色，并使用渐变达到各种效果，如图 2-18c 所示。在样本面板中，可以单击面板右上角的按钮，在弹出的下拉菜单中根据需要，对颜色样本进行添加、编辑、删除、复制等操作，如图 2-18d 所示。

2．墨水瓶工具

墨水瓶工具可以给选定的矢量图形增加边线，还可以修改线条或开关轮廓的笔触颜色、宽度和样式，该工具没有辅助选项按钮。在工具箱中选择墨水瓶工具，如图 2-19a 所示，然后在属性面板中设置笔触颜色、宽度和样式。设置好线条的属性后，在要添加边线的图形上单击，即可为图形增加边线。如果用鼠标单击一个已有轮廓线的图形，则墨水瓶工具的属性将替换该轮廓线原有的属性，如图 2-19b 所示。

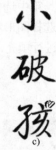

a)　　　　　　　　　　b)　　　　　　　　c)

图 2-19　墨水瓶工具的使用

① 墨水瓶工具不但不能改变图形的填充色，而且只能使用纯色进行填充，不能使用渐变色或位图方式填充颜色。② 如果墨水瓶工具填充的对象是矢量图形，则可以直接填充线条轮廓的颜色。如果是文本或位图，则需要将其打散后才能使用墨水瓶工具添加轮廓。图 2-19c 所示，为文字添加红色轮廓后的情况。

3．滴管工具

应用滴管工具可以获取需要的颜色，另外还可以对位图进行属性采样。在工具箱中选择滴管工具，如图 2-20a 所示，滴管工具没有辅助选项按钮，说明滴管工具没有任何属性需要设置，其功能就是对颜色特征的采集。选择滴管工具以后，将鼠标移动到舞台上，在不同位置，会出现不同状态的鼠标指针。当处于舞台空白位置时，鼠标指针变为滴管形状，如图 2-20b 所示。当处于图形填充区域时，鼠标指针的滴管右侧带有一个小刷子，如图 2-20c 所示。当处于图形轮廓上方时，鼠标指针的滴管右侧带有一支小铅笔，如图 2-20d 所示。

图 2-20　滴管工具的使用

　　当在舞台的空白位置和图形填充区域单击后，滴管工具会自动切换到颜料桶工具，表示当前可以将滴管吸取的颜色填充到指定的区域。当在图形轮廓单击线条后，滴管工具会自动切换为墨水瓶工具，可以将吸取的线条属性应用于其他的对象。另外，滴管工具还可以对位图进行取样，并以此属性填充其他的线条或图形。选择滴管工具后单击位图，在颜色面板中将"颜色类型"设置为位图填充即可。

4. 渐变变形工具

　　在 Flash CS6 中，可以使用渐变变形工具来调整填充的大小、方向、中心以及渐变填充和位置填充。在工具箱中选择渐变变形工具，如图 2-21a 所示，选中渐变色填充对象，然后单击填充区域，如果选择图形和线性渐变进行填充，则会出现两条水平线，如图 2-21b 所示；如果使用放射性渐变进行填充，则会出现一个渐变圆圈以及 4 个圆形或方形手柄，如图 2-21c 所示。

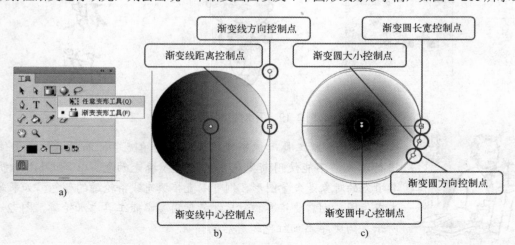

图 2-21　渐变变形工具的使用

　　使用渐变线的方向手柄、距离手柄和中心手柄，可以移动渐变线的中心、调整渐变线的距离以及改变渐变线的倾斜方向。使用渐变圆可以对放射状渐变填充图形进行修改；拖动渐变圆中心手柄，可以改变亮点的位置；拖动圆周上长宽手柄，可以调整渐变圆的长宽比；拖动圆周上的大小手柄，可以改变渐变圆的大小和倾斜方向。

2.2.4　案例精讲——猴小弟

本案例将绘制动画角色"猴小弟"，在绘制该图形时，主要使用钢笔工具、矩形工具、线条工具和颜色填充工具，其中需要重点掌握的是钢笔工具和颜色填充工具的使用方法。

【案例：猴小弟】操作步骤如下。

1）执行菜单"文件"→"新建"命令，在弹出的对话框中依次选择"常规"→"Flash文件（Action Script 3.0）"选项后，单击"确定"按钮，新建一个影片文档，然后执行菜单"文件"→"保存"命令，文件名为"猴小弟.fla"。

2）选择工具箱中的钢笔工具，在舞台工作区绘制出头部轮廓的基本线条，注意要保证线条是首尾封闭的，同时使用钢笔工具在外围绘制耳朵的曲线，在内部绘制脸部的曲线，如图 2-22a 所示。

图 2-22　绘制角色头部

3）使用矩形工具绘制眉毛，并使用任意变形工具调节大小和角度。使用椭圆工具绘制两个同心正圆，再将线条工具设置为 2 像素粗细，绘制嘴巴，使用选择工具调节嘴巴的弧度，效果如图 2-22b 所示。再次使用钢笔工具和椭圆工具绘制出头发和眼睛的高光轮廓，如图 2-22c 所示。

4）选择工具箱中的颜料桶工具，填充脸部的颜色，填充颜色为（#F8F3E0），填充头发的颜色为（#663A09），耳朵两部分的颜色分别为（#F8F3E0）和（#C8A56D），对于眼睛部分使用线性渐变填充（颜色#25090F 到颜色#6B360A 的渐变），效果如图 2-23a 所示。

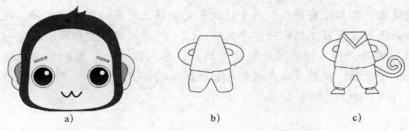

图 2-23　角色头部填充颜色并绘制角色身体

5）在时间轴面板中单击"新建图层"按钮，新建"图层 2"，为方便绘制，可以单击图层"图层 1"后的眼睛图标，选择隐藏刚才绘制的内容。

6）使用钢笔工具绘制如图 2-23b 所示的角色身份轮廓，构建猴子的身体，还可以使用钢笔工具更详细地绘制其他的部位的线条，如图 2-23c 所示。

7）使用颜料桶工具为身体各部分进行上色，上衣和鞋子的填充颜色为（#070AAF0），裤子的填充颜色为（#F9C445），尾巴的填充颜色为（#663A0A），效果如图 2-24a 所示。

8）使用线条工具再次为衣服添加一些线条，并利用钢笔工具绘制衣服上的两颗纽扣，效果如图 2-24b 所示。

图 2-24　绘制、组合并填色

9）使用颜料桶工具为新区域进行上色，如图 2-24c 所示，衣服袖子上的颜色填充值分别为（#FC0A34）、（#FAC545）、（#1CFF00）、（#1284FE）、（#F607FF），衣领的填充颜色为（#FC0A34），纽扣的颜色填充值为（# F7C447）。

10）使用线条工具和颜料桶工具为对应的区域添加高光和阴影效果，注意添加的辅助绘制阴影的线条，在使用后要删除，如图 2-24d 所示。

11）单击图层"图层 1"后的眼睛图标，选择显示绘制的内容，发现不同的对象放在不同的图层上，会出现层叠次序的问题，可以拖曳"图层 1"至"图层 2"的上方，以保证猴小弟的头部在身体的上方。

12）执行菜单"控制"→"测试影片"命令，或按〈Ctrl+Enter〉组合键预览并测试对象的显示效果，效果如图 2-1 所示。

知识卡片

Flash 鼠标绘图的技巧：（1）无论画什么物体，最好先画出一个轮廓，看看整体感觉怎么样。如果觉得还可以，再继续，用直线把物体的轮廓线"拼"出个大概来，简简单单就可以。有了轮廓，在这个基础上就可以进行较细致的修改了，把直线用选择工具和部分选取工具拽为曲线，用不同曲线组成一定的弧度。有时两根线条的接口不圆滑，可以再用一条直线，把它拽到需要的弧度，然后把原来没用的接头去掉。在上色的过程中，需要注意的是，如果选用颜料桶，可是却涂不上颜色，有可能是因为哪里没有封口，两个线没有完全接上，最好使用放大镜，把所有的线检查一遍，如果还有没有接上的，一定要封口。（2）轮廓的确不太好画，还有一种较为简单的方法，就是选择一幅与源图像比较接近的画，导入到 Flash 里，插入到场景中并锁定，然后新建一个图层，使用直线或者铅笔把所需的部分"临摹"下来，然后在描下来轮廓的基础上再进行加工，这样会省不少时间。

2.3　任务 3——Deco 工具的使用

【任务背景】 Deco 工具是装饰性绘画工具，用户可以使用它将创建的图形形状转换成复杂的几何图案，例如用户可以将一个或多个元件与 Deco 工具结合使用来创建万花筒般的图形效果，使绘制各种丰富多彩的图形效果变得更方便、快捷。如图 2-25 所示，为使用 Deco 工具创建的动画效果。

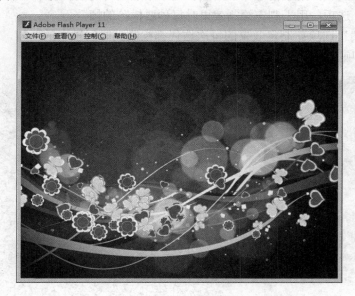

图 2-25 【五彩缤纷】

　　【任务要求】　通过钢笔工具等来绘制形状，利用 Deco 工具基于这些绘制的对象制作神奇的动画效果，熟悉 Deco 工具的原理与使用步骤。

　　【案例效果】　配套光盘\【项目 2】图形的绘制与编辑\效果文件\五彩缤纷.swf

2.3.1　知识储备——Deco 工具简介

　　Deco 工具是在 Flash CS4 版本中首次出现的，用户使用它可以将创建的基本图形轻松转化成复杂的几何图案，用来生成如万花筒般的各种对称的图形效果。在 Flash CS6 中大大增强了 Deco 工具的功能，除增加了众多的绘制效果，还为用户提供了开放的创作空间，可以让用户通过创建元件，完成复杂图形或者动画的制作，例如制作火焰动画、烟雾动画等，甚至可以使用粒子系统，制作出类似三维软件制作的三维动画效果。

　　Deco 工具和喷涂刷工具类似，可以将创建的图形转换成复杂的几何图形。单击工具箱中的 Deco 工具，或者按下键盘上的快捷键〈U〉来选择它，其属性面板如图 2-26a 所示。

　　Deco 工具属性面板中默认的绘制效果是藤蔓式填充，利用藤蔓式填充效果，可以用藤蔓式图案填充舞台、元件或封闭区域。通过从库中选择元件，可以替换叶子和花朵的插图，生成的图案将包含在影片剪辑中，而影片剪辑本身包含组成图案的元件。在 Deco 工具的属性面板中选择默认的花朵和叶子形状的填充颜色，在舞台上任意位置单击鼠标，即可得到如图 2-26b 所示的效果。属性面板中各个选项的功能如下。

- "树叶"选项：设置花的叶子，单击"编辑"按钮，可以选择已经转换为元件的叶子，勾选"默认形状"复选框将使用默认树叶。
- "花"选项：设置花朵，单击"编辑"按钮，可以选择已经转换为元件的花朵，勾选

"默认形状"复选框将使用默认花朵。

- "图案缩放"选项：使对象同时沿水平方向或垂直方向放大或缩小。
- "段长度"选项：用于指定叶子结点和花朵结点之间的段长度。
- "帧步骤"选项：用于制定绘制效果时每秒要横跨的帧数。
- "动画图案"选项：制定效果的每次迭代都绘制到时间轴中的新帧，在绘制花朵图案时，此选项将创建花朵图案的逐帧动画序列。

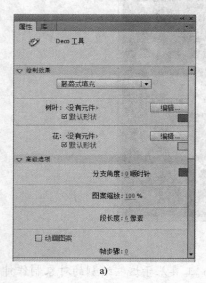
a)

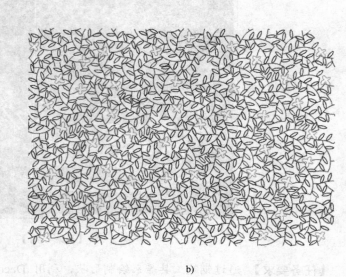
b)

图 2-26　属性面板和填充效果

2.3.2　知识准备——Deco 工具的填充效果

在 Flash CS6 中，Deco 工具一共提供了 13 种绘制效果，默认的为藤蔓式填充效果，还有网格填充、对称刷子、3D 刷子、建筑物刷子、装饰性刷子、火焰动画、火焰刷子、花刷子、闪电刷子、粒子系统、烟动画和树刷子，下面进行简要介绍。

1．网格填充

网格填充可以将基本图形元素进行复制，并有序地排列到整个舞台上，产生类似壁纸的效果。在 Deco 工具属性面板顶部用鼠标单击下拉列表框，在打开的下拉列表中选择"网格填充"选项，单击属性面板中的"编辑"按钮，选择一个元件，最多可以选择平铺的 4 个元件，最后单击舞台即可将定义的元件填充到整个舞台，效果如图 2-27a 所示。源文件为"配套光盘\【项目 2】图形的绘制与编辑\FLA 源文件\网格填充.fla"，在此不再讲解制作步骤，以下相同。

2．对称刷子

使用对称刷子效果，可以围绕中心点对称排列元件，创建圆形用户界面元素（如模拟钟面或刻度盘仪表）和旋涡图案。使用时将显示手柄，可以使用手柄，通过增加元件数、添加对称内容或者编辑和修改效果的方式，控制对称效果，效果如图 2-27b 所示，源文件为"配套光盘\【项目 2】图形的绘制与编辑\FLA 源文件\对称刷子.fla"。

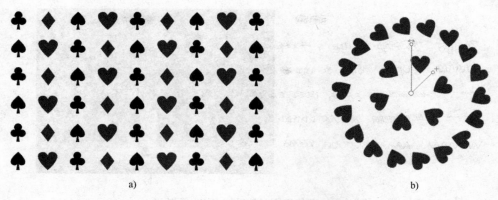

图 2-27　网格填充效果与对称刷子效果

3. 3D 刷子

通过 3D 刷子，用户可以在舞台上对某个元件的多个实例涂色，使其具有 3D 透视效果，如图 2-28a 所示。Flash 通过在舞台顶部（背景）附近缩小元件，并在舞台底部（前景）附近放大元件来创建 3D 透视。接近舞台底部绘制的元件位于接近舞台顶部的元件之上，不管它们的绘制顺序如何。用户可以在绘制图案中包括 1 到 4 个元件，舞台上显示的每个元件实例都位于其自己的组中。可以直接在舞台上的形状或元件内部涂色，如果在形状内部首先单击 3D 刷子，则 3D 刷子仅在形状内部处于活动状态。

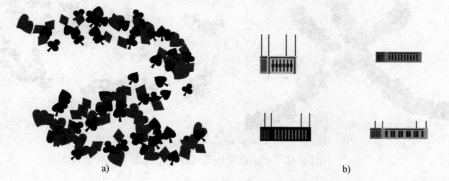

图 2-28　3D 刷子效果与建筑物效果

4. 建筑物刷子

使用建筑物刷子效果，可以在舞台上绘制建筑物，建筑物的外观取决于为建筑物属性选择的值。Flash CS6 一共提供了 4 种建筑物，如图 2-28b 所示。

5. 装饰性刷子

通过应用装饰性刷子效果，用户可以绘制装饰线，例如点线、波浪线及其他线条。在 Flash CS6 中提供了包括梯波形、波形、虚线、电线、锯齿形、玛雅图案、图形、绳形、三角形、双波形、乐符、粗箭头、溪流形、方块、心形、发光的星星、卡通星星、凹凸、小箭头和茂密的树叶等 20 种装饰性刷子，制作动画时可灵活选择使用，以便获得最佳效果，如图 2-29a 所示。

6. 火焰动画

应用火焰动画效果可以创建程序化的逐帧动画，效果如图 2-29b 所示。

a)   b)

图 2-29　装饰性刷子效果与火焰动画效果

7. 火焰刷子

借助火焰刷子效果，可以在时间轴的当前帧的舞台上绘制火焰，如图 2-30a 所示。

8. 花刷子

借助花刷子效果，可以在时间轴的当前帧中绘制程序化的花，可以是园林花、玫瑰、一品红和浆果，如图 2-30b 所示。

a)   b)

图 2-30　火焰刷子效果与花刷子效果

9. 闪电刷子

通过闪电刷子，可以创建闪电效果，还可以创建具有动画效果的闪电，如图 2-31a 所示。

a)   b)

图 2-31　闪电刷子效果与粒子系统效果

10．粒子系统

使用粒子系统效果，可以创建火、烟、水、气泡及其他效果的粒子动画，效果如图 2-31b 所示。

11．烟动画

应用烟动画效果可以创建程序化的逐帧烟动画，如图 2-32a 所示。

12．树刷子

通过树刷子效果，可以快速创建树状插图，Flash CS6 一共提供了 20 种树样式，每个树样式都以实际的树种为基础，包括白杨树、柏树、冰之冬、草、橙树、凋零之冬、枫树、桦树、灰树、卷藤、空灵之冬、圣诞树、藤、杏树、杨树、银杏树、园林植物、长青之冬和紫荆树等，如图 2-32b 所示。

a)   b)

图 2-32　烟动画效果与树刷子效果

2.3.3　案例精讲——五彩缤纷

本案例通过钢笔工具等绘制出几个图形元件，然后再使用 Deco 工具，并将绘制对象设置为绘制好的元件，这样即可轻松绘制出精美的图形效果。

【案例：五彩缤纷】的操作步骤如下。

1）执行菜单"文件"→"新建"命令，在弹出的对话框中选择"常规"→"Flash 文件（ActionScript 3.0）"选项后，单击"确定"按钮，新建一个影片文档，在属性面板中单击"编辑"按钮，打开"文档属性"对话框，在"尺寸"文本框中输入"570"和"440"，然后执行菜单"文件"→"保存"命令，将文件命名为"五彩缤纷.fla"。

2）双击时间轴面板中的"图层 1"，将该图层重新命名为"背景"，在第 1 帧上执行"文件"→"文件导入"→"导入到舞台"命令，将素材"配套光盘\【项目 2】图形的绘制与编辑\设计素材\五彩.jpg"导入至舞台，如图 2-33a 所示。

3）执行"插入"→"新建元件"命令，弹出"创建新元件"对话框，将名称命名为"心形"，如图 2-33b 所示。单击"确定"按钮，新建元件，选择钢笔工具，设置其"笔触颜色"为#F3366D，在舞台中绘制心形路径，如图 2-33c 所示。

4）使用选择工具选中刚绘制的心形，然后使用颜料桶工具，设置其"填充颜色"为#FADFDF，"笔触颜色"为#F3366D，"笔触"为 2.00，"样式"为虚线，在心形图形中单击填充颜色，图形的效果如图 2-33d 所示。

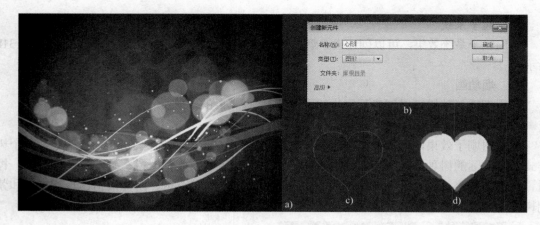

图 2-33　导入素材文件并绘制元件

5）使用钢笔工具等在心形内部绘制出相似的心形效果，并填充颜色，如图 2-34a 所示。使用相同的方法，新建"花"和"蝴蝶"元件，并绘制出图形，如图 2-34b 和 2-34c 所示。

图 2-34　绘制的 3 个元件效果

6）在时间轴面板中单击"新建图层"按钮，新建"图层 2"，选择工具箱中的 Deco 工具，在属性面板中的"绘制效果"下拉列表中选择"3D 刷子"选项，如图 2-35a 所示。设置"对象 1"、"对象 2"和"对象 3"分别为相应的元件，设置"对象 4"为白色，如图 2-35b 所示。在属性面板中对高级选项进行设置，如图 2-35c 所示。在舞台中拖动鼠标绘制出相应的图形，完成精美图形的绘制。

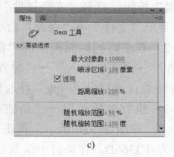

图 2-35　Deco 工具属性面板

7）按下快捷键〈Ctrl+S〉保存文件，然后执行"控制"→"测试影片"命令，或按下快捷键〈Ctrl+Enter〉，测试动画文件的效果，效果如图 2-25 所示。

2.4 项目实训——夏日海滩

2.4.1 实训目标

场景在 Flash 动画制作中占据了举足轻重的地位，好的动画需要有合理的场景设置和布局，可以使用 Flash CS6 中的绘图工具绘制各种场景。通过海滩场景的绘制，熟悉钢笔工具、矩形工具、椭圆工具、颜料桶工具、渐变变形工具的使用，重点掌握钢笔工具的使用。

2.4.2 实训要求

利用钢笔工具等绘图工具，绘制夏日海滩的场景，效果如图 2-36 所示。在"配套光盘\项目 2 图形的绘制与编辑\FLA 源文件"目录里有样例文件"夏日海滩.fla"，仅供参考。

图 2-36 【夏日海滩】

2.4.3 实训步骤

1）执行菜单"文件"→"新建"命令，在弹出的对话框中依次选择"常规"→"Flash 文件（Action Script 3.0）"选项后，单击"确定"按钮，新建一个影片文档，然后执行菜单"文件"→"保存"命令，文件名为"夏日海滩.fla"。

2）双击"图层 1"将其重命名为"背景"，并使用矩形工具在舞台上绘制一个与舞台大小一模一样的矩形，填充颜色为"#529DC7"，如图 2-37a 所示。锁定"背景"图层，新建一个图层，命名为"海"，位于"背景"图层的上方，在舞台下方绘制一个矩形构成海面，填充颜色为"#152848"，如图 2-37b 所示。

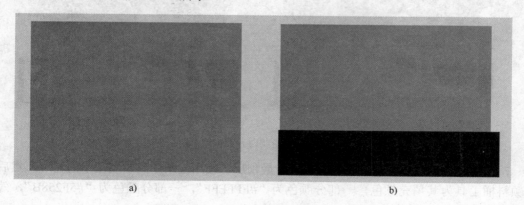

a)   b)

图 2-37 绘制两个矩形

3）使用钢笔工具在海面上绘制几个简单的波浪线形状，并填充颜色"#529DC7"，然后删除波浪的线条，如图 2-38a 所示。

4）锁定"海"图层，新建一个图层，命名为"沙滩"，拖曳该图层位于图层"海"的上方，使用钢笔工具绘制出沙滩轮廓，并使用颜料桶工具为沙滩的不同区域进行上色，上部颜色为"#ECDC9E"，下部颜色为"#E4C572"，上色后删除沙滩轮廓线线条，如图2-38b所示。

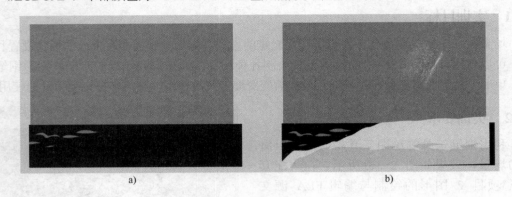

图2-38 绘制波浪与沙滩

5）新建一个图层"云"，并将其拖曳至图层"背景"和"海"中间，使用钢笔工具在图层"云"上绘制一些不同样式的云朵轮廓，使用颜料桶工具为云朵上色，上部颜色为"#FFFFFF"，下部颜色为"#D9CFD8"，上色完成后删除云朵的轮廓线条，如图2-39a所示。

6）新建一个图层"太阳伞"，将其拖曳到所有图层的上方，并将图层"云"锁定，使用钢笔工具绘制一个太阳伞的轮廓，使用颜料桶工具为太阳伞的不同区域填充不同的颜色，一部分颜色为"#6083A9E"，一部分颜色为"#ADD92A"，伞架的颜色为"#7F7092"，并按快捷键〈Ctrl+G〉组合所有伞的部位，最后在伞的下方绘制一个阴影，填充颜色为"#D1B866"，效果如图2-39b所示。

图2-39 绘制白云和太阳伞

7）新建一个图层"毯子"，并使其位于最顶层，使用线条工具绘制毯子的轮廓，然后使用颜料桶工具为其填充颜色，一部分颜色为"#FFFFFF"，一部分颜色为"#5F258B"，效果如图2-40a所示。

8）新建一个图层"太阳"，选择椭圆工具，在颜色面板中将颜色渐变设置为径向渐变，颜色由不透明的白色渐变到完全透明的白色，然后在舞台左上角绘制一个正圆。绘制完成后使用渐变变形工具调整渐变，并使用椭圆工具在旁边绘制一些白色的正圆，以表示光晕效果，如图 2-40b 所示。

a)　　　　　　　　　　　　　　　b)

图 2-40　绘制毯子与太阳

9）按下快捷键〈Ctrl+S〉保存文件，然后执行"控制"→"测试影片"命令，或按下快捷键〈Ctrl+Enter〉，测试动画文件的效果，效果如图 3-24 所示。

2.5　技能知识点考核

一、填空题

（1）若要更改线条或者图形形状轮廓的笔触颜色、宽度和样式，则可使用_____工具。

（2）橡皮擦只能对当前层上的对象起作用，要擦除组合中的图形必须先_____。

（3）锚点的 _____和_____确定曲线的形状。

（4）_____和喷涂刷工具类似，可以将创建的图形转换成复杂的几何图形。

二、选择题（1～4 单选，5～7 多选）

（1）颜色面板中的 RGB 颜色值是指红、绿、蓝三色在当前混合颜色中所占的比例，它们可选值的范围为（　　　）。

    A．"1～256"，共 255 阶　　　　　　　　B．"1～255"，共 255 阶

    C．"0～256"，共 256 阶　　　　　　　　D．"0～255"，共 256 阶

（2）在工具箱的颜色控件区，不可以直接调整颜色的属性包括（　　　）。

    A．恢复为黑白色　　　　　　　　　　　B．交换笔触和填充颜色

    C．调整颜色的 Alpha 值　　　　　　　　D．设置笔触或填充为无色文件

（3）利用椭圆工具进行绘画时，只要按住（　　　）键不放即可绘制正圆形。

    A．Shift　　　　　　B．Ctrl　　　　　　C．Alt　　　　　　D．Ctrl+Alt

（4）双击（　　　）工具，画布将在舞台正中央显示。

    A．套索　　　　　　B．滴管　　　　　　C．选择　　　　　　D．手形

（5）Flash 提供了多种颜色填充类型，它们是（　　　）。

    A．纯色　　　　　　B．线性　　　　　　C．放射状　　　　　D．位图

（6）使用任意变形工具变形对象的过程中，发现扭曲功能不可用时，解决的方法是（　　　）。

    A．执行菜单"修改"→"分离"分离对象　　B．按下〈Ctrl+B〉键分离对象

    C．在选项栏中选择扭曲功能　　　　　　D．双击该对象

（7）如图 2-41 所示，在图的上方，使用刷子工具在舞台空白区域涂刷，得到图下方所示的结果，要使线条和填充区域不受影响，应使用的选项是（　　　）。

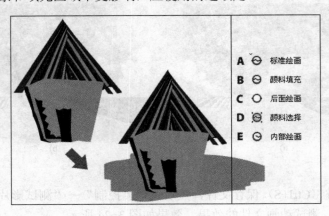

图 2-41　刷子工具的使用

三、简答题

（1）在 Flash 中绘制图形的方式有哪些？各方式之间的区别是什么？

（2）使用钢笔工具时，指针的状态有哪些？分别是什么含义？

（3）使用填充变形工具调节线性渐变色、放射性渐变色与位图填充时，其周围的控制点有哪些？其意义各是什么？

（4）Flash CS6 中 Deco 工具提供了多少种绘制效果？

2.6　独立实践任务

（1）【任务要求】　根据本项目所学习的知识，利用直线工具、选择工具、任意变形、椭圆工具等绘制图形轮廓，然后再使用颜料桶工具、颜色面板填充线性渐变色，效果如图 2-42a 所示。

图 2-42　【快乐蘑菇】与【魔法水晶球】

（2）【任务要求】　根据本项目所学习的知识，利用 Deco 工具制作魔法水晶球，效果如图 2-42b 所示。

项目 3　文本的创建与编辑

项目概述

文字是动画创作时必不可少的组成元素，它可以辅助动画表述内容，正确合理地使用文本可以使所创建的作品达到引人入胜的效果。在 Flash CS6 中可以创建静态、动态和输入文本，尤其是增加了文本布局框架（TLF）之后，使 Flash CS6 处理文本的功能更为强大。

知识目标

- 熟悉文本属性的设置方法
- 掌握文本对象的编辑方法
- 掌握文本的分离、变形操作以及滤镜的使用方法

技能目标

- 能熟练使用文本工具创建与编辑文本
- 能够制作出不同特效的文本
- 能够使用滤镜修饰文本

3.1　任务 1——文本工具的使用

【任务背景】　苏轼的《念奴娇·赤壁怀古》是豪放派宋词的代表作，根据中国古代名画《赤壁图》和古词的意境，选择使用带有艺术气息的文字字体，抒发作者对昔日英雄人物的无限怀念和敬仰之情，以及词人对自己坎坷人生的感慨之情，效果如图 3-1 所示。

图 3-1 【赤壁怀古】

59

【任务要求】 通过提供的素材和音乐来完成本案例的设计任务，主要是熟悉 Flash CS6 的文本工具的使用，以及如何在 Flash CS6 中添加艺术字体。

【案例效果】 配套光盘\【项目 3】文本的创建与编辑\效果文件\赤壁怀古.swf

3.1.1 知识储备——创建文本

创建文本的方法十分简单，只需选择工具箱中的文本工具，在舞台上单击之后可以创建文本块，然后就可以通过键盘输入文本。从 Flash CS5 版本开始增加了文本布局框架（TLF）功能，在选择工具箱中的文本工具之后，通过属性面板单击"文本引擎"按钮，在弹出的下拉列表中可以看到两种文本引擎，如图 3-2a 所示，通过文本属性的相关选项可以对文本进行相应的设置，以便满足用户的需要。

a)   b)   c)

图 3-2　文本引擎选项及文本类型

- TLF 文本：此文本是 Flash CS5 开始支持的文本引擎，具有比传统文本更强的功能。
- 传统文本：此文本是 Flash 早期文本引擎的名称，在 Flash CS6 中仍然可以使用，但随着用户的需要，它会由新增的 TLF 文本引擎替代。

Flash 中的两种文本引擎又分别包含不同的文本类型，如图 3-2b 所示，通过不同文本的不同文本类型，可以创建不同的动画方式，其功能如下。

- 静态文本：此文本用于创建影片中不需要发生变化的文本，如标题或说明性的文本等，虽然很多人都会将静态文本称为文本对象，但实际上只有动态文本才能称得上是文本对象，静态文本在某种意义上更是一幅图。静态文本不具备对象的基本特征，它没有自己的属性和方法，无法对其进行命名，所以也无法通过编程使用一个静态文本制作动画。
- 动态文本：此文本指的是其中的文字内容可以被后台程序更新的对象，文本可以在动画播放过程中，根据用户的动作或当前的数据而改变。动态文本可以用于显示一些经常变化的信息，如比赛分数、股市行情和天气预报等。它只允许动态显示，却不允许动态输入。
- 输入文本：此文本指的是可以在其中由用户输入文字并提交的文本对象。"输入文本"对象的作用与 HTML 网页中的文本域表单作用一样。不过在 HTML 中，数据的输入和提交是在 Web 页面上完成的，而在 Flash 中，数据的输入和提交可以在动画中完成。
- 只读：当作为 SWF 文件发布时，此文本无法选中或编辑。

● 可选：当作为 SWF 文件发布时，此文本可以选中并可复制到剪贴板，但不可以编辑。

● 可编辑：当作为 SWF 文件发布时，此文本可以选中和编辑。

Flash CS6 中文本工具可以创建两类文本：点文本和区域文本。

1．点文本

选择文本工具后，回到编辑区单击空白区域，出现矩形框加圆形的图标，即可输入文字，创建点文本，传统文本与 TLF 文本圆形位置会有所不同，如图 3-3a 与图 3-3b 所示。用户可以直接输入文本，点文本可随着用户输入文本的增多而自动横向延长，拖动圆形标志可增加文本框的长度，按下〈Enter〉键则是纵向增加行数。

2．区域文本

选择文本工具后，将文本工具的光标移动到所需的区域，按下鼠标左键不放，横向拖曳到一定位置松开左键，就会出现矩形框加正方形的图标，即可创建区域文本，传统文本与 TLF 文本的正方形位置和数量有所不同，TLF 文本还会弹出辅助标尺框，如图 3-3c 与图 3-3d 所示。

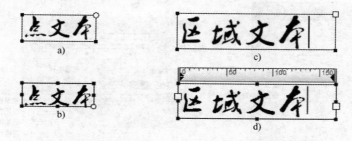

图 3-3　输入文字的两种不同方法

用户在输入文本时，其文本框的宽度是固定的，不会因为输入文本的增多而横向延伸，但是文本框会自动换行。在文本的输入过程中，点文本和区域文本可自由变换。当处于点文本状态要转换成区域文本状态时，可通过左右拖曳图形图标来达到转换的目的。如果处于区域文本状态向点文本状态转变时，用户可双击正方形图标切换到点文本状态。

3.1.2　知识储备——传统文本

通过 Flash 中的相关选项，可以对传统文本位置进行调整，完成嵌入字体设置、创建超链接等操作。使用传统文本工具时，属性面板有以下两种显示模式。

● 文本工具模式：此时在工具箱中选择了文本工具，但在 Flash 文档中没有选择文本，属性面板中显示出传统文本属性的相关属性，如图 3-4a 所示，包括字符属性和段落属性。

● 文本对象模式：此时在舞台上选择了整个文本块，可以看到属性面板发生了变化，并多出了几个选项，如图 3-4b 所示。

用户在单击文本工具按钮后，或是使用文本工具在舞台上单击后，属性面板中各选项按钮并不是折叠的，这里将这些项折叠起来，是为了方便观看，用户可以单击相应选项左侧的"折叠"按钮展开选项内容，下面将对传统文本的相关选项进行讲解。

1．文本方向

单击"改变文本方向"按钮，可在弹出的下拉列表框中选择文本的方向，有"水平"、

"垂直"、"垂直，从左向右" 3 个选项，如图 3-5a 所示。

a)

b)

图 3-4 "传统文本"的属性面板

a)   b)

图 3-5 "文本工具"的属性面板

2．位置和大小

在文本对象模式下，可以通过属性面板中的"位置和大小"部分设置文本框的大小和位置，其选项如图 3-5a 所示。

● X 轴/Y 轴：要设置文本在舞台中的位置，方法有两种：①双击 X 轴和 Y 轴的数值，通过直接输入数字，设置文本在舞台中的位置；②在数值上按住鼠标，通过左右拖动鼠标的方式来放大和缩小数值，设置文本位置。

● 宽/高：此处可设置文本的宽度和高度，设定后 Flash 会自动将标签输入方式转换成文本块输入方式，其中"将宽度值和高度值锁定在一起" 🔒 按钮可以将宽度值和高度值固定在同一个比例上，当设置其中一个值时，另一个值也同比例放大或缩小，再次单击此按钮，可解除锁定状态。

3．字符属性

文本的字符属性包括字体系列、样式、大小、间距、颜色和消除锯齿等选项，通过相应的选项，可以设置字体的大小、字距、颜色等属性，如图 3-5b 所示。

● 系列：可以为选中的文本应用不同的字体系列，可以直接在下拉列表中选择相应的字体，也可以输入字体的名称来进行设置。

● 样式：可以设置字体的样式，不同的字体可提供选择的样式也不同，通常情况下有 4

种选项（Regular:正常样式；Italic：斜体；Bold：仿粗体；Bold Italic：仿斜体），也可以通过执行"文本"→"样式"命令，在弹出的菜单中选择相应的选项，设置字体样式。如果选择的字体不包括其中的某种样式，将显示为不可用状态。

- 大小：单击此处，输入字体数值，设置字体的大小。字体大小以点值为单位，而与当前标尺单位无关。
- 字母间距：使用字母间距可以调整所选字符或整个文本的间距，单击此处，输入相应的数值，会在字符之间插入统一数量的空格，以达到编辑文本的要求。
- 颜色：可以设置字体的颜色，单击此处，可以从打开的样本面板中选择一种颜色，或在左上角的文本框中输入颜色的十六进制值，这里可以设置的颜色只能是纯色。
- 消除锯齿：对每个文本字段应用锯齿消除，有以下 5 个选项。①使用设备字体：在Flash CS6 中使用"静态文本"时，Flash 会插入字体轮廓信息，并进行抗锯齿处理，所以轮廓会显得很模糊。使用设备字体后，Flash 不再插入字体轮廓信息，只是在客户端播放时调用客户端的字体信息，也不会进行抗锯齿处理。使用设备字体可提高字号小于 10 磅的文本的可读性，并且可以减小 Flash 文档的大小。如果客户端不存在相应的字体，则显示会出现预料之外的情况，所以使用的字体一定要通用，要使用普通计算机上都会安装的常用字体。②位图文本（未消除锯齿）：该选项首先会关闭消除锯齿的功能，不对文本进行平滑处理，相应的字体轮廓会同时嵌入在动画文件中，文件的大小会增加。对位图进行缩放后，会影响文本的显示效果。③动画消除锯齿：在使用该选项后，创建的动画比较平滑。在这种模式下，Flash 会忽略对齐方式和字距微调等信息，因此该模式适用于部分情况，并且使用这种模式的文件会增大。④可读性消除锯齿：该选项可利用新的消除锯齿引擎改进文字，它可以使较小的文字易于阅读，它也是 Flash CS6 默认的字体呈现方法。该设置需要将字体轮廓嵌入在文件中，所以文件的大小会增加。这种模式的动画效果较差，有可能会影响作品的性能。⑤自定义消除锯齿：该选项允许用户根据自己的设计需要进行设置，选择该选项后，会弹出"自定义消除锯齿"对话框，如图 3-5 所示。其中，"粗细"是用来确定字体消除锯齿后的显示轮廓，该值越大，显示的文字就越粗糙；"清晰度"是用来确定文本边缘与背景过渡时的平滑度。
- 按钮组：按钮组共有 3 个命令按钮，分别为①"可选"按钮 ，可以设置在播放动画时是否允许选中文本对象中的显示文本，如果启用该功能，则可以选择文本对象中的显示文本。②"将文本呈现为 HTML"按钮 ，可以设置是否在文本对象中显示带有 HTML 格式化标记的文字。③"在文本周围显示边框"按钮 ，可以控制是否显示文本对象的边框和背景，如果启用，在动画中就可以看到文本对象的有效区域。
- 字符位置：可以改变字符位置，默认位置是"正常"。单击"上标"按钮 可以将文本放置在基线之上（水平文本）或基线的右侧（垂直文本），单击"下标"按钮 ，可以将文本放置在基线之下（水平文本）或基线的左侧（垂直文本）。

4．段落属性

通过属性面板中的"段落"选项，可以设置文本段落的间距、行距、边距和对齐方式等属性，如图 3-6a 所示。

● 格式：就是文本的对齐方式，通过它可以设置每行文本相对于文本边缘的位置。

a)

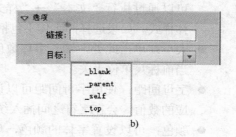
b)

图 3-6　段落与选项属性

● 间距：包括缩进和行距两个选项，使用缩进可以设置段落边界与首行开头字符之间的距离，使用行距可以设置段落中相邻行之间的距离。
● 边距：使用边距可以设置文本字段的边框与文本之间的距离。
● 行为：可以设置当前被选中文本对象是显示单行文字还是多行文字，其中包括以下 3 个选项：① "单行"表示在文本对象中只能显示单行文字；②"多行"表示在文本对象中显示多行文字，根据文本框的宽度自动换行；③"多行不换行"表示在文本对象中显示多行文字，但不会根据文本框的宽度自动换行。

5．选项属性

在 Flash CS6 中，可以对文本进行超链接设置，使用户可以通过单击这类文字进行网页或文件的跳转。当给文本添加超链接时，需要先选中文本，然后在属性面板的"链接"输入框中输入相应的网址，再通过"目标"下拉列表框选定目标位置，如图 3-7b 所示。
● "_blank"：打开新的浏览器窗口显示超链接对象。
● "_parent"：以当前窗口的父窗口显示超链接对象。
● "_self"：以当前窗口显示超链接对象。
● "_top"：以级别最高的窗口显示超链接对象。

当测试动画或动画影片发布后，如果将鼠标移动到带有超链接的文字上，鼠标就变成了手形，此时单击鼠标，即可跳转到超链接指向的地址。

3.1.3　知识储备——TLF 文本

Flash CS5 中新增加了文本布局框架（TLF），TLF 文本是 Flash CS6 中默认的文本类型。现在可以使用文本布局框架（TLF）向 FLA 文件中添加文本。TLF 支持更多丰富的文本布局功能和对文本属性的精细控制，同传统文本相比，TLF 文本可加强对文本的控制，主要增加了以下功能。
● 更多的字符样式：包括行距、连字、加亮颜色、下划线、删除线、大小写、数字格式及其他。
● 更多段落样式：包括通过栏内距支持多列、末行对齐选项、边距、缩进、段落间距和容器填充值。
● 控制更多亚洲字体属性：包括直排内横排、标点挤压、避头尾法则类型和行距模型。
● 应用多种其他属性：使用 TFL 文本可以应用 3D 旋转、色彩效果，以及混合模式等属性，而无须将 TLF 文本放置在影片剪辑元件中。

● 可排列在多个文本容器中：文本可按顺序排列在多个文本容器中，这些容器称为串接文本容器或链接文本容器，创建后文本可以在容器中进行流动。

● 支持双向文本：其中从右到左的文本可包含从左到右的元素。当遇到嵌入英语单词或阿拉伯数字等情况时，此功能必不可少。

除此之外，TLF 还有许多设置选项，下面就对属性面板中的选项进行详细介绍。

1．字符属性

字符属性可以设置单个字符或字符组的属性，而不是整个段落或文本容器。在操作时可以通过属性面板进行设置，字符属性和高级字符属性分别如图 3-7a 和图 3-7b 所示，现仅介绍与传统文本不同的各个选项的功能。

● 加亮显示：此选项可以为文本添加底色，加亮文本的颜色。

● 字距调整：使用此选项可以在特定字符之间加大或缩小距离，在此下拉列表中包括以下 3 个选项：①自动：为拉丁字符使用内置于字体中的字距调整信息，对于亚洲字符，仅对内置有字距调整信息的字符应用字距调整，没有字距调整信息的亚洲字符包括日语汉字、平假名和片假名；②开：总是打开字距调整；③关：总是关闭字距调整。

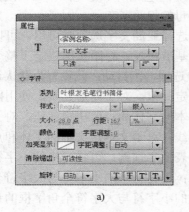

a)　　　　　　　　　　　　　　　　　　b)

图 3-7　字符与高级字符选项

● 旋转：使用此选项可以对字符进行旋转操作，在此列表中包括以下 3 个选项：①自动：仅对全宽字符和宽字符设置 90 度逆时针旋转，这是由字符的 Unicode 属性决定的。此值通常用于亚洲字体，仅旋转需要旋转的那些字符，此旋转仅在垂直文本中应用，使全宽字符和宽字符回到垂直方向，而不会影响其他字符；②0°：强制所有字符不进行旋转；③270°：主要用于具有垂直方向的罗马字文本，如果对其他类型的文本（如越南语和泰语）使用此选项，则可能导致非预期的结果。

● 按钮组：①下画线按钮 I：将水平线放在字符下；②删除线按钮 I：将水平线置于从字符中央通过的位置。

- 大小写：此选项可以设置如何使用大写字符和小写字符，此下拉列表中包括以下 5 个选项：①默认：使用每个字符的默认字符大小写；②大写：可以设置所有字符使用大写；③小写：可以设置所有字符使用小写；④大写为小型大写字母：可以设置所有大写字符使用小型大写，此选项要求选定字体包含小型大写字母，通常 Adobe Pro 字体定义了这些字型；⑤小写为小型大写字母：可以设置所有小写字符使用小型大写字符，此选项要求选定字体包含小型大写字母，通常 Adobe Pro 字体定义了这些内容，希伯来语文字和阿拉伯文字不区分大小写，因此不受此设置的影响。

- 数字格式：此选项可以设置在使用 OpenType 字体提供全高和变高数字时应用的数字样式，此下拉列表包括以下 3 个选项：①默认：设置默认数字的大小写，结果视字体而定，字符使用字体设计器的设置，而不应用任何功能；②全高：也称对齐，数字是全部大写数字，通常在文本外观中是等宽的，这样数字会在图表中垂直排列；③旧样式：比常规数字短的数字，其中一些旧样式的数字降低到文字基线以下。

- 数字宽度：此选项可以设置在使用 OpenType 字体提供等高和变高数字时，是使用等比例还是定宽数字，此下拉列表包括以下 3 个选项：①默认：设置默认数字宽度，结果视字体而定，字符使用字符设计器的设置，而不应用任何功能；②等比：设置等比数字，显示字样通常包含等比数字；这些数字的总字符宽度基于数字本身的宽度加上数字旁边的少量空白；③定宽：设置定宽数字，定宽数字是数字字符，每个数字都具有同样的总字符宽度。字符宽度是数字本身的宽度加上两旁的空白。定宽间距又称单一间距，允许表格、财务报表和其他数字列中的数字垂直对齐。定宽数字通常是全高数字，表示这些数字位于基线上，并且具有大写字母的相同高度。

- 基准基线：此选项仅在打开的文本属性面板中选择亚洲文字选项时可用。可以为文本基线偏移后选定文本设置主体基线，与行距基准相反，行距基准决定了整个段落的基线对齐方式。此下拉列表中包括以下 7 个选项：①自动：此设置为默认设置；②罗马文字：对于文本，文本的字体和点值决定此值，对于图形元素，使用图像的底部；③上缘：设置上缘基线，对于文本，文本的字体和点值决定此值，对于图形元素，使用图像的顶部；④下缘：设置下缘基线，对于文本，文本的字体和点值决定此值，对于图形元素，使用图像的底部；⑤表意字顶端：可将行中的小字符与大字符全角字框的设置位置对齐；⑥表意字中央：可将行中的小字符与大字符全角字框的设置位置对齐；⑦表意字底部：可将行中的小字符与大字符全角字框的设置位置对齐。

- 基准基线：此选项仅在打开的文本属性面板中选择亚洲文字选项时可用。使用它可以为段落内文本或图像设置不同的基线。如果在文本行中插入图标，则可使用图像相对于文本基线的顶部或底部设置对齐方式。选项和基准基线选项大致相同。

- 连字：连字是一种写成字形的字符组合，通常由几对字母构成，其写法让它看起来像是单个字符。其下拉列表中包括以下 4 个选项：①最小值：最小连字；②通用：通用或"标准"连字，为默认设置；③不通用：不通用或自由连字；④外来：外来语或"历史"连字，仅包括在几种字符系列中。

- 间断：使用此选项用于防止所选词在行尾中断，可以将多个字符或词组放在一起。如在用连字符连接时，可能补充读错的专有名词或词，或是词首大写字母的组合或名和姓,在此下拉列表中包括以下 4 个选项:①自动:断行机会取决于字体中的 Unicode 字符属性。此设置为默认设置;②全部:将所选文字的所有字符视为强制断行机会;③任何:将所选文字的任何字符视为断行机会。④无间断:不将所选文字的任何字符视为断行机会。

● 基准偏移:可以以百分比或像素设置基线偏移,如果是正值,则将字符的基线移到该行其余部分的基线下,如果是负值,则移动到基线上。

● 区域设置:区域设置作为一种字符属性,其所选区域设置通过字体中的 Open Type 功能影响字的形状。

2. 段落属性

要设置段落样式,可通过文本属性面板中的"段落"和"高级段落"部分进行设置,段落面板如图 3-8a 所示,高级段落如图 3-8b 所示,各个选项的功能如下。

● 对齐:单击相应的按钮,可以设置文本的对齐方式,此处有 10 种对齐方式,即左对齐、居中对齐、右对齐、两端对齐、末行左对齐、两端对齐、末行居中对齐、两端对齐、末行右对齐和全部两端对齐。

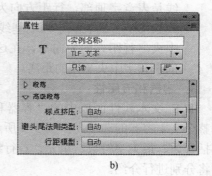

图 3-8 段落和高级段落选项

● 边距:可以以像素为单位设置文本的边距,包括开始边距和结束边距,默认状态下为 0。开始边距是设置左边距的宽度,结束边距是设置右边距的宽度。

● 缩进:可以设置所选段落的第一个词的缩进。

● 间距:可以设置段落前后的间距,段前间距设置为所选段落前的间距,段后间距设置为所选段落后的间距。

● 文本对齐:设置单词的对齐方式,在此下拉列表中包括以下两个选项:①字母间距:在字母之间进行字距调整;②单词间距:在单词之间进行字距调整,为默认设置。

● 标点挤压:此选项有时被称为对齐规则,用于确定如何应用段落对齐。根据此设置应用的字距调整器会影响标点的间距和行距。包含罗马语(左)和东亚语言(右)字距调整规则的段落,在此下拉列表中有以下 3 个选项:①自动:基于在文本属性的字符部分所选的区域应用字距调整,此设置为默认设置;②间隔:使用罗马语字距调整规则;③东亚:使用东亚语言字距调整规则。

● 避头尾法则类型:此选项有时称为对齐样式,用于处理日语避头尾字符的选项,此类字符不能出现在行首或行尾，在此下拉列表中有以下 4 个选项：①自动：根据文本属性面板中的"容器和流"部分所选的区域设置进行解析，此设置为默认设置；②优先采用最小调整：使字距调整基于展开行或压缩行，以哪个结果最接近于理想宽度而定；③行尾压缩避头尾字符：使对齐基于压缩行尾的避头尾字符，如果没有发生避头尾或者行尾空间不足，则避头尾字符将展开；④只推出：使字距调整基于展开行。

- 行距模型：它是由行距基准和行距方向的组合构成的段落样式，行距基准确定了两个连续行的基线，它们的距离是行高设置的相互距离，在此下拉列表中有以下 6 个选项：①自动：行距模型是基于文本属性面板的"容器和流"部分所选的区域设置来解析的，此设置为默认值；②罗马文字（上一行）：行距基准为罗马语，行距方向为向上，在这种情况下，行高是指某行的罗马基线到上一行的罗马基线的距离；③表意字顶端（上一行）：行距基准是表意字顶部，行距方向为向上，在这种情况下，行高是某行的表意字顶基线到上一行的表意字顶基线的距离；④表意字中央（上一行）：行距基线是表意字中央，行距方向为向上，在这种情况下，行高是指某行的表意字居中基线到上一行的表意字居中基线的距离；⑤表意字顶端（下一行）：行距基线是表意字顶部，行距方向为向下，在这种情况下，行高是指某行的表意字顶端基线到下一行的表意字顶端基线的距离；⑥表意字中央（下一行）：行距基线是表意字中央，行距方向为向下，在这种情况下，行高是指某行的表意字中央基线到下一行的表意字中央基线的距离。

3．容器和流属性

TLF 文本属性面板中的"容器和流"部分控制整个文本容器的选项，如图 3-9 所示。这些属性包括行为、最大字符数、填充、首行线偏移等，下面将分别进行介绍。

- 行为：此选项可控制容器如何随文本量的增加而扩展，在此下拉列表中共有以下 4 个选项：①单行：可使输入的文本以单行方式出现，输入的字符超过显示范围以外的部分，将在舞台上不可见，不识别回车符号；②多行：可使输入的文本根据容器的大小自动换行，以多行方式出现；③多行不换行：文本显示为多行，仅当遇到回车键时换行，输入的字符超过显示范围的部分会被隐藏；④密码：可以使输入的文本以密码"*"的方式出现。

图 3-9　容器和流选项

- 最大字符数：此选项可设置文本容器中允许的最大字符数，但仅适用于类型设置为"可编辑"的文本容器，其最大值为 65535。
- 对齐方式：可以设置容器内文本的对齐方式，它包括以下 4 个选项：①顶对齐：从容器的顶部向下垂直对齐文本；②居中对齐：将容器中的文本行居中；③底对齐：

从容器的底部向上垂直对齐文本行；④两端对齐：在容器的顶部和底部之间垂直平均分布文本行。如果将文本方向设置为"垂直"，"对齐"选项会相应更改。

● 列：此选项仅适用于区域文本容器，可以设置容器内文本的列数和列间距，默认值为 1，最大值为 50。它包括以下两个选项：①列：在此处输入相应的数值，可以设置文本的列数；②列间距：可以设置选定容器中的每列之间的间距，默认值是 20，最大值为 1000。此度量单位根据"文档设置"中设置的"标尺单位"进行设置。

● 填充：可以设置文本和选定容器之间的边距宽度，所有 4 个边距都可以设置"填充"。

● 边框颜色：容器外部周围笔触的颜色，默认为无边框，包括以下两个选项：①边框宽度：容器外部周围笔触的宽度，仅在已选择边框颜色时可用，最大值为 200；②背景色：文本后的背景色，默认值是无色。

● 首行偏移：可以设置首行文本与文本容器的顶部的对齐方式。在此下拉列表中有以下 4 个选项：①点：指定首行文本基线和框架上内边距之间的距离（以点为单位），此设置启用了一个用于指定点距离的字段；②自动：将行的顶部（以最高字型为准）与容器的顶部对齐；③上缘：文本容器的上内边距和首行文本的基线之间的距离是字体中最高字型（通常是罗马字体中的"d"字符）的高度；④行高：文本容器的上内边距和首行文本的基线之间的距离是行的行高（行距）。

3.1.4 案例精讲——赤壁怀古

【案例：赤壁怀古】操作步骤如下。

1）执行菜单"文件"→"打开"命令，在弹出的对话框中选择"配套光盘\【项目 3】文本的创建与编辑\设计素材\[素材]赤壁怀古.fla"，如图 3-10 所示。

图 3-10 打开素材

2）在时间轴面板中单击"新建图层"按钮，新建图层"文本 1"，然后选择工具箱中的文本工具，并在舞台中央的右上部单击鼠标左键并向下拖曳，这时可以看到插入点闪动，创建区域文本输入框，在文本框中输入相应的文字，设置"字体"为叶根友毛笔行书简体，"文本颜色"为黑色，设置"字体大小"为 20，"段前间距"为 5，"段后间距"为 7，如图 3-11 所示。

图 3-11　输入文字

3）在时间轴面板中单击"新建图层"按钮，新建图层"文本 2"，再次选择工具箱中的文本工具，使用相同的方法输入诗词的作者以及词牌名等。

4）在时间轴面板中单击"新建图层"按钮，新建图层"印章"，执行"文件"→"文件导入"→"导入到舞台"命令，将素材"配套光盘\项目 3 文本的创建与编辑\设计素材\印章.gif"导入舞台，并调整其位置及大小。

5）执行"文件"→"另保存"命令，文件命名为"赤壁怀古.fla"，然后按〈Ctrl+Enter〉组合键预览并测试动画的显示效果，效果如图 3-1 所示。

① 本案例的难度主要在于字体的选择，操作系统自带的字体较少，一般不能满足设计的要求，所以需要用户自己安装一些艺术字体，例如稳重的"方正综艺体"、可爱的"方正胖头鱼体"和苍劲的"华康瘦金体"等。本案例选择"叶根友毛笔行书简体"，本书"配套光盘\项目 3 文本的创建与编辑\设计素材"有该字体文件。安装字体的方法：将下载的字体文件（TTF 文件）复制到系统的字体目录下（系统默认为 C:\Windows\Fonts\）即可，图 3-12 所示为系统自带的字体以及安装的字体。

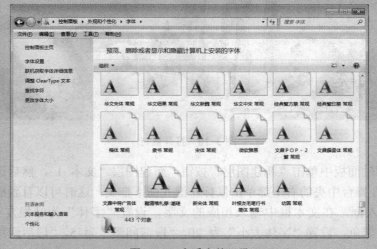

图 3-12　查看字体目录

② 静态文本在导出为 SWF 文件的时候会自动打散，在外观上不会有影响，但是如果计算机上没有安装源文件中用到的设计字体，那么在打开 FLA 源文件的时候，就会出现如图 3-13 所示的对话框，提示缺少字体"叶根友毛笔行书简体"。在对话框下方"替换字体"下拉列表中选择要替换成的字体，例如"楷体_GB2312"，然后单击"确定"按钮完成设置，FLA 源文件中所有使用"叶根友毛笔行书简体"的文字都将以楷体_GB2312 来显示。

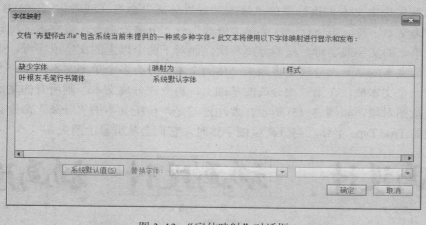

图 3-13 "字体映射"对话框

3.2 任务 2——应用文本

【任务背景】 利用提供的相关素材，制作位图填充效果和滤镜效果的文字，并了解 Flash CS6 文本工具神奇的功能，案例效果如图 3-14 所示。

图 3-14 【舞】

【任务要求】 熟悉 Flash CS6 文本工具的使用，利用文本分离命令和滤镜命令来修饰文本，完成本案例的设计。

【案例效果】 配套光盘\【项目 3】文本的创建与编辑\效果文件\舞.swf

3.2.1　知识储备——文本的分离

在 Flash CS6 中，除了可以在属性面板中对输入的文本进行设置以外，还可以将文本分离，对其添加一些特殊效果。通过工具箱中的文本工具输入的文本，本身只具有常规文本的编辑特性，而不具有矢量图形的特性，所以对常规的文字来说，不能对其进行填充、改变外边框线等操作。若想使输入的文本具有矢量图形的特点，就必须对文本进行分离操作。

操作时首先选中文本，执行菜单"修改"→"分离"命令（或者按〈Ctrl+B〉键），将文本块分离为文本字符，再执行一次菜单"修改"→"分离"命令，将文本字符转换为矢量图形。对于单一的文字或字母，只需分离一次，而对于两个以上的文字或字母，则需要两次分离。多字母文本的第一次分离是将原来一体的文本拆分为多个单一文本，每一个文字或字母单独占有一个文本框，在第一次分离的基础上，再一次分离文本，则所有的文本或字母都将转化为矢量图对象，如图 3-15 所示。要注意的是，传统文本的"分离"命令只适用于轮廓字体，例如 True Type 字体，当分离位图字体时，它们会从屏幕上消失。

源文本　　　　　　　　第一次分离文本　　　　　　　　第二次分离文本

图 3-15　分离文本

通过文本的分离，可以对其添加一些特殊效果，达到神奇的效果。

1．渐变填充效果

在 Flash CS6 中，文本仅能填充纯色，如图 3-16a 所示，而文本分离之后，利用颜料桶工具可以为其添加渐变颜色，如图 3-16b 所示。

2．描边文字效果

文本分离之后，可以对边线属性进行不同的设置，利用墨水瓶工具得到描边的效果，如图 3-16c 所示。

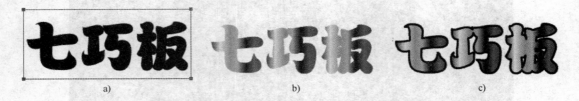

a)　　　　　　　　　　　b)　　　　　　　　　　　c)

图 3-16　渐变填充与描边效果

3．位图填充效果

文本分离之后，不仅能添加渐变颜色，而且能对其填充位图。在案例《舞》中，"舞"字就是利用颜料桶填充了位图后得到的效果，如图 3-14 所示。

4．变形文字效果

文本分离之后得到了矢量形状，根据矢量形状的特点，利用部分选取工具添加或删除锚点，拖动锚点，可以得到变形文字的效果。图 3-17 所示为文字变形前后的效果对比。

图 3-17　变形文字效果

3.2.2　知识储备——滤镜的使用

"滤镜"是 Flash 的一个非常实用的功能，它可以快速地给对象添加美观的效果，例如投影、发光等。使用过 Photoshop 的人，一般都知道 Photoshop 强大的滤镜功能，滤镜所产生的复杂数字效果最初来源于摄像技术，它是一种对图像像素进行处理并能生成特殊效果的方法。Flash 引入滤镜，是从 Flash 8 开始的，这个功能极大地增强了 Flash 的设计能力，并对动画的制作产生了很大的影响。

在 Flash CS6 中，使用滤镜仅限于影片剪辑、按钮和文字 3 种类型。换句话说，不可以在普通形状上使用滤镜，就算绘制的对象也不可以，甚至也不能够对图形符号加上滤镜。如果需要对这些不能使用滤镜的设计元素添加滤镜效果的话，则可以将这些元素转换为影片剪辑或者按钮元件，然后再对这些对象添加滤镜，具体的转换方法在后面的项目里介绍。

Flash CS6 为用户在文本属性面板中提供了"滤镜"选项来使用和设置滤镜，可以实现投影、模糊、发光和斜角等效果。图 3-18 所示为文字添加了投影效果的文字。

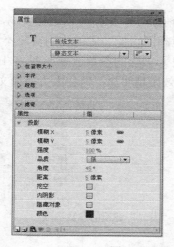

图 3-18　滤镜选项

单击"滤镜"面板左下角的"添加滤镜"按钮，就会弹出滤镜菜单，从该菜单中选择相应的滤镜后,该滤镜就会出现在已添加滤镜列表中。如果想删除已添加的滤镜,则可以在已添加滤镜列表中,选中相应的滤镜后,单击左下角的"删除滤镜"按钮,即会删除选中的滤镜。下面就分别介绍 Flash CS6 中 7 种滤镜效果的相关属性设置。

1. 投影

"投影"滤镜是用来模拟物体对象在光照的条件下产生的阴影效果,它是最基本和常用的滤镜,各项参数功能如下。

- 模糊 X/Y:可以指定投影向四周模糊和柔化的程度,也可以理解为设定阴影的宽度和高度。其数值越大,阴影效果就越模糊、朦胧。可分别对 X 轴和 Y 轴两个方向进行设置,如果单击 X 和 Y 后面的"链接 X 和 Y 属性值"按钮,使其处于开启状态,就可以解除 X、Y 方向的比例锁定。
- 强度:用来设定投影的浓度或颜色的密度。其值在 0%~100%之间,值越大,颜色就越浓,投影的显示就越清晰,投影效果越接近于纯色填充;当此数值为 0 时,阴影消失。
- 品质:用来设定阴影的质量,其值为低、中、高。质量越高,过渡就越清晰、流畅,反之就越粗糙。
- 角度:用来设定阴影的方向,其数值范围可以在 0°~360°之间。
- 距离:用来设定阴影偏离操作对象的距离,其数值范围可以在-32~32 之间。
- 挖空:选定此项后,可以在所产生的阴影上切除操作对象的形状,使阴影呈现出被挖空的感觉。
- 内侧阴影:选定此项后,可使所产生的阴影显示在对象的内侧,以辅助塑造一些立体效果。
- 隐藏对象:选定此项后,不显示对象本身,只显示所产生的阴影,其目的是把阴影独立出来。
- 颜色:用来设定阴影的颜色,也可以利用此项在"拾色器"中选择阴影的透明度。

2. 模糊

"模糊"滤镜是用来使对象本身按照 X 轴方向和 Y 轴方向进行模糊,以柔化对象的边缘和细节。其相应参数的作用和"投影"滤镜相同,但二者的作用对象不同,"投影"是用来设置阴影的,而"模糊"用来设置对象本身,相应的参数选项如图 3-19a 所示。要注意的是,在模糊的品质设置中,品质越高,模糊效果越明显,但会大大增加文件的大小。

a)   b)

图 3-19 "模糊"与"发光"滤镜的参数选项

3. 发光

"发光"滤镜是用来使对象的周围产生光芒的效果。其相应参数的作用与"投影"相同,不过其应用的范围是对象的边缘和四周。当将背景设置成较深的颜色时,如果增加它的模糊和强度，对象背后就会产生聚光灯的效果，相应的参数选项如图 3-19b 所示。

4．斜角

"斜角"滤镜用来使对象产生加亮的效果，使其产生立体的浮雕效果。它主要是利用立体对象的受光面和背光面不同的光照感觉，模拟出凸起的立体感。斜角滤镜的作用类型可以分为"内侧"、"外侧"和"整个"，相应的参数选项如图 3-20a 所示，相应参数的作用与"投影"相同，"阴影"和"加亮"用来设置斜角的阴影和加亮部分的颜色。

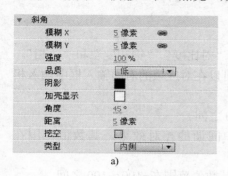

图 3-20 "斜角"与"渐变发光"滤镜的参数选项

5．渐变发光

"渐变发光"滤镜的效果和"发光"滤镜的效果基本一样，它可以在对象周围需要体现发光的区域产生渐变颜色的发光效果，还可以设置角度、距离和类型，相应的参数选项如图 3-20b 所示，其相应参数的作用与"投影"相同。

在参数设置中的渐变色条可以用来设计颜色渐变的效果，其使用方法和含义与"混色器"中的颜色编辑条相同。渐变色条默认情况下为白色到黑色的渐变色，将鼠标指针移动到色条上，如果出现了带加号的鼠标指针，则表示可以在此处增加新的颜色控制点。如果要删除颜色控制点，只需拖动它到相邻的一个控制点上，当两个点重合时，就会删除被拖动的控制点。单击控制点上的颜色块，会弹出系统调色板可选择要改变的颜色。

6．渐变斜角

"渐变斜角"滤镜的控制参数和斜角滤镜的相似，所不同的是它更能精确控制斜角的渐变颜色。它可以使对象产生一种凸起的效果，并能很好地体现光感的意境，使得对象好像在从背景中凸起一样。相应的参数选项如图 3-21a 所示，其相应的参数与"投影"相同。

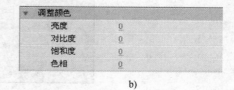

图 3-21 "渐变斜角"与"调整颜色"滤镜的参数选项

参数设置中的渐变色条可以用来设计颜色渐变的效果，其效果以中心色标为分界线，左右设定分别表现各自的设置效果。例如，当"类型"选择为"内侧"时，中间的色标为白色透明，它代表渐变效果的开始颜色，存在于渐变效果的最内圈，此色标不能被移动，但可以改变它的颜色；中间色标左右两边的色标可以被移动或改变，最左边或最右边的色标所代表的颜色存在于渐变效果的最外圈，是离被修饰对象最远的颜色；其他所设定的色标，根据其离中心色标的远近，相应作用效果的布局表现为从外向内。除中间色标外，其他的色标可以被移动或改变，也可以被添加和删除。

7．调整颜色

"调整颜色"滤镜可以用来调整操作对象的"亮度"、"对比度"、"饱和度"和"色相"。通过每项对应的滑块调整，可以设定其相应的数值，也可以在对应项的右面输入框中输入相应的数值，相应的参数选项如图 3-21b 所示。

- 亮度：调整对象的亮度，其数值范围在-100～100 之间。
- 对比度：调整对象的高亮部分、阴影部分和中间调的相对效果，其数值范围在-100～100 之间。
- 饱和度：调整对象的颜色强度，即色彩的纯度，其数值范围在-100～100 之间。
- 色相：调整颜色的深浅，其数值范围在-180～180 之间。

3.2.3 案例精讲——舞

【案例：舞】操作步骤如下。

1）执行菜单"文件"→"新建"命令，在弹出的对话框中依次选择"常规"→"Flash 文件（Action Script 3.0）"选项后，单击"确定"按钮，新建一个影片文档，然后执行菜单"文件"→"保存"命令，文件命名为"舞.fla"。

2）执行菜单"文件"→"导入"→"导入到舞台"命令，在弹出的对话框中选择要导入的文件为"配套光盘\项目 3 文本的创建与编辑\设计素材\舞台.jpg"，然后鼠标单击工作区以外的部分，按鼠标右键在弹出的快捷菜单中选择"文档属性"命令，弹出"文档设置"对话框，在匹配区域里选择"内容"选项，如图 3-22 所示。

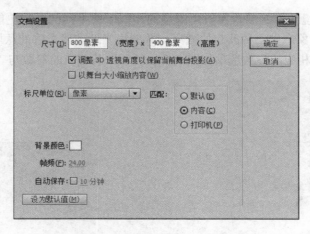

图 3-22 "文档设置"对话框

3）在"文档设置"对话框中单击"确定"按钮，此时将工作区舞台的尺寸修改为和导入的素材"舞台.jpg"一样大小，然后在时间轴面板中双击图层 "图层 1"，将图层的名称修改为"背景"。

4）单击时间轴面板下方的"新建图层"按钮，新建一个图层，并命名为"舞字下"，然后选择文本工具，在舞台左侧输入文字"舞"，在属性面板里设置"字体"为方正黄草简体，"文本颜色"为红色，"字体大小"为320，效果如图 3-23a 所示。

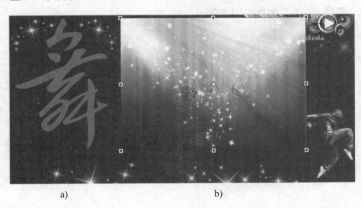

a)   b)

图 3-23　输入文字并导入素材

5）执行菜单"文件"→"导入"→"导入到舞台"命令，在弹出的对话框中选择要导入的文件为"配套光盘\项目 3 文本的创建与编辑\素材\幕布.jpg"，然后选中导入的位图，选择工具箱中的任意变形工具，将图片等比例缩放至与"舞"字大小相同，如图 3-23b 所示。

6）分别选中"舞"字和导入的"幕布"图片，执行菜单"文件"→"修改"→"分离"命令，将文字和图片打散，然后选择滴管工具，在打散的图片上单击，这时可以看到工具栏中的"填充颜色"是刚刚打散的图片，选择工具箱中的颜料桶工具，在打散的"舞"字内填充，最后选择工具箱中的墨水瓶工具，设置笔触颜色为"红色"，为打散的"舞"字添加描边效果，如图 3-24a 所示，最后删除导入并打散的位图。

a)   b)   c)

图 3-24　文字特效

7）执行菜单"文件"→"导入"→"导入到舞台"命令，在弹出的对话框中选择要导入的文件为"配套光盘\项目 3 文本的创建与编辑\素材\起舞.psd"，然后选中导入的位图，选择工具箱中的任意变形工具，将图片缩放至合适的大小，如图 3-24b 所示。

8）单击时间轴面板下方的"新建图层"按钮，新建一个图层，并命名为"舞字上"，复制图层"舞字下"内容到该图层，选择工具箱中的橡皮擦工具，擦去舞者对象上方的部分内容，使下方"起舞"图层的内容显现出来，效果如图 3-24c 所示。

9）单击时间轴面板下方的"新建图层"按钮，新建一个图层，并命名为"文字"，选择文字工具，输入舞者的内心独白，在属性面板里设置"字体"为方正隶变简体，"文本颜色"为黄色，"字体大小"为 24，添加"投影"和"渐变斜角"效果，其设置分别如图 3-25a 和图 3-25b 所示，最终的效果如图 3-14 所示。

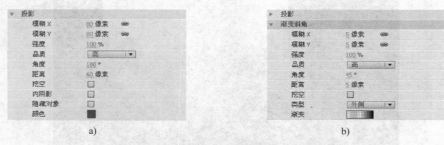

图 3-25 "投影"和"渐变斜角"滤镜设置

3.3 项目实训——荷花

3.3.1 实训目标

在 Flash CS6 中可以编辑图形，它的优势是可以通过分离位图和文字得到矢量图形，并使用分离的位图进行填充，可以得到艺术效果的矢量形状，制作出各种风格的作品。

3.3.2 实训要求

利用 Flash CS6 文件导入功能、文本工具、文本分离功能、位图分离功能来制作，效果如图 3-26 所示。在"配套光盘\【项目 3】文本的创建与编辑\设计素材"目录里，有素材图片"荷花图.jpg"和"荷叶.jpg"，"FLA 源文件"文件夹有样例文件"荷花.fla"，仅供参考。

图 3-26 【荷花】

3.3.3 实训步骤

1) 执行菜单"文件"→"新建"命令, 在弹出的对话框中选择"常规"→"Flash 文件（ActionScript 3.0）"选项后, 单击"确定"按钮, 新建一个影片文档。在"属性"面板中单击"文档属性"按钮, 打开"文档属性"对话框, 在"尺寸"文本框中输入"650"和"500", 在"背景颜色"下拉列表框中选择"黑色"（#000000）, 然后执行菜单"文件"→"保存"命令, 文件命名为"荷花.fla"。

2) 执行菜单"文件"→"导入"→"导入到舞台"命令, 在弹出的"导入"对话框中, 导入文件为"配套光盘\【项目 3】文本的创建与编辑\设计素材\荷花.jpg", 将素材图片导入到舞台中, 如图 3-27a 所示。

a)   b)

图 3-27   导入素材图片并处理

3) 选中导入的图片, 执行菜单"文件"→"修改"→"分离"命令, 在工具栏中选择"橡皮擦工具", 在矢量形状上按住鼠标左键进行拖动, 擦除左半边荷花的内容, 并选择生成的矢量图形进行变形操作, 将其放大, 效果如图 3-27b 所示。

4) 单击工具箱中的"文本工具", 在舞台右边单击鼠标左键, 在属性面板中单击"改变文本方向"按钮, 并将其设置为"垂直, 从右向左", "字体大小"为 24, "字体"为方正瘦金书简体, "文本颜色"为白色。单击"编辑格式选项"按钮, 并在弹出的"格式选项"对话框中将"列距"设定为 6pt, 在图片中输入诗词, 如图 3-28a 所示。

a)   b)

图 3-28   输入文字

5) 再次单击工具箱中的"文本工具", 在舞台右上方输入文字"荷", 并设置"字体大小"为 136, "字体"为方正水柱简体, "文本颜色"为白色, 如图 3-28b 所示。选择"荷"

字，执行菜单"文件"→"修改"→"分离"命令，彻底将文字打散。

　　6）执行菜单"文件"→"导入"→"导入到舞台"命令，在弹出的"导入"对话框中，导入文件为"配套光盘\【项目 3】文本的创建与编辑\设计素材\荷叶.jpg"，将素材图片导入到舞台中，并单击工具箱中的"任意变形工具"，将图片缩放到与"荷"字大小相同，如图 3-29a 所示。

a)

b)

图 3-29　填充位图

　　7）选中导入的"荷叶"图片，执行菜单"文件"→"修改"→"分离"命令，将图片打散，然后选择"滴管工具"，在已打散的图片上单击，这时可以看到颜色栏中的"填充"色是刚刚吸取的图片，最后单击工具箱中的"颜料桶工具"，在打散的"荷"字内填充，效果如图 3-29b 所示，选中"荷叶"图片，将其删除，至此位图填充文字的效果就完成了，按〈Ctrl+Enter〉组合键预览并测试动画的显示效果，如图 3-26 所示。

3.4　技能知识点考核

一、填空题

（1）在 Flash CS6 中，支持两种类型的文本引擎，分别为_____和_____。

（2）使用滤镜，可以为场景中的对象增添有趣的视觉效果，滤镜效果只适用于_____、_____、_____中。

（3）使用_____，可以在发光表面产生带渐变颜色的发光效果。

二、选择题（1～3 单选，4 多选）

（1）Flash 所提供的消除锯齿的方法不包括（　　）。

　　A．使用设备字体　　　　　　　　B．锐利化消除锯齿

　　C．动画消除锯齿　　　　　　　　D．可读性消除锯齿

（2）下面（　　）对象不能添加滤镜效果。

　　A．文本　　　　　B．按钮　　　　　C．位图　　　　　　　D．影片剪辑

（3）要为文本分别添加一个链接（http://www.myadobe.com.cn）和一个 E-mail 链接（xuexin@126.com），在"URL 链接"文本框中应输入（　　）。

　　A．链接 http://www.myadobe.com.cn，E-mail 链接 xuexin@126.com

　　B．链接 www.myadobe.com.cn，E-mail 链接 mailto:xuexin@126.com

C. 链接 http://www.myadobe.com.cn，EMAIL 链接 mailto:xuexin@126.com

D. 链接 http://www.myadobe.com.cn，EMAIL 链接 emailto:xuexin@126.com

（4）动态文本和输入文本所支持的行为有哪些是共有的（　　　）。

A. 单行　　　　　B. 多行　　　　　C. 多行不换行　　　　　D. 密码

三、简答题

（1）简述 Flash CS6 中文本布局框（TLF）的功能有哪些？

（2）TLF 文本和传统文本有什么区别？

（3）简述滤镜的作用及如何添加、复制滤镜？

3.5　独立实践任务

（1）【任务要求】　根据本项目所学习的知识，制作【恭贺新年】，使用墨水瓶工具创建空心文字，通过颜料桶工具创建渐变文字，如图 3-30a 所示。

a)　　　　　　　　　　　　　　　　　　　b)

图 3-30　【恭贺新年】与【玫瑰之约】

（2）【任务要求】　根据本项目所学习的知识，利用素材（配套光盘\【项目 3】文本的创建与编辑\实践任务\设计素材\"玫瑰.jpg"和"玫瑰花.jpg"），使用文字工具和分离命令等制作【玫瑰之约】，效果如图 3-30b 所示。[提示：字体为"方正胖娃简体"]

（3）【任务要求】　根据本项目所学习的知识，利用素材（配套光盘\【项目 3】文本的创建与编辑\实践任务\设计素材\圣诞.jpg），使用文字工具、墨水瓶工具等制作【圣诞贺卡】，对文字边框进行柔化处理，产生具有霓虹灯效果的荧光文字，效果如图 3-31a 所示。[提示：使用"柔化填充边缘"命令来修饰]

（4）【任务要求】　根据本项目所学习的知识，利用素材（配套光盘\【项目 3】文本的创建与编辑\实践任务\设计素材\欢乐堡.png），使用文字工具等制作【欢乐堡】，使其具有描边文字的效果，如图 3-31b 所示。

（5）【任务要求】　根据本项目所学习的知识，使用文字工具等制作【毛刺字】，使用墨水瓶工具制作毛刺效果，然后使用颜色桶工具填充文字颜色，如图 3-32a 所示。

（6）【任务要求】　根据本项目所学习的知识，使用文字工具等制作【Q 版字】，使用文本工具和打散功能对文字进行初步处理，然后使用扩展填充和填色功能完善字体效果，如图 3-32b 所示。

a)   b)

图 3-31 【圣诞贺卡】与【欢乐堡】

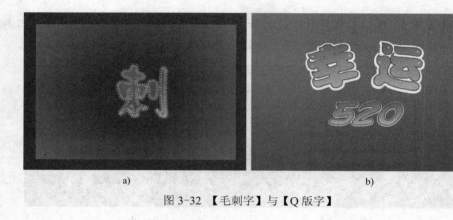

a)   b)

图 3-32 【毛刺字】与【Q版字】

项目 4 元件与库资源的管理

项目概述

元件和实例是组成一部动画影片的基本元素，通过综合应用不同的元件，可制作出丰富多彩的动画效果。在库面板中可对文档中的各种元件以及图像、声音和视频等资源进行统一管理，以方便在制作时使用。合理地使用元件、实例和库，可以减少设计中重复性的工作，共享劳动成果。

知识目标

● 了解元件的概念、类型
● 区分元件和实例的不同，掌握各种创建元件和实例的方法
● 了解库面板的基本管理功能

技能目标

● 能熟练创建图形元件、影片剪辑元件、按钮元件
● 能使用 3 种不同的元件编辑方式
● 能熟练创建与编辑实例，并掌握库面板的使用

4.1 任务 1——创建与编辑元件

【任务背景】 元件是 Flash 动画设计中最基本、最重要的元素，是存放在库中可以重复使用的图形、动画或按钮。本任务分别在 Flash CS6 中使用各种方法来创建图形元件"雾"、影片剪辑元件"雨"和按钮元件"电"，效果如图 4-1a、图 4-1b 和图 4-1c 所示。

a)   b)   c)

图 4-1 爱情三部曲【雾·雨·电】

【任务要求】 通过配套光盘所提供的相关素材，在 Flash CS6 中学习创建 3 种不同的元

件，从而熟悉图形元件、影片剪辑元件和按钮元件的创建和编辑方法，以便在不同的场合熟练地应用这些不同类型的元件。

【**案例效果**】 配套光盘\【项目 4】元件与库资源的管理\效果文件\ "雾.swf"、"雨.swf"和 "电.swf"

4.1.1 知识储备——元件的概念

在前边的项目里，我们学习了各种绘图工具，利用绘图工具制作出了各种"形状"。在 Flash 动画中活跃着不少"形状"这样的动画元素，可以改变外形、尺寸、位置，并能进行"形状变形"，但它仅仅是一个"矢量图形"，用途相当有限，还不是 Flash 管理中的最基本单元，或者说还不是 Flash 舞台上的"基本演员"。要使"动画元素"得到有效管理并发挥更大的作用，就必须把它转换为"元件"。

元件是指可以重复使用的图形、动画或按钮，是 Flash 影片中一种比较特殊的对象，在 Flash 中只需创建一次，然后就可以在整部动画中反复使用而不会显著增加文件的大小。元件可以是任何静态的图形，也可以是连续的动画，甚至还能将动作脚本添加到元件中，以便对元件进行更复杂的控制。

元件一旦创建，就会被自动添加到当前影片的库中，然后可以自始至终地在当前动画或其他动画影片中重复使用。每个元件都有自己的时间轴，可以将帧、关键帧和层等添加至元件时间轴。在 Flash 中，用户可以创建 3 种类型的元件，它们的功能如下。

- 图形元件：用于创建可反复使用的图形，它可以是静止图片，用来创建连接到主时间轴的可重用动画片段，也可以是多个帧组成的动画。图形元件与主时间轴同步运行，但它不能添加交互行为和声音控制。
- 影片剪辑元件：该元件用于创建可重用的动画片段。使用影片剪辑元件可创建反复使用的动画片段，且可独立播放。影片剪辑元件拥有自己独立于主时间轴的多帧时间轴，当播放动画时，影片剪辑元件也在循环播放。它们可以包含交互式控件、声音甚至其他影片剪辑实例，也可以将影片剪辑实例放在按钮元件的时间轴内。
- 按钮元件：使用按钮元件可以创建响应鼠标点击、滑过或其他动作的交互式按钮。可以定义与各种按钮状态关联的图形，然后将动作指定给按钮实例。

 在动画中使用元件具有以下显著优点：①在使用元件时，由于一个实例在浏览中仅需要下载一次，这样就可以加快影片的播放速度，避免了同一对象的重复下载。②使用元件可以简化动画影片的编辑。在影片编辑过程中，可以把需要多次使用的元素制作成元件，当修改了元件以后，由同一元件生成的所有实例都会随之更新，而不必逐一对所有实例进行更改，这样就大大节省了创作时间，提高了工作效率。③制作运动类型的过渡动画效果时，必须将图形转换为元件，否则将失去透明度等属性，而且不能制作补间动画。

4.1.2 案例精讲——创建图形元件"雾"

图形元件是 Flash 中最简单的一种元件，在 Flash 中的静态图像和动画都可以使用图形元件。创建图形元件时，可以创建一个空的元件，然后在元件编辑状态下添加元件的内容，也可以选择舞台上的图形（导入的位图图形、矢量图形、文本对象以及用 Flash 工具创建的线条、色块等），将其转化成图形元件。需要注意的是，图形元件中的动画是基于主时间轴创建和使用的，当影片停止时，图形元件的动画也随之停止。

在制作动画的过程中，需要获得动画角色和图形，获取图形的途径有以下 3 种。

1．绘制图形

使用 Flash 工具箱中的绘图工具可以绘制图形，绘制完成后，还可根据自己的需要和意图对图形进行调整。这是最基本的方法，不过难度较大，对鼠标绘图的技巧要掌握好。

2．复制图形

如果需要绘制的图形和已有的图形相同，可以将已有图形进行复制。在 Flash CS6 中，复制图形的方法有 3 种。

- 选择要复制的对象，按〈Ctrl+C〉键复制，再按〈Ctrl+V〉键粘贴即可。若按〈Shift+Ctrl+V〉键可以将对象粘贴到原位置。
- 用选择工具选择对象后，按住〈Ctrl〉键不放并拖动鼠标进行复制。
- 用任意变形工具选择对象后，按住〈Alt〉键不放并拖动鼠标进行复制。

3．导入图片

在制作动画时，如果觉得自己绘制图形会花费很多时间，或是在客户已经提供了相关图片时，都可以执行菜单"文件"→"导入"命令，导入外部图片到舞台或是导入到库。Flash CS6 能支持多种格式的位图和矢量图，常见的有 JPEG 压缩格式、BMP 位图、GIF 位图压缩或 GIF 动画文件、PICT 动画格式文件、EMF 增强图元位图文件、WMF Windows Metafile 位图文件、Eps 等文件格式。

从 Flash CS3 开始，Flash 支持可以直接导入 Photoshop（PSD）、Illustrator（AI）、Fireworks（PNG）等多图层图像格式文件。Flash CS6 继承了这个优秀的功能，用户可以导入 Photoshop 的 PSD 文件，并保留图层等内部信息，同时 Photoshop 中的文本在 Flash CS6 中仍然可以编辑，甚至可以指定发布时的设置，如图 4-2a 所示。

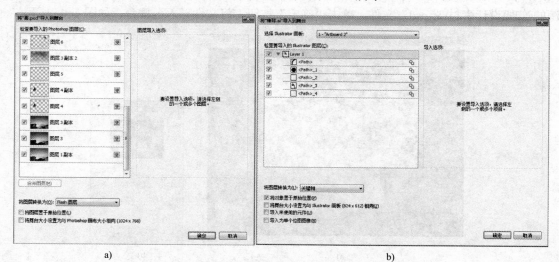

a)   b)

图 4-2　导入"PSD"和"AI"文件对话框

Flash CS6 还可以和 Illustrator 完美地协同工作。通过如图 4-2b 所示的"导入"对话框，可以进行综合的控制和设置，决定导入 Illustrator 文件中的哪些层、组或对象，以及如何导入它们，可以选择导入的 Illustrator 图层分别作为 Flash 的独立图层，还是合成一层，或者成为一个 Flash 的关键帧等。

创建图形元件【雾】操作步骤如下。

1）执行菜单"文件"→"新建"命令，在弹出的对话框中依次选择"常规"→"Flash 文件（Action Script 3.0）"选项后，单击"确定"按钮，新建一个影片文档，然后执行菜单"文件"→"保存"命令，文件命名为"雾.fla"。

2）执行"插入"→"新建元件"命令或者按〈Ctrl+F8〉组合键，弹出"创建新元件"对话框，输入元件的名称"雾"，在"类型"下拉菜单中选择"图形"，如图 4-3a 所示。

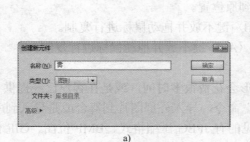

a)   b)

图 4-3 "创建新元件"和"移至文件夹…"对话框

3）当启用"库根目录"单选按钮时，会弹出"移至文件夹…"对话框，如图 4-3b 所示，可以将元件保存在新建文件夹或者现有的文件夹中，默认保存在当前文件的库的根目录中。

4）单击"确定"按钮，进入图形元件的编辑模式，执行菜单"文件"→"导入"→"导入到舞台"命令，弹出"导入"PSD"文件"对话框，选择"配套光盘\【项目 4】元件与库资源的管理\设计素材\雾.psd"文件，单击"确定"按钮，将文件导入至舞台，如图 4-4a 所示。

a)   b)

图 4-4 图形元件编辑模式和库面板

5）完成元件的内容制作后，选择"编辑"→"编辑文档"命令，或者在舞台左上角单击"场景 1"图标，退出图形元件编辑模式并返回场景，此时库面板中最上方显示创建的图形元件为"雾"，下方的文件夹为导入的文件资源，如图 4-4b 所示，将图形元件"雾"从库面板拖曳至舞台，最后的效果如图 4-1a 所示。

4.1.3 案例精讲——创建影片剪辑元件"雨"

影片剪辑元件在 Flash 元件中是最有特色的元件，此元件拥有自己的时间轴，可独立于主时间轴播放。用户可以在其他影片剪辑和按钮内添加影片剪辑，以创建嵌套的影片剪辑，还可以使用属性面板为影片剪辑元件的实例分配实例名称，然后在动作脚本中引用该实例名称，实现更为复杂的动画效果。可以把舞台上看得到的任何对象，甚至整个"时间轴"的内容创建为一个影片剪辑元件，而且可以把一个影片剪辑元件放置到另一个影片剪辑元件中，甚至还可以把一段动画（如逐帧动画）转换成影片剪辑元件。

创建影片剪辑元件【雨】前操作步骤如下。

1）执行菜单"文件"→"新建"命令，在弹出的对话框中依次选择"常规"→"Flash 文件（Action Script 3.0）"选项后，在"宽"和"高"文本框中分别输入"665"和"600"，单击"确定"按钮，新建一个影片文档，执行菜单"文件"→"保存"命令，文件命名为"雨.fla"。

2）执行菜单"文件"→"导入"→"导入到舞台"命令，在弹出的对话框中选择要导入的文件为"配套光盘\【项目 4】元件与库资源的管理\设计素材\老夫老妻.psd"，如图 4-5a 所示。

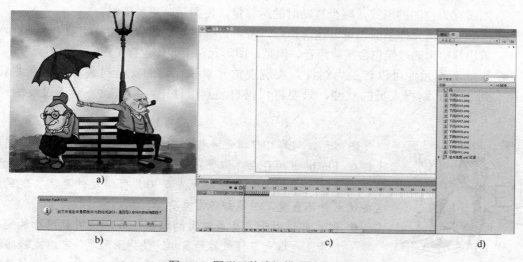

图 4-5　图形元件编辑模式和库面板

3）执行"插入"→"新建元件"命令或者按〈Ctrl+F8〉组合键，弹出"创建新元件"对话框，输入元件的名称"雨"，在"类型"下拉菜单中选择"影片剪辑"，单击"确定"按钮，进入影片剪辑元件编辑模式，执行菜单"文件"→"导入"→"导入到舞台"命令，在"导入"文件对话框中选择"配套光盘\【项目 4】元件与库资源的管理\设计素材\下雨 0001.png"文件，弹出对话框，如图 4-5b 所示，单击"确定"按钮，将文件序列导入至舞台，此时元件的时间轴发生了变化，如图 4-5c 所示。

4）完成元件的内容制作后，选择"编辑"→"编辑文档"命令，或者在舞台左上角单击"场景 1"图标，退出影片元件编辑模式并返回场景，此时库面板中名称列下方第一个显示的元件为创建的剪辑元件"雨"，单击预览窗口中的播放按钮，可以播放影片剪辑元件，如图 4-5d 所示，第二个、第三个、第四个至第十三个对象为导入素材图片的静态图片，将影片剪辑元件"雨"从库面板中拖曳至舞台，使用文本工具输入文字，最后的效果如图 4-1b 所示。

影片剪辑元件与图形元件相比，主要有以下 7 个优点。

● 影片剪辑元件的播放完全独立于时间轴。即使主场景中只有一个帧，也不会影响影片剪辑的播放，但是图形元件就不同了，如果主场景中只有一个帧，那么其中的图形元件只能永远显示一个帧。

● 影片剪辑元件可以设置实例名称。同一个元件可以创建多个实例，每个实例可以有不同的名称。实例名称一般用于在 Flash 编程中控制影片剪辑，实现与动作脚本的复杂交互。影片剪辑对应于动作脚本中的"MovieClip"类，可以用动作脚本来控制它的播放、暂停、跳转、颜色和透明等属性，而图形元件不能用于编程，所以不必设置实例名称。

● 影片剪辑元件可以设置滤镜，而图形元件不可以。

● 影片剪辑元件可以设置混合模式，而图形元件不可以。

● 影片剪辑元件可以使用"运行时位图缓存"功能。如果影片剪辑里面包含有非常复杂的矢量图，由上万条线条构成，那么在动画中只要发生位置的变化，计算机就不得不重新计算这几万条线条的数据。使用"运行时位图缓存"功能可以将复杂矢量图缓存为位图的形式，减少移动时的运算量，使得动画更加流畅。

● 在影片剪辑元件里面，可以包含声音。将声音绑定到影片剪辑的时间轴中，那么在播放影片剪辑的时候也会播放声音。但是，图形元件中即使包含了声音，也不会发声。

● 影片剪辑元件可以转换为组件，实现视觉元素和代码的安全封装。这一点尤其受到 Flash 编程人员的欢迎，只要将代码封装到组件中，那么就不会通过反编译的方法泄漏。

图形元件与影片剪辑元件相比，很多 Flash 初学者会觉得图形元件在 Flash 中的存在，似乎完全是多余的。Flash 之所以一直保留图形元件，是因为它有一些优点是影片剪辑元件无法实现的，这些优点并不直观，但是却非常重要。

● 影片剪辑由于肩负着重大的控制任务，使用数据结构变得复杂，也增大了播放器的负担。使得图形元件可以减轻播放器的负担，因为图形元件没有太多的附带数据要求播放器处理，所以在可以使用图形元件来实现的地方，就不要使用影片剪辑元件。

● 图形元件与所在的时间轴是严格同步的，也就是说所在的时间轴暂停了，图形元件就会跟着暂停播放，而影片剪辑元件必须使用动作脚本来暂停。这一点在编辑界面中尤其重要——我们只要拖动播放头，就可以查看舞台上图形元件的播放进度；但是对于影片剪辑元件，永远只能看到第一帧，不知道它在什么时候会播放到哪里。

- 图形元件可以设置播放方式，而影片剪辑只能从第一帧开始，循环播放。如果要让影片剪辑实现与图形元件一样的播放方式，只能借助动作脚本来实现。
- 很多程序员高手会通过给 Flash 开发第三方程序，实现一些额外的功能，例如将 SWF 文件转换为 DVD 影片等。这些程序对 Flash 中的图形元件基本上是完全支持的，但是对影片剪辑就不一定了——在 SWF 中生龙活虎的一个影片剪辑，可能在导出成 DVD 之后只能永远显示第一帧。

4.1.4 案例精讲——创建按钮元件"电"

按钮元件是 Flash 的基本元件之一，它具有多种状态，并且会响应鼠标事件，执行指定的动作，是实现动画交互效果的关键对象。从外观上，"按钮"可以是任何形式，例如，可以是一幅位图，也可以是矢量图；可以是矩形，也可以是多边形；可以是一根线条，也可以是一个线框，甚至还可以是看不见的"透明按钮"。

按钮实际上是四帧的交互影片剪辑，具有特殊的编辑环境，按钮元件的时间轴标尺上显示的不是数字序号，而是帧的功能，通过在 4 个不同状态的帧上创建内容，可以指定不同的按钮状态，如图 4-6 所示。

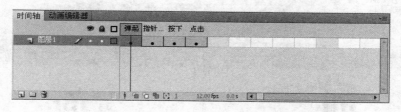

图 4-6　按钮的 4 种帧

- 弹起：表示鼠标指针不在按钮上时的状态。
- 指针经过：表示鼠标指针移动到按钮上方时，该按钮显示的外观。
- 按下：表示鼠标单击按钮时，该按钮显示的外观。
- 点击：定义对鼠标做出反应的区域。

创建按钮元件【电】的操作步骤如下。

1）执行菜单"文件"→"打开"命令，在弹出的对话框中选择"配套光盘\【项目 4】元件与库资源的管理\设计素材\[素材]电.fla"，如图 4-7a 所示，此时库面板里有导入的素材位图"室内背景"和"闪电"、声音"打雷"以及图形元件"马桶"，如图 4-7b 所示。

2）执行"插入"→"新建元件"命令或者按〈Ctrl+F8〉组合键，弹出"创建新元件"对话框，输入元件的名称为"电"，在"类型"下拉菜单中选择"按钮"。

3）单击"确定"按钮，进入按钮元件编辑模式，从库面板中拖入图形元件"马桶"，如图 4-8a 所示。

4）在按钮元件编辑模式中单击"指针经过"帧，然后按鼠标右键在菜单中选择"插入关键帧"命令，使用选择工具选中对象，执行"修改"→"分离"命令，将图形元件"马桶"打散，然后选中图形的线路部分，使用颜料桶工具填充颜色"#339900"，如图 4-8b 所示。

5）在按钮元件编辑模式中单击"按下"帧，然后按鼠标右键在菜单中选择"插入关键

帧"命令，在库面板中拖入位图"闪电"，使用变形工具调整闪电的大小和位置，如图 4-9a
所示。

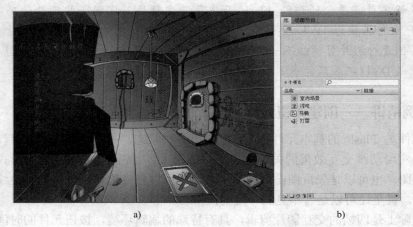

图 4-7　素材文件的舞台及库面板

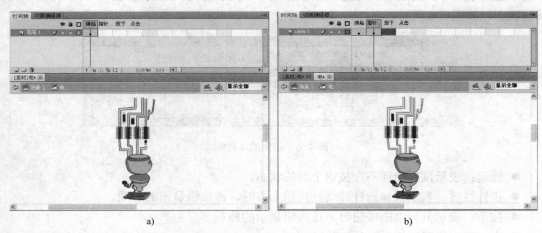

图 4-8　编辑"弹起帧"和"指针经过帧"

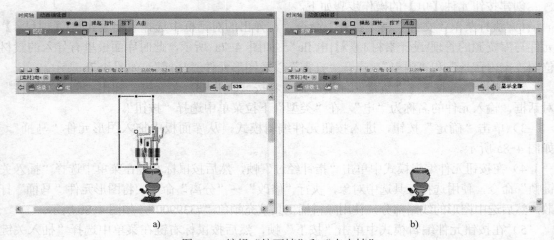

图 4-9　编辑"按下帧"和"点击帧"

6）在按钮元件编辑模式中单击"点击"帧，然后按鼠标右键在菜单中选择"插入关键帧"命令，使用选择工具分别选择闪电和马桶上方的电路板部分，按〈Delete〉键删除这部分内容，如图 4-9b 所示。

7）为了给按钮增加效果，可以为其指定声音，选择"按下"帧，然后在属性面板的"声音"列表框中选择声音"打雷.wav"，然后就会在该状态帧中看到多了一个声音的波形。

8）完成元件的内容制作后，执行"编辑"→"编辑文档"命令，或者在舞台左上角单击"场景 1"图标，退出影片元件编辑模式并返回场景，从库面板中拖入按钮元件"电"至适当的位置。

9）执行"文件"→"另保存"命令，文件命名为"电.fla"，按〈Ctrl+Enter〉组合键预览并测试动画的显示效果，当鼠标经过马桶上方时，鼠标变为手形形状，电路部分变亮，按下鼠标时，会听到打雷的声音，并出现闪电，效果如图 4-1c 所示。

> **注意事项**　"点击帧"比较特殊，这个帧中的图形将决定按钮有效范围，这个有效范围在影片播放时是看不到的。它不应该与前 3 个帧的内容一样，但这个图形应该大到足够包容前 3 个帧的内容，退出编辑后，这个帧中有效范围的图形是不可见的。"点击帧"在舞台上不可见，所以使用任何颜色或形状都将是看不到的，但它定义了单击按钮时该按钮的响应区即热区，所以要确保"点击帧"的图形是一个实心区域。

4.1.5　任务拓展——编辑元件

在 Flash 动画设计工作中，经常需要对特定的元件进行编辑操作。Flash CS6 中对元件的编辑提供了以下 3 种编辑方式。

1. 在当前位置编辑元件

要在当前位置编辑指定元件，可以在舞台中选中元件的一个实例，执行"编辑"→"在当前位置编辑"命令，或是在舞台中选中要编辑的元件，单击鼠标右键，执行"在当前位置编辑"命令即可。使用"在当前位置编辑"时，舞台上的其他元素仍然可见，只不过像是在上面加了一层"透明"的薄膜，暂时不能编辑，如图 4-10 所示。

图 4-10　"在当前位置编辑"效果

在舞台的标题栏中显示了两个图标和名称，一个是场景图标和名称，另一个是当前编辑的按钮元件图标和名称。可以单击场景名称回到场景状态，或单击后退按钮返回场景编辑状态。其他元件以灰色显示的状态出现，正在编辑的元件名称出现在"编辑栏"的左侧，场景名称的右侧。

2．在新窗口中编辑元件

在舞台中选中要编辑的元件，单击鼠标右键，执行"在新窗口中编辑"命令，即可实现在新窗口中编辑元件。使用"新窗口中编辑元件"时，Flash 会为元件新建一个编辑窗口，元件名称显示在"编辑栏"里，如图 4-11 所示。

图 4-11 "在新窗口中编辑"效果

新的窗口与原先的窗口不同，它是专门为要编辑的元件单独打开的窗口，不再显示其他任何元件。在新的窗口的标题栏上会显示正在编辑的元件的名称，同时后退按钮变成灰色，不能再退回任何场景中。此时要回到场景编辑状态，可以选择菜单"编辑"→"编辑文档"命令，或者将新窗口关闭。

3．在元件的编辑模式下编辑元件

元件编辑与新建元件时的编辑模式是一样的，在库面板中双击要编辑的元件，即可让元件在其编辑模式下进行编辑，还可以在舞台中选中要编辑的元件，执行"编辑"→"编辑元件"命令，也可以达到同样的目的。

4.1.6　任务拓展——转换元件

Flash CS6 支持用户先创建一个元件，再创建内容，也支持用户把已经创建的内容转换为元件，还可以将已创建的元件转换为其他类型。选中对象，执行"修改"→"转换为元件"命令，弹出"转换为元件"对话框，如图 4-12 所示。输入要转换的元件名称及类型，在"对齐"标签右方注册网络内可设置元件的注册点，单击"确定"按钮，Flash 会在库中添加元件。

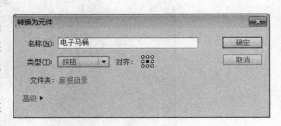

图 4-12 "转换为元件"对话框

注册网格是使用黑色的小正方形来指示注册点位于元件限制框内的什么位置。所谓"注册点"指的就是元件建立以后原点的位置，也就是坐标（0，0）的位置，它是元件旋转时所围绕的轴，也是元件对齐时所沿的点。在 Flash 中有两个坐标体系，一个是主场景内的坐标体系，如图 4-13a 所示，一个是元件内的坐标体系，如图 4-13b 所示。选中对象并转换为元件的时候，如果注册点的位置在左上角，那么转换后对象的左上角将成为元件的原点位置；如果注册点的位置在右下角，那么转换后对象的右下角将成为元件的原点位置。如果转换后的对象是用于 AS 控制的影片剪辑，建议将注册点设置在左上角，这样可以保证 AS 中的控制坐标和属性面板上的 X 和 Y 数值一致，减少转换计算的麻烦。

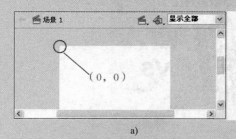
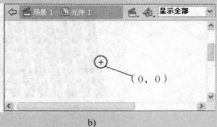

a)   b)

图 4-13　主场景的原点坐标和元件内的原点坐标

当用户选中舞台中的一个实例时，除了黑色十字形的注册点外，还有一个小圆点，如图 4-14a 所示，这就是元件的"中心点"。元件在形变时以"中心点"为中心，进行放大、缩小或旋转。在对元件形变操作时，定义不同的中心点对制作出理想效果是很有帮助的。选择任意变形工具，然后在舞台中选中元件，此时的中心点是可以拖曳的，把中心点拖曳到不同位置，可以实现不同的变形效果，操作过程如图 4-14b、图 4-14c、图 4-14d 所示。

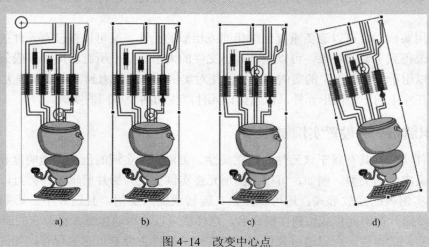

a)   b)   c)   d)

图 4-14　改变中心点

4.2 任务 2——创建与编辑实例

【任务背景】 在 Flash 中使用元件可以一次定义，多次使用，创建无数个实例，大大提高对象的使用效率。例如，在本案例中只要绘制一个元件"士兵"之后，就可以快速复制出无数个"士兵"实例，构成千军万马，如图 4-15 所示。

【任务要求】 通过提供的素材，掌握由元件创建实例的方法，以及对实例进行编辑，从而达到设计的目的。

【案例效果】 配套光盘\【项目 4】元件与库资源的管理\效果文件\赤壁之战.swf

图 4-15 【赤壁之战】

4.2.1 知识储备——创建实例

在创建元件之后，就可以将元件应用到舞台之上。元件一旦从元件库中被拖动到了舞台上，就变为了"实例"。在影片的所有地方都可以创建实例，一个元件可以创建多个实例，而且每个实例都有各自的属性。

用户可以对实例进行旋转以及透明度修改，但这对元件并无影响，在用户删除一个元件的所有实例后，元件并不会被删除。反过来，在用户修改元件后，由它派生的所有实例都会与其同步，如果用户把元件删除了，那么它的实例也会消失，这为 Flash 的修改带来了很大的方便。

通过使用实例，既可以避免重复创建相同或相似的元件，又可以在已有元件的基础上通过一定的修改得到丰富的对象，可以显著减小文件的大小。几乎所有应用于一般矢量图形的操作，都可以用于由元件产生的实例，这样就使对实例的修改能力异常丰富和强大。图 4-16 显示了存储在库中的一个图形元件，以及由该元件产生的两个不同的实例。

4.2.2 知识储备——设置实例属性

每个元件实例都具有属于该元件的独立属性。可以更改实例的色调、透明度和亮度，也可以重新定义实例的类型。例如，可以把图形元件实例更改为影片剪辑元件；可以设置动画在图形元件实例内的播放形式；还可以倾斜、旋转或缩放实例，且这并不会影响元件。此外，还可以给影片剪辑元件或按钮实例命名，这样就可以使用动作脚本更改它的属性。

要编辑实例的属性，可以通过属性面板，实例的属性主要通过它来保存，如图 4-17 所示。如果编辑元件或将实例重新链接到不同的元件，则任何已经改变的实例属性仍然适用于该实例。通过属性面板，主要可以设置的属性选项包括以下 7 个方面。

图 4-16　存储在库中的元件和它的两个实例

1．改变实例的元件类型

由于元件的类型不同，所支持的内容也不尽相同，所以有时候修改重新定义实例的行为，必须先更改实例的类型。例如，要将原先图形的元件实例编辑为动画，则必须将它更改为"影片剪辑"类型。

选中舞台中的一个实例，执行"窗口"→"属性"命令，打开属性面板，在元件类型下拉列表中选择一个元件类型，即可完成类型的修改。

2．给实例指定自定义名称

当创建影片剪辑和按钮实例时，Flash 会为它们指定实例名称。在舞台上选择实例后，在属性面板中的"实例名称"文本框中输入该实例的名称即可。

3．设置实例的色彩效果

通过属性面板，可以为一个元件的不同实例设置不同的色彩效果，分为"无"、"亮度"、"色调"、"高级"和"Alpha"。

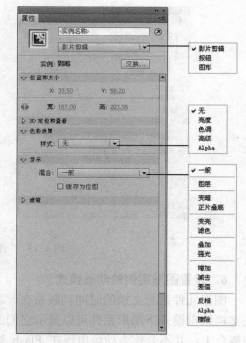

图 4-17　实例的属性面板

- 亮度：用于调节图像的相对亮度。
- 色调：可以给实例添加某种色调。
- 高级：可以同时调节实例的红、绿、蓝和不透明度的值。
- Alpha：用于调整实例的不透明度。

4．设置实例的混合模式

混合模式是从 Photoshop 借鉴而来的，它可以创建复合图像，通过改变两个或两个以上重叠对象的透明度或者颜色的相互关系，从而创造出别具一格的视觉效果。例如，在一个黄色矩形的上方重叠一个绿色矩形，在"一般"的混合模式下，看到的将会是绿色，但是在其他混合模式下，看到的就不一定是绿色了。只有影片剪辑和按钮元件的实例才能设置混合模式。

5．设置按钮实例的跟踪模式

按钮元件实例属性面板特有的选项是"音轨"，它是用来选择按钮动作的跟踪模式，如图 4-18a 所示，两个选项的含义如下。

- 音轨作为按钮：在按钮 1 上按下鼠标后不释放而是拖出去在按钮 2 释放，那么两个按钮上的动作都是不会执行的，只能是在单击过的按钮上释放或是单独在另一个按钮上完成一次按下并释放，按钮动作才会执行。
- 音轨作为菜单项：在按钮 1 上按下鼠标，并不释放，而是拖到按钮 2 上释放，那么按钮 2 将会接收按下释放事件，并执行附加到它上的相应动作，反过来也是一样的。无论在哪里按下鼠标，只要在任意一个按钮上释放，这个按钮上的事件动作都会发生。

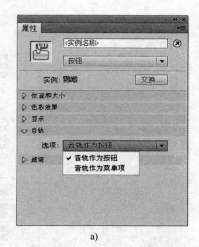
a)
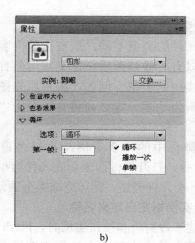
b)

图 4-18 "音轨"与"循环"选项

6．设置图形实例的动画模式

图形元件是与文档的时间轴联系在一起的，影片剪辑元件拥有自己独立的时间轴，所以在文档编辑模式下图形元件可以显示它们的动画，而影片剪辑元件作为一个静态的对象出现在舞台上，并不会作为动画出现在 Flash 编辑环境中。我们可以设置如何播放 Flash 应用程序中图形实例内的动画序列，如图 4-18b 所示，其属性面板特有的选项如下。

- 选项：可以设置对象实例的播放方式，在此下拉列表中有 3 个选项。① 循环：按照当前实例占用的帧数来循环播放该实例内所有动画序列。② 播放一次：从指定帧开始播放动画序列直到结束，然后停止。③ 单帧：指定要显示的帧，显示动画序列的一帧。
- 第一帧：可以设置播放时首先显示的对象元件的帧，直接在文本框中输入帧编号。

7．滤镜的设置

在 Flash CS6 中，不仅文字可以使用滤镜，影片剪辑和按钮也可以使用滤镜。对象的滤镜类型、数量和质量会直接影响到 SWF 文件的播放性能，对象应用的滤镜越多，Flash Player 要正确显示的创建的视觉效果所需的处理量也就越大。建议对一个对象只应用有限数量的滤镜，如果要创建在一系列不同性能的计算机上播放的内容，或不能确定所使用的计算机的计算能力，可以将滤镜的品质级别设置为"低"，以实现最佳的播放性能。

4.2.3 知识储备——分离与交换实例

除了对实例进行属性设置之外，还可以对实例进行分离与交换操作。

1．分离实例

由元件创建出来的实例会随着元件的改变而改变，分离实例能使实例与元件分离，在元件发生更改后，分离的实例并不随之改变。使用选择工具在舞台中选中一个元件的实例，执行"修改"→"分离"命令，即可把实例"打散"成图形元素。

在前面的项目学习中，已接触过"打散"，现将关于打散的一些知识总结如下。

- 对于导入的"位图对象"，"打散"后将变成填色类型的分散色块和线条。
- 对于"文本对象"，第一次"打散"后变为单个的"字符"对象，再一次"打散"，变成"轮廓线"图形。
- 对于"组合对象"，"打散"后还原成"组合"前的状态。
- 对于导入的"矢量图形"，"打散"后分离为独立的"矢量路径"，再"打散"就变为"矢量色块"或"线条"。
- 对于"图形实例"，"打散"后与"元件"脱离了内在关系，从此它成了舞台中的一个"孤立元素"。
- 对于"按钮实例"，"打散"后变成一个单帧的元素，显示为原按钮第一帧的内容。
- 对于"影片剪辑实例"，"打散"后变成一个单帧的元素，其内容为原影片剪辑元件中的第一帧，如果有多个图层，那么为第一帧的内容叠加。

2．交换实例

用户可以为舞台上的实例指定其他的元件，而保存原来实例的一切属性，如颜色、透明度、动画等，而不必在替换实例后重新对属性进行编辑。这一功能可以为修改影片剪辑元件的工作带来方便。例如，在卡通影片中可以将一个演员替换成另一个演员，同时保持原来演员的动作和相关设置。

使用选择工具在舞台中选中一个元件的实例，单击属性面板中的"交换…"按钮，在弹出的"交换元件"对话框中选择要替换的元件，如图 4-19a 所示，最后单击"确定"按钮即可交换实例的操作。

在"交换元件"对话框左下方有一个"直接复制元件"按钮，单击此按钮，将会弹出"直接复制元件"对话框，如图 4-19b 所示，在该对话框中可以为复制元件命名，然后单击"确定"按钮，可以快速复制一个元件，这样就可以在"交换元件"对话框中看到该元件。

4.2.4 案例精讲——赤壁之战

【案例：赤壁之战】操作步骤如下。

1）执行菜单"文件"→"打开"命令，在弹出的对话框中选择"配套光盘\【项目4】元件与库资源的管理\设计素材\[素材]赤壁之战.fla"，如图 4-20a 所示。在库中已经准备好了士兵的元件，选择"窗口"→"库"命令，打开库面板，分别单击影片剪辑元件"曹军"和"孙刘联军"，可以在预览窗口中查看元件的内容，如图4-20b和图4-20c所示。

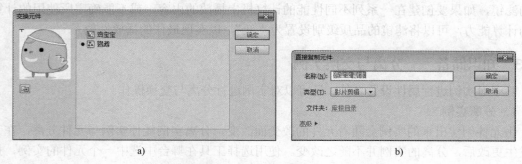

a)   b)

图4-19 "交换元件"与"直接复制元件"对话框

a)   b)   c)

图4-20 打开素材

2）在库面板中选中元件"曹军"，将它拖放到舞台上，这样就在舞台上创建了一个"曹军"元件实例，并调整该实例的大小。

3）选择舞台上的士兵，执行"编辑"→"复制"命令，再执行"编辑"→"粘贴到中心位置"命令，复制出一个士兵，使用选择工具按住复制出来的士兵进行拖动，如果在拖动士兵之前启用了选择工具选项栏中的"贴紧至对象"功能，可以让两个士兵进行自动的对齐。使用同样的方法再复制出8个士兵，总共10个士兵，整齐地排列在一起，如图4-21a所示。

4）使用选择工具，在舞台上按住鼠标左键进行拖动，拖出一个选择框，将一排10个士兵全部选中，执行"编辑"→"复制"命令，再执行"编辑"→"粘贴到中心位置"命令，这样就复制出了一排士兵，并调整其位置，如图4-21b所示。

5）使用同样的方法，继续复制6排士兵，然后选中库面板中的元件"孙刘联军"，将它拖放到舞台上，这样就在舞台上创建了一个"孙刘联军"元件实例，并调整该实例的大小。

6）选择舞台上的"孙刘联军"实例，执行"编辑"→"复制"命令，再执行"编辑"→"粘贴到中心位置"命令，复制出两个士兵并调整其位置，如图4-22a所示。

7）选中"曹军"和"孙刘联军"部分实例，在属性面板中的"色彩效果"选项区域内，将样式设置为"高级"，蓝色百分比设置为"-100"，可改变部分实例的显示颜色，如

图 4-22b 所示。

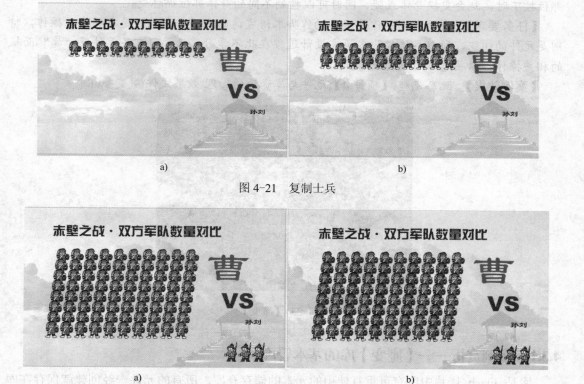

图 4-21 复制士兵

图 4-22 复制元件与改变元件属性

8）执行"文件"→"另保存"命令，文件命名为"赤壁之战.fla"，按〈Ctrl+Enter〉组合键预览并测试动画的显示效果，效果如图 4-15 所示。

注意事项 "元件"和"实例"的关系，可以理解为"本质"与"现象"的关系。①对于同一种"本质"，不同的人会看到不同的"现象"，所以同一个"元件"可以创建不同外观的"实例"。②对于同一种"本质"，同一个人看到的"现象"可能会随着时间的发展而变化，但是不管"现象"怎么变，都不会影响到"本质"，所以改变"实例"，不会影响到"元件"。③"本质"的变化会引起"现象"的变化，所以"元件"的变化会引起"实例"的变化。使用元件和实例有两个"凡是"原则，凡是要复制两次以上的对象，必须考虑使用元件；凡是要以整体形式进行动作补间或者程序控制的对象，一定要使用元件。这是针对动画和编程过程中的操作原则，在以后的项目中将会体现出来。

4.3 任务 3——使用库来管理媒体资源

【任务背景】 本案例在制作中使用库对各种元件进行分门别类的管理，极大地方便了设计，效果如图 4-23 所示。当鼠标在人物头部按下时，人物就会更换头部，当在身体或腿的部位按下时，就会更换身体或腿，同时可以控制不同的身体部位循环变化。

【任务要求】 由于本例制作使用了动作脚本语言，而本项目研究的是有关库的操作，特别是元件的组织，所以具体的脚本语言设计过程在此不学习，只学习有关元件及"库"面板的相关操作，以熟悉库面板的使用。

【案例效果】 配套光盘\【项目 4】元件与库资源的管理\效果文件\魔变.swf

图 4-23 【魔变】

4.3.1 案例赏析——【魔变】库的基本管理

库是 Flash 影片中所有可重复使用的元素的储存仓库，所有的元件一经创建就保存在库中，导入的外部资源，如视频文件、位图、声音文件等，也都保存在库中。"库"是使用频率最高的面板之一，使用库可以对各种可重复使用的资源进行合理的管理和分类，从而方便在编辑影片时使用这些资源。灵活使用库、合理管理库，对于动画制作无疑是极其重要的。

以案例【魔变】来学习库的基本管理，执行菜单"文件"→"打开"命令，在弹出的对话框中选择"配套光盘\【项目 4】元件与库资源的管理\源文件\魔变.fla"，执行菜单"窗口"→"库"命令，打开库面板，如图 4-24a 所示。

当用户选择"库"面板中的项目时，"库"面板的顶部会出现该项目的缩略图预览。如果选定项目是影片剪辑、声音或视频文件时，则可能使用库预览窗口或"控制器"中的"播放"按钮预览该项目。库的名称和文档的名称是一样的，如果是新建的 Flash 文档，则以"未命令-1"的形式显示，当 Flash 文档保存后，库的名称也会随之改变。可以在库中使用文件夹来组织库中的各种资源，库面板中各个选项的含义如下。

● "下拉菜单"按钮：单击它能打开库面板菜单，如图 4-24b 所示。
● "新建库面板"按钮：可以新建一个库面板，使舞台上可以显示多个库面板。
● "固定当前库"按钮：固定显示当前打开的库，不管是否打开其他源文件，它总显示在舞台上。
● "新建元件"按钮：单击它，会弹出"添加新元件"对话框，用来新增元件。
● "新建文件夹"按钮：单击它能在"库"中新增文件夹。
● "属性"按钮：单击它能打开"元件属性"对话框，在对话框中可改变元件的属性。

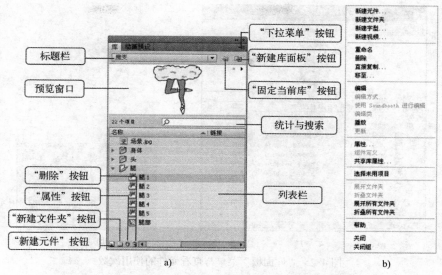

图 4-24 "库"面板与"库"面板菜单

- "删除"按钮：单击它能删除被选中的元件和文件夹。
- "统计与搜索"按钮：用于显示当前库中所包含的项目数，用户可在右侧文本框中输入项目关键字，快速锁定目标项目，此时左侧会显示搜索结果数目。

1．元件项目列表的使用

在图 4-24a 中，占据库面板大部分空间的是"元件项目列表"，它采用"可折叠文件夹"树状结构。一个较大的动画作品，往往拥有几百个元件，利用它为动画中所有元件做有序归类，有利于管理和使用元件。在"魔变"这个动画中，有 3 类相对较多的元件：头部元件、腿部元件、身体元件，所以建立了 3 个文件夹存放相应的元件，要想让动画人物能"变"得更多的话，还可以往这些文件夹中添加相应的元件，分门别类有利于管理。元件项目列表"的文件夹还可以"嵌套"，但过于复杂的文件夹嵌套，反而不太方便使用。

要把元件移动到某个已经存在的文件夹中，可以用鼠标按着该元件往文件夹拖放，而批量元件放进某个不存在的文件夹时，可以先选择相关"元件项目"，然后打开面板菜单，选择"移至新文件夹"命令。想选择连续的多个项目时，可以按下键盘上的〈Shift〉键，然后单击连续的首尾元件；想选择不相邻的多个项目时，可以按下键盘上的〈Ctrl〉键，然后逐个单击需要选择的元件。

2．元件排序

"元件项目列表"的顶部，有 5 列项目，如图 4-25a 所示，它们分别是"名称"、"类型"、"使用次数"、"链接"和"修改日期"。单击某一列，"项目列表"就按其标明的内容排列，再次单击可以切换为反序，这样就可以以各种排序方式来查看元件。

3．元件及文件夹更名

先选择某元件或文件夹，打开图 4-24b 所示的"库"菜单，单击"重命名"命令，或者直接在某元件或文件夹的"名称"处双击，删除原来的名称，输入新的名称，按回车键确认，这样就能为元件或文件夹更名。不过，使用后一种方法要注意，如果"双击"时鼠标处在元件的"类型图标"上，那么其结果将是打开该元件进入元件编辑模式。

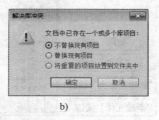

a)   b)

图 4-25 "库面板"菜单与查看元件的使用次数

　　在 Flash 环境中，一般情况下可能没有关注"元件名"，Flash 会自动将新元件以"元件1"、"元件 2"、"元件 3"等的规则命名。元件更名不仅仅是为了便于识别，还有一个更重要的理由，即预防从外部导入元件时发生冲突。

　　4．解决库冲突

　　在设计制作过程中，有时需要从已有的动画作品中复制元件，把该元件"粘贴"进舞台时，极有可能与当前"库"中某元件重名，这时会弹出如图 4-25b 所示的警告窗口。

　　如果选择"不替换现有项目"，则复制元件操作失败，而选择"替换现有项目"，那么原来的元件被清除出"库"，一旦单击"确定"，其结果不可恢复。"将重复的项目放置到文件夹中"是 Flash CS6 中新增的选项，可将重复的项目放入新的文件夹中，从而解决同名元件导入库时发生的冲突。在遇到库冲突时，请不要执行 "文件"→"保存"命令，补救的方法是执行"文件"→"还原"命令，一切恢复原样，不过上一次存盘后的操作成果却不能恢复了。在设计时要养成一个良好习惯，正常操作一段时间后，及时保存文档。

　　在制作 Flash 时，往往不会满足于自己创建的"动画元素"，经常需要从外部导入到库中，表现形式如下。

　　（1）位图被导入"舞台"后，在"库"中直接为其创建一个"元件"对象，而它在"舞台"上的图片也就被称作为"某元件的实例"，对此类"实例"仅能进行"动作变形"及改变位置、大小、方向等简单的编辑，要进行更复杂的编辑，必须将其转化为元件。

　　（2）声音被导入"舞台"后，在"舞台"上什么也看不到，在"库"中，声音自动被定义为"元件"，它在"舞台"上的"实例"应用，可以在帧的"属性"面板中设置，对于声音在"舞台"上的每个"实例"，可以进行特效处理，而不影响声音"元件"在"库"元件中的原来特征，利用这一特点，可以仅用一个声音文件在动画中得到不同的声音效果，由于音乐文件一般较大，从而节省大量资源。

　　（3）视频被导入"舞台"后，同样在"库"中为其定义了一个"元件"，此类元件实际上是一个"封装"了的"动画序列"，仅能改变其位置和大小，不能进行更复杂的操作。

（4）矢量图形被导入"舞台"后仅出现在"舞台"中，"库"中没有其相对应的"元件"，"舞台"中的矢量图形保留了原来绘制过程中的全部"路径"结构，这是动画制作中最得心应手的动画元素。

（5）当在"场景"中输入一段文字后，它以一种较特殊的"组合"方式出现，在未把"组合"解散前，仍然可以编辑它，包括文字内容、字体、字号、颜色等属性，更重要的是，还可以赋予文本对象以特定"角色"，那就是"静态文本"、"动态文本"、"输入文本"等，默认的是"静态文本"。而一旦解散这种"组合"，它就同一般的矢量图形无异。

5. 清理多余项目

随着动画制作过程的进展，库项目将变得越来越杂乱，在库面板中，不可避免地会出现一些元件，它们一次也没使用过，白白地浪费着宝贵的源文件空间。从库面板菜单中单击"选择未用项目"命令，Flash 会把这些未用的元件全部选中，这时可以单击菜单中的"删除"命令，也可以直接单击删除按钮，将它们删除。

这样的操作，可能得重复几次，因为有的元件内因为嵌套关系还包含大量的"子元件"，第一次显示的往往是"母元件"，"母元件"删除后，未被使用的"子元件"才会显现出来。另外，该命令有时对一些多余的位图元件起不了作用，只能手工清除。经过清理的"库"面板，不仅看上去整洁多了，而且会使源文件（*.fla）大大缩小。

4.3.2 任务拓展——公用库的使用

公用库面板和库面板在形式上没有什么区别，可以把公用库理解为库的一种特殊形式，它是 Flash 自带的库，可以直接拖入舞台后编辑使用。在 Flash CS6 中，执行菜单"窗口"→"公共库"，可以打开一些公用库。在"公用库"菜单列表中，可以看到 Flash CS6 提供了 3 个类别的"元件"，分别为"声音"、"按钮"、"类"。如图 4-26a 所示，是"声音"公用库，有 186 个项目，用鼠标选中其中一个项目，通过预览窗口可以看到这是声音文件；如图 4-26b 所示，是"按钮"公用库，有 277 个项目，鼠标选中的是"circle bubble blue"项目，通过预览窗口可以看到这是一个"按钮"元件；如图 4-26c 所示，是"类"公用库，只有 3 个项目，鼠标选中的是一个"Web Service Classes"项目，通过预览窗口可以看到这是一个"Web 服务类"元件。

选择其中的一个类别，在"舞台"上出现一个相应的"公用元件库"，和大家熟悉的库一样，可以从公用元件库中把元件拖放到当前文档的库内，或者直接拖放到舞台，使用起来比较方便，但也有一定的区别，例如不能对公用库的元件进行重命名、移动到另外一个文件夹等。如果注意观察很多的 Flash 作品，就会发现其中不少的作品中有很熟悉的元件，它们都是使用了公用库中的元件，这将大大提高动画设计的工作效率。

公用库的这 3 类元件实质上是分别存放在 3 个 Flash 源文件内的库资源，在系统的 Flash 软件默认库目录下 C:\Program Files\Adobe\Adobe Flash CS6\ Common\Configuration\Libraries 有"Sounds.fla"、"Buttons.fla"、"Classes.fla" 3 个文件，它们各自的库被作为 Flash 的公用库，出现在"公用库"菜单上。其实自己制作的元件，或者收集的素材也可以扩充到"公用库"中，像使用公共库元件一样使用自己精心制作的各类元件。

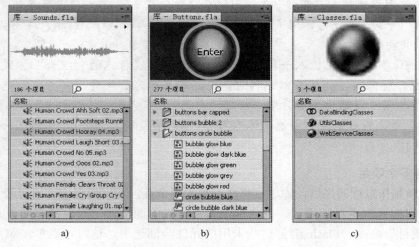

图 4-26 公用库

操作方法为：选择要扩充元件所在的源文件，可以选择两个案例的源文件（"电.fla"和"魔变.fla"），将选中的文件复制到系统的 Flash 软件默认库目录 C:\Program Files\Adobe\ Adobe Flash CS6\ Common\Configuration\Libraries 下，如图 4-27a 所示。

图 4-27 为 Flash CS6 增加两个公用库

运行 Flash CS6，执行菜单"窗口"→"公用库"命令，将看到在公用库菜单中出现增加进去的"电"和"魔变"两个公用库，如图 4-27b 所示。

4.4 项目实训——天才鼓手

4.4.1 实训目标

在使用 Flash CS6 进行动画设计时，经常要对元件进行复制，元件的复制能大大地缩小文件量，提高工作效率。通过本实训来学习复制元件的两种不同的操作方法，同时理解复制元件和复制实例之间的区别。

4.4.2 实训要求

天才鼓手有 9 面鼓，如果逐一来制作这 9 个按钮元件的话非常麻烦，可以利用库中已设计好的"鼓面"按钮为原形，复制出另外 8 个按钮，然后再适当对这个元件进行变形，即可得到需要的案例效果，如图 4-28 所示。"配套光盘\【项目 4】元件与库资源的管理\设计素材\[素材]天才鼓手.fla"为素材文件，"FLA 源文件"文件夹有样例文件"天才鼓手.fla"，仅供参考。

4.4.3 实训步骤

图 4-28 【天才鼓手】

1）执行菜单"文件"→"打开"命令，在弹出的对话框中选择"配套光盘\【项目 4】元件与库资源的管理\设计素材\[素材]天才鼓手.fla"，如图 4-29 所示。

图 4-29　素材与库面板

2）通过"库"面板对元件进行复制：选择库中的"鼓面"按钮元件，然后单击库面板右上角的"下拉菜单"按钮，在弹出的菜单中选择"直接复制"命令（或者在库中的"鼓面"按钮元件上单击鼠标右键，在弹出的快捷菜单中选择"直接复制"命令），弹出"直接复制元件"对话框，在该对话框中可以输入元件名"中左"名称和类型以及一些高级属性，如图 4-30a 所示。单击"确定"按钮，然后将按钮元件"中左"从库面板中拖入到舞台中架子鼓上的适当位置。

3）通过"舞台"上的实例来复制元件：在舞台上选择中部左边的"中左"按钮元件，执行菜单"修改"→"元件"→"直接复制元件"命令（或者在该实例上单击鼠标右键，在弹出的快捷菜单中选择"直接复制元件"命令），将会弹出"直接复制元件"对话框，如图 4-30b 所示（请注意与图 4-30a 的区别）。在该对话框中输入复制后元件的名称，然后单击

"确定"按钮即可。对元件进行复制后，舞台上的实例也相应地变成复制后元件的实例。

图 4-30 "直接复制元件"对话框

4）将按钮元件"中右"从库面板中拖入舞台中架子鼓上适当的位置，以同样的方法完成另外 7 面鼓的制作，将其拖入舞台中并运用"变形工具"调整其形状，如图 4-28 所示。

5）为了给各个鼓按钮增加效果，可以为其指定不同的声音，按〈Ctrl+Enter〉组合键预览并测试动画的显示效果。

4.5 技能知识点考核

一、填空题

（1）Flash 中的元件有 3 种基本类型：_____、_____和_____。

（2）有时需要将一个元件的实例替换为当前文档库中的另外一个元件的实例，这时，不必重新建立整个动画，只需使用_____功能即可。

（3）在 Flash 中，用户可以使用_____对元件进行管理和编辑。

二、选择题（1～3 单选，4 多选）

（1）已打开了两个 Flash 文档，将 A 库中的元件复制到 B 库中，正确的操作方法是（   ）。

    A. 按两次〈Ctrl+L〉键同时打开两个库，从 A 库中拖曳对象到 B 库中

    B. 按下〈Ctrl+L〉键打开 A 库面板，单击新建库面板按钮，从 A 库中拖曳对象到 B 库中

    C. 按下〈Ctrl+L〉键打开 A 库面板，单击新建库面板按钮，在新库的多库切换列表中选择另一文档名打开它的库，从 A 库中拖曳对象到 B 库中

    D. 按下〈Ctrl+L〉键打开 A 库面板，在多库切换列表中选择另一文档名打开它的库，从 A 库中拖曳对象到 B 库中

（2）要替换元件 A 为元件 B 的图案，又需保留元件 A 的原始属性，用到的操作是（   ）。

    A. 修改元件行为　　　　　　　　　B. 交换元件

    C. 删除并从库中拖入新对象　　　　D. 转换元件

（3）下列（   ）不是 Flash CS6 自带的公用库。

    A. 按钮　　　　　B. 类　　　　　　C. 学习交互　　　　　D. 声音

（4）关于元件和实例的类型，以下说法中错误的是（   ）。

    A. 可以改变元件的类型，但不能改变实例的类型

B. 可以改变实例的类型，但不能改变元件的类型

C. 元件类型改变后，所有由其生成的实例类型随之改变

D. 元件和实例的类型都可以改变

三、简答题

（1）Flash CS6 中的元件有哪几类，各有什么用途？

（2）创建图形元件有几种方法？有几种编辑元件的方法，分别如何操作？

4.6　独立实践任务

（1）【任务要求】　根据本项目所学习的知识，利用素材（配套光盘\【项目 4】元件与库资源的管理\实践任务\设计素材\[素材]动感案例.fla）库面板里的元件来制作【动感按钮】，效果如图 4-31 所示。[提示：在按钮的"指针经过帧"和"按下帧"建立多个图层来放置不同的对象以实现最终的效果。]

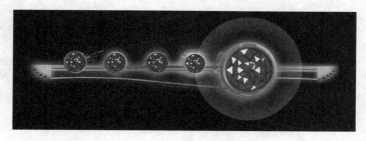

图 4-31　【动感按钮】

（2）【任务要求】　根据本项目所学习的知识，打开素材（配套光盘\【项目 4】元件与库资源的管理\实践任务\设计素材\[素材]小小音乐家.fla）来制作【小小音乐家】，如图 4-32a 所示，将其中的白云图形转换为图形元件，并复制两个，调整为不同的大小及透明度，再利用库中的"人物 01"和"人物 02"图形元件，进行交换，其前后的效果如图 4-32b 所示。

a)　　　　　　　　　　　　　　　b)

图 4-32　【小小音乐家】

（3）【任务要求】　根据本项目所学习的知识，利用素材（配套光盘\【项目 4】元件与库资源的管理\实践任务\设计素材\"动画场景.jpg"和"[素材]聊天狂人.fla"），使用"打开"

→"导入"→"打开外部库"命令，利用其中的 3 个影片剪辑元件分别制作 3 个场景动画【聊天狂人 1】、【聊天狂人 2】、【聊天狂人 3】，如图 4-33a、图 4-33b、图 4-33c 所示。

a)   b)   c)

图 4-33 【聊天狂人】

项目 5   Flash 基本动画制作

 项目概述

    Flash 最主要的功能是制作动画，它是通过更改连续帧上的内容来创建的。在制作动画的过程中，可以先制作关键帧画面，关键帧之间的内容可以由 Flash 自动产生。通过本项目的学习，学会和掌握利用 Flash CS6 基本动画的制作，体会到 Flash 动画迷人的魅力。

 知识目标

- 理解帧的概念和补间的原理
- 熟悉逐帧和补间动画的制作，并区分各种补间动画的不同
- 掌握动画预设的使用方法与技巧

 技能目标

- 能够制作逐帧动画、形状补间动画、传统补间动画与补间动画，并掌握各种设计技巧
- 能使用动画预设快速制作各种特效动画，并自定义动画预设

5.1   任务 1——创建逐帧动画

    【任务背景】 制作骏马奔跑的动画效果，最简单、最快捷的方法就是导入已有图像序列来创建逐帧动画，如图 5-1 所示，可以很清楚地看到骏马奔跑时身体各部分的运动情况，播放时就能"逐帧"播放，形成连贯的动画。

    【任务要求】 通过提供的素材，导入图片序列以及不同类型的图片来分别创建逐帧动画，熟悉帧的概念及相关的操作。

    【案例效果】 配套光盘\【项目 5】Flash 基本动画制作\效果文件\赛马.swf

    Flash 动画的播放原理与传统动画类似，都是让很多幅图片按照规定的次序，依次进行快速的叠现，每一幅图片就叫做一个"帧"。帧是 Flash 动画最基

图 5-1 【赛马】

本的概念，每一个动画都是由不同的帧组合而成。在介绍逐帧动画之前，先介绍一下"帧"的概念。

5.1.1　知识储备——帧的简介

帧就像是电影的底片，它存储了动画中所有的元素，可以把动画中最短时间内出现的画面看作是帧。在 Flash 动画中，帧不仅可以存储动画画面，还可以为特定的帧添加语句，从而实现比较复杂的动画效果。在 Flash CS6 中根据不同显示状态可以将帧分为关键帧、普通帧和过渡帧 3 种，不同的帧，意义也各不相同。

1. 关键帧

在制作动画的过程中，在某一时刻需要定义对象的某种新状态，这个时刻所对应的帧称为关键帧。关键帧是变化的关键点，如补间动画的起始帧和结束帧以及逐帧动画的每一帧，都是关键帧。补间动画在动画的重要时间点上创建关键帧，再由 Flash 创建关键帧之间的内容。实心圆点表示有内容的关键帧，即实关键帧，空心圆点表示无内容的关键帧，即空白关键帧。图层的第一帧被默认为空白关键帧，可以在上面创建内容，一旦创建了内容，空白关键帧将转换为实关键帧。关键帧数目越多，文件体积就越大，所以同样内容的动画，逐帧动画的体积比补间动画大得多。

2. 普通帧

普通帧也称为静态帧，在时间轴中显示为一个矩形单元格。无内容的普通帧显示为空白单元格，有内容的普通帧显示出一定的颜色。在实关键帧后面插入普通帧，则所有的普通帧将继承该关键帧中的内容，也就是说后面的普通帧与关键帧中的内容相同。

3. 过渡帧

过渡帧实际上也是普通帧，它包括了许多帧，但其中至少要有两个帧：起始关键帧和结束关键帧。起始关键帧用于决定对象在起始点的外观，而结束关键帧则用于决定对象在终点的外观。在 Flash 中，利用过渡帧可以制作两类过渡动画，即运动过渡和形状过渡。不同颜色的过渡帧代表不同类型的动画，在帧上面的一些箭头、符号和文字等信息，用于识别帧的类别，详细介绍如表 5-1 所示。

表 5-1　时间轴上的帧外观

指针状态	含义及功能
	补间动画通过黑色圆点指示起始关键帧和结束关键帧，中间的过渡帧具有浅蓝色的背景
	传统补间用黑色圆点指示起始关键帧和结束关键帧，中间的过渡帧有一个浅蓝色背景的黑色箭头
	补间形状用黑色圆点指示起始关键帧和结束关键帧，中间的帧有一个浅绿色背景的黑色箭头
	虚线表示补间是断开的或者是不完整的，例如丢失结束关键帧时
	单个关键帧用一个黑色圆点表示，单个关键帧后面的浅灰色帧包含无变化的相同内容，在整个范围内的最后一帧还有一个空心矩形
	出现一个小 "a" 表明此帧已使用动作面板分配了一个帧动作
标签	红色小旗标记表明该帧包含一个注释，用于在编辑中进行提示性的说明，在导出成 SWF 文件以后，标签上的注释将会被清除，以减小文件体积，虽然在设计的时候需要注释，但在程序工作过程中是不需要注释的
标签	绿色双斜线表明该帧包含一个注释，用于程序的跳转，在编程的时候，可以让播放头跳转到某个名称的帧
标签	黄色锚标记表示该帧包含一个锚记，用于嵌入网页的 SWF 文件，它们可以通过网页浏览器中的 "前进" 和 "后退" 按钮来进行跳转

对于帧的相关操作，要遵循"先选择后操作"的原则，即首先选择帧，在时间轴面板中，单击一个帧，可以看到它变成黑色，表示已经把它选中；按住未选中的帧进行拖动，可以将多个帧变成黑色，表示选中了多个帧；选中了帧之后，就可以进行操作了，主要包括插入、删除、复制、翻转帧、改变动画的长度以及清除关键帧等，操作方法如下。

● 如果按住选中的帧进行拖动，那么可以改变这个帧的位置。
● 右键单击选中的帧，在弹出的快捷菜单中选择命令。
● 在 Flash 菜单栏中，通过菜单"编辑"→"时间轴"、"插入"→"时间轴"或者"修改"→"时间轴"命令，可以选取与帧操作相关的命令。

> **注意事项** 对于帧这个概念，还应会设置帧频（fps）。帧频是动画播放的速度，以每秒播放的帧数为度量。例如，某个影片在播放的时候，每秒钟播放 15 帧，那么帧频就是"15 帧每秒"，也就是"15 frames per second"。帧频太慢会使动画看起来一顿一顿的，帧频太快会使动画的细节变模糊，一般要求将帧频率设置在 12~30fps 之间。在播放动画的时候，实际帧频会小于或者等于设置的帧频。例如，一个帧频为 24 fps 的动画，在播放的时候，一般每秒钟会播放 24 帧；但是如果有些帧的内容比较复杂，而且计算机的性能不够高，那么可能在某一秒钟只能播放 22 帧或者 20 帧，这时的帧频就会临时变成 22 fps 或者 20fps 了。

5.1.2 知识储备——逐帧动画的应用

将动画中的每一帧都设置为关键帧，在每一个关键帧中创建不同的内容，就称为逐帧动画。这就像播放影片一样，将一个连续的动作分解成若干只有微小变化的静态图片，将这些静态图片快速连续播放，根据视觉暂留原理，人的眼睛会将原来并不连续的静态图片看成一个连续的动作。制作逐帧动画的最常用方法有 4 种，下面分别进行介绍。

1. 绘制矢量逐帧动画

可以用鼠标或压感笔等在场景中一帧帧地画出帧内容，制作矢量逐帧动画。因为要逐帧来绘制，所以制作过程比较烦琐，在此仅以【案例：火柴人】和【案例：江南春】来欣赏学习，效果如图 5-2 所示，不列举具体的操作步骤，以下案例都相同。

a)

b)

图 5-2 【火柴人】与【江南春】

2．文字逐帧动画

用文字作帧中的元件，实现文字跳跃、旋转等特效。【案例：汉字笔顺】通过打散文字逐帧得到汉字每笔书写的形状，【案例：start】通过修改舞台中对应帧里相应字母的大小，制作文字跳动的动画效果，如图5-3所示。

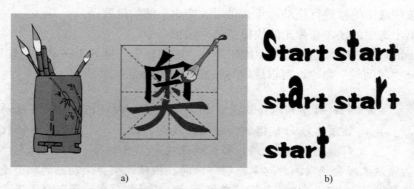

a)   b)

图5-3　【汉字笔顺】与【start】

3．导入图片建立逐帧动画

当向Flash CS6中导入图像时，有两种类型的图片可以形成逐帧动画。① 序列图像：包括 GIF 序列图像、SWF 动画文件，以及利用第三方软件制作的序列图像（如 Swish、Swift 3D 等），这些序列图像有类似帧的结构，Flash 会进行相应帧到帧的转换工作；② 静态图片：JPG、PNG 等格式的静态图片，如果导入的图像文件名以数字结尾，Flash 会自动将其识别为图像序列，并提示是否导入图像序列，如图5-4所示。

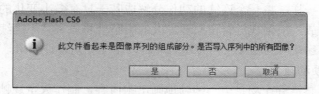

图5-4　Flash CS6 导入提示对话框

【案例：江南水乡】通过导入素材制作水面波纹荡漾的逐帧动画，【案例：相机 3D 展示】通过相机的 3D 图制作有 3D 效果的逐帧动画，如图5-5所示。

a)   b)

图5-5　【江南水乡】与【相机 3D 展示】

4. 指令逐帧动画

在时间帧面板上写入动作脚本语句来完成元件逐帧的变化，在后面项目会进行介绍。【案例：旅游飞字广告】通过脚本语言控制文字一个个地出现，类似逐帧动画，如图5-6所示。

图 5-6 【旅游飞字广告】

5.1.3 案例精讲——赛马

下面以两种方法完成【案例：赛马】的制作，操作步骤如下。

1）执行菜单"文件"→"新建"命令，在弹出的对话框中依次选择"常规"→"Flash文件（Action Script 3.0）"选项后，单击"确定"按钮，新建一个影片文档，然后执行菜单"文件"→"保存"命令，文件命名为"赛马.fla"。

2）选中第 1 帧，执行菜单"文件"→"导入"→"导入到舞台"命令，导入素材文件"配套光盘\【项目5】Flash 基本动画制作\设计素材\赛马 1.bmp"，会弹出如图5-4所示的对话框，按照上面的提示进行自动导入 11 张图片的操作。（第一种方法）

3）选中第 1 帧，执行菜单"文件"→"导入"→"导入到舞台"命令，导入素材文件"配套光盘\【项目5】Flash 基本动画制作\设计素材\赛马.gif"到舞台，"赛马.gif"为 GIF 序列图像文件，可以按照顺序分解为 11 张图片。（第二种方法）

4）第一种方法导入的位图处于场景的中部，第二种方法导入的 GIF 序列文件处于场景的左上角，根据设计的需要还可以调整这些对象的位置，如图5-7所示。

5）按下快捷键〈Ctrl+S〉保存文件，然后执行"控制"→"测试影片"命令，或按下快捷键〈Ctrl+Enter〉，测试动画文件的效果，如图5-7所示。

要想一次性调整多个帧中图像的位置，较简便的方法是使用绘画纸的功能，可以在编辑动画的同时查看多个帧中的动画内容。单击时间轴面板下方的"编辑多个帧"按钮，再单击"修改绘图纸标记"按钮，在弹出的菜单中选择"绘制全部选项"，执行"编辑"→"全选命令"，然后用鼠标拖动场景左上方的骏马图形，将 11 帧中的图片一次性地移动到想要的位置。"时间轴"面板中各按钮的功能及含义如下。

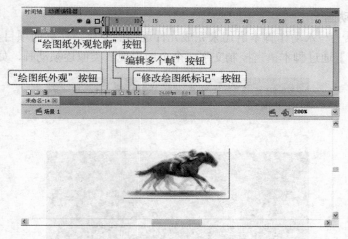

图 5-7 赛马

- "绘图纸外观"按钮：单击此按钮，开启"绘图纸外观"功能，按鼠标左键拖动时间轴上的游标，可以增加或减少场景中同时显示的帧数量。在根据需要调整显示的帧数量后，即可在场景中看到选中帧和其相邻帧中的内容。
- "绘图纸外观轮廓"按钮：单击该按钮，可将除当前帧外所有在游标范围内的帧以轮廓的方法显示。
- "编辑多个帧"按钮：单击该按钮，可对处于游标范围内，并显示在场景中所有关键帧中的内容进行编辑。
- "修改绘图纸标记"按钮：单击该按钮将打开相应的快捷菜单，在快捷菜单中可对"绘图纸外观"是否显示标记、是否锚定绘图纸以及对绘图纸外观所显示的帧范围等选项进行设置。

5.2 任务 2——创建形状补间动画

【任务背景】 本案例主要通过形状补间动画变幻出各种奇妙的变形效果，表现了中国古代文字篆书之美，也展现了 Flash 魔术般的变化，各个项目的效果如图 5-8 所示。

图 5-8 【奥运篆书】

【任务要求】 主要通过形状补间动画，编辑完成各个奥运体育项目的篆书形状渐变变化，从而熟悉形状补间动画的创建与编辑。

【案例效果】 配套光盘\【项目5】Flash基本动画制作\效果文件\奥运篆书.swf

5.2.1　知识储备——形状补间动画的特点

经常会在电视、电影中看到由一种形态自然而然地转换成为另一种形态的画面，这种功能被称为变形效果。在Flash中，形状补间就具有这样的功能，能够改变形状不同的两个对象。补间动画是创建随时间变化的动画的一种有效方法，制作好若干关键帧的画面，通过计算生成中间各帧，使得画面从一个关键帧过渡到另一个关键帧，Flash只保存在帧与帧之间更改的值，可以最大限度地减小所生成的文件大小。

在一个关键帧中绘制一个形状，然后在另一个关键帧中更改该形状或绘制另一个形状，Flash根据二者之间的帧的值或形状来创建的动画被称为"形状补间动画"。在补间动画中，形状补间动画是非常重要的表现手法之一，运用它可以变幻出各种奇妙的变形效果。

形状补间动画可以实现两个图形之间颜色、形状、大小、位置的相互变化，其变形的灵活性远远高于逐帧动画，使用的元素多为绘画出来的"形状"，如果使用图形元件、按钮、文字，则必先"打散"，将其转换为"形状"，才能创建形状补间动画。

创建形状补间动画的具体操作步骤为：在时间轴面板上动画开始播放的地方创建或选择一个关键帧并设置初始的形状（例如矩形），一般一帧中以一个对象为最佳，在动画结束处创建或选择一个关键帧并设置要变成的形状（例如圆形），再单击开始帧，按鼠标右键在弹出的快捷菜单中选择"创建补间形状"命令，此时时间轴面板的背景色变为淡绿色，在起始帧和结束帧之间有一个长长的箭头，如图5-9所示。执行"控制"→"测试影片"命令，就可以看到动画效果，"矩形"形状随着时间的推移变成"圆形"形状。

如果创建形状补间动画失败，时间轴面板的背景色仍会变为淡绿色，但在起始帧和结束帧之间会出现一条长长的虚线，在属性面板上会出现 ⚠ 按钮，表示在包含元件或组合对象的图层上不会发生形状补间动画。此时应检查关键帧是否丢失或是关键帧的内容是否为"形状"。

Flash的"属性"面板随鼠标选定的对象不同而发生相应的变化。当建立了一个形状补间动画后，单击时间轴中该动画的任意帧，如图5-9所示，属性面板上有两个参数。

- "缓动"选项：将鼠标放置在其右边的数字上方，出现双向箭头，向左或向右拖动此箭头可以调节参数值，当然也可以在文本框中直接输入具体的数值，设置后，形状补间动画会随之发生相应的变化。数值在 -100 到 -1 的负值之间，动画运动的速度从慢到快，朝运动结束的方向加速补间；数值在 1 到 100 的正值之间，动画运动的速度从快到慢，朝运动结束的方向减慢补间；默认情况下，补间帧之间的变化速率是不变的。

- "混合"选项：它支持两个子选项："角形"选项，创建的动画中间形状会保留有明显的角和直线，适合于具有锐化转角和直线的混合形状；"分布式"选项，创建的动画中间形状比较平滑和不规则，形状变化得更加自然。

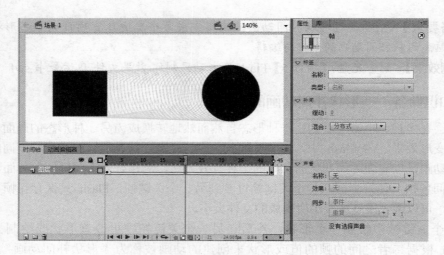

图 5-9　形状补间动画的时间轴与属性面板

5.2.2　案例精讲——奥运篆书

【案例：奥运篆书】操作步骤如下。

1）执行菜单"文件"→"新建"命令，在弹出的对话框中选择"常规"→"Flash 文件（ActionScript 3.0）"选项后，单击"确定"按钮，新建一个影片文档，在"属性"面板中单击"文档属性"按钮，打开"文档属性"对话框，在"尺寸"文本框中输入"500"和"400"，帧频设置为 12，然后执行菜单"文件"→"保存"命令，文件命名为"奥运篆书.fla"。

2）双击"图层 1"，将图层的名称修改为"背景"，然后选中第 1 帧，执行菜单"文件"→"导入"→"导入到舞台"命令，将"配套光盘\项目 5 Flash 基本动画制作\设计素材\BJ2008.jpg"导入至舞台正中央，如图 5-10a 所示，然后在第 120 帧插入关键帧。

3）执行菜单"文件"→"导入"→"导入到库"命令，将"项目 5 Flash 基本动画制作\设计素材\拳击.ai、羽毛球.ai、棒球.ai 和射箭.ai"导入至库，在时间轴面板上插入新的图层"篆书"，然后选中第 1 帧，将"田径.ai"拖曳至舞台右上方，如图 5-10b 所示。

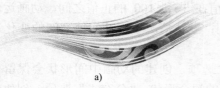

a)

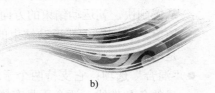

b)

图 5-10　导入素材

4）在第 20 帧插入空白关键帧，将"拳击.ai"拖曳至舞台"田径.ai"所在位置，在第 25

帧插入关键帧，在第 45 帧插入空白关键帧；将"射箭.ai"拖曳至同一个位置，在第 50 帧插入关键帧，在第 70 帧插入空白关键帧；将"羽毛球.ai"拖曳至同一个位置，在第 75 帧插入关键帧，在第 95 帧插入空白关键帧；将"棒球.ai"拖曳至同一个位置，在第 100 帧插入关键帧，在第 120 帧插入空白关键帧；将"田径.ai" 拖曳至同一个位置，然后在各个关键帧中，执行"修改"→"分离"命令，将导入的对象打散。

5）分别选择第 1 帧、第 25 帧、第 50 帧、第 75 帧、第 100 帧，单击鼠标右键，在弹出的命令菜单中选择"创建补间形状"命令，为该图层创建形状补间动画，也可以通过属性面板中的"补间"下拉菜单，为其添加形状补间动画。

6）在时间轴面板上插入新的图层"文字"，选中该层的第 1 帧，选择工具栏上的文字工具，在篆书形状下面输入文字"田径"，设置其"字体"为方正隶变简体，"字体大小"为 32，然后分别选择图层"文字"的第 20 帧、第 45 帧、第 7 帧、第 95 帧插入空白关键帧，并选择文字工具，在篆书形状下面分别输入文字"拳击"、"射箭"、"羽毛球"、"棒球"。

7）按下快捷键〈Ctrl+S〉保存文件，然后执行"控制"→"测试影片"命令，或按下快捷键〈Ctrl+Enter〉，测试动画文件的效果。

5.2.3 任务拓展——动物世界

创建形状补间动画后，动画的效果并不是很理想。Flash 在"计算"两个关键帧中图形的差异时，远不如想象中的那样智能化，尤其前后图形差异较大时，变形结果会显得乱七八糟。对于前后图形形状差异比较大的情况，可以使用"形状提示"这一功能，会大大改善这一情况，加强对变形中间过程的控制，美化变形的结果。它的思路是在图形的"起始形状"和"结束形状"中添加相对应的"参考点"，使 Flash 在计算变形过渡时可以依据一定的规则进行，从而有效地控制变形的中间过程，我们以【案例：动物世界】来学习。

【案例：动物世界】操作步骤如下。

1）执行菜单"文件"→"新建"命令，在弹出的对话框中依次选择"常规"→"Flash 文件（Action Script 3.0）"选项后，单击"确定"按钮，新建一个影片文档，然后执行菜单"文件"→"保存"命令，文件命名为"动物世界.fla"。

2）在第 1 帧上绘制狮子的轮廓图形（或者从"配套光盘\项目 5 Flash 基本动画制作\设计素材\动物.xfl"中获取），然后调整其位置至舞台正中央，如图 5-11a 所示，在第 15 帧上插入空白关键帧，绘制豹子的轮廓图形（或者从素材中获取），然后调整其位置至舞台正中央，如图 5-11b 所示，在第 30 帧插入关键帧，然后在第 45 帧插入空白关键帧，并在该帧上绘制袋鼠的轮廓图形（或者从素材中获取），然后调整其位置至舞台正中央，如图 5-11d 所示。

3）选择时间轴面板上的第 1 帧至第 15 帧之间的任意一帧，按鼠标右键在弹出的快捷菜单中选择"创建补间形状"命令，创建补间形状动画。同样，在第 35 帧至第 45 帧之间也创建形状补间动画，最后在第 65 帧插入帧。

4）执行"控制"→"测试影片"命令可以测试形状补间动画文件的效果。选中时间轴面板的第 1 帧，执行"修改"→"形状"→"添加形状提示"命令，该帧的形状里面就会增加一个带字母的红色圆圈（一般第一个提示是字母"a"），相应地在第 15 帧形状中也会出现一个一模一样的红色圆圈，拖曳该形状至狮子图形的嘴部，然后选中第 15 帧，将提示点拖曳至豹子图形的嘴部并使之变为绿色。

5）使用同样的方法添加另外 4 个形状提示，并分别在第 1 帧和第 15 帧调整提示点的位置，如图 5-11a 和图 5-11b 所示。

6）同样在第 30 帧的开始帧为形状添加形状提示，在第 45 帧的结束帧调整形状提示的位置，如图 5-11c 和图 5-11d 所示。

a)   b)

c)   d)

图 5-11　添加与调整形状提示

7）按下快捷键〈Ctrl+S〉保存文件，然后执行"控制"→"测试影片"命令，或按下快捷键〈Ctrl+Enter〉，测试动画文件的效果。

添加形状提示的小技巧：①在制作比较复杂的变形动画时，形状提示的添加和拖放一定要多方位尝试，每添加一个形状提示，最好播放一下变形效果，然后再对变形提示的位置做进一步的调整。②"形状提示"可以连续添加，最多能添加 26 个（提示编号从字母 a 到 z）。③养成良好的习惯——变形提示从形状的左上角开始按递时针顺序摆放，将使变形提示工作更有效。④形状提示的摆放位置也要符合逻辑顺序。起点关键帧和终点关键帧上各个形状提示点可以分别连成一条线，假如使用 4 个"形状提示"，如果它们在起点关键帧的线上的顺序为 abcd，那么在终点关键帧的同一侧线上的顺序就不能是 acbd，也要是 abcd。⑤形状提示要在形状的边缘才能起作用，在调整形状提示位置前，要打开工具栏上"选项"下面的"吸附开关"，这样会自动把"形状提示"吸附到边缘上，如果你发觉"形状提示"仍然无效，则可以用工具栏上的"缩放工具"单击"形状"，放大到足够大，以确保"形状提示"位于图形边缘上。⑥添加提示并不是能将形状补间动画做得十全十美，对于非常复杂的形状补间动画，还可以在动画中间多设置几个关键帧，将动画分成几个段进行制作，而不是只设置一个开始关键帧和一个结束关键帧。

5.3　任务 3——创建传统补间动画

【任务背景】　本案例主要通过传统补间动画完成，通过"缓动"功能来控制对象的加速或者减速运动，展现了运动的规律，富有节奏感，效果如图 5-12 所示。

【任务要求】　通过传统补间动画来制作物理课件，熟悉其属性面板中相关参数的设置以及与形状补间动画的区别。

【案例效果】　配套光盘\【项目 5】Flash 基本动画制作\效果文件\力和运动.swf

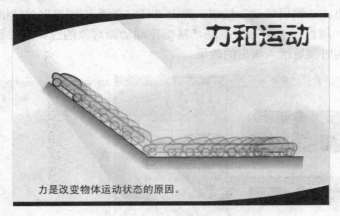

图 5-12　【力和运动】

5.3.1　知识储备——传统补间动画的特点

在 Flash CS6 中，将 Flash CS4 之前各版本 Flash 软件所创建的补间动画称作传统补间动画，即非面向对象运动的补间动画。传统补间动画在某种程度上来说创建过程较为复杂，使用起来也不那么灵活，但是它具有的某些类型的动画控制功能是其他补间动画所不具备的。传统补间动画是利用动画对象的起始帧和结束帧建立补间，创建动画的过程是先定义起始帧和结束帧位置，然后创建动画。在这个过程中，Flash 将自动完成起始帧与结束帧之间的过渡动画。

与形状补间动画不同的是，构成传统补间动画的元素是元件，包括影片剪辑、图形元件、按钮、文字、位图和组合等，只有把形状"组合"或者转换成"元件"后才可以使用传统补间动画。

创建传统补间动画的具体操作步骤为：在时间轴面板上动画开始播放的地方创建或选择一个关键帧并设置一个对象（例如一个小球），一般一帧中以一个对象为最佳，在动画结束处创建或选择一个关键帧并设置对象的属性（例如改变其位置），再单击起始帧，按鼠标右键在弹出的快捷菜单中选择"创建传统补间"命令，此时时间轴面板的背景色变为淡紫色，在起始帧和结束帧之间有一个长长的箭头。执行"控制"→"测试影片"命令，就可以看到动画效果，小球随着时间的推移从舞台的左侧移动至舞台右侧，如图 5-13a 所示。

如果创建动作补间动画失败，时间轴面板的背景色仍会变为淡紫色，在起始帧和结束帧之间会出现一条长长的虚线，在属性面板上会出现 ⚠ 按钮，表示在包含未组合的形状的图层上，或在包含多个组或元件的图层上，不会发生补间动画，此时应检查关键帧是否丢失或关键帧的内容是否为空。

在时间轴上"传统补间动画"的起始帧上单击，帧属性面板中各个选项的含义如下。

● "缓动"选项：将鼠标放置在其右边的数字上方，出现双向箭头，向左或向右拖动此箭头可以调节参数值，当然也可以在文本框中直接输入具体的数值，设置完后动画效果会做出相应的变化：数值在 -100 到 -1 的负值之间，动画运动的速度从慢到快，朝运动结束的方向加速补间；数值在 1 到 100 的正值之间，动画运动的速度从快到慢，朝运动结束的方向减慢补间；默认情况下，补间帧之间的变化速率是不变的，可以单击"编辑缓动"按钮，弹出"自定义缓入/缓出"对话框，如图 5-10b 所示，对补间属性的参数独立控制，精确控制动画对象的速率，并利用左下方的"播放"按钮实时预览缓入缓出的效果。

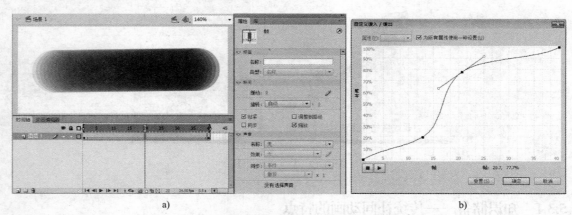

a)   b)

图 5-13 传统补间动画的时间轴与属性面板

- "旋转"选项：有 4 个选择，选择"无"（默认设置）可禁止元件旋转；选择"自动"可使元件在需要最小动作的方向上旋转对象一次；选择"顺时针"或"逆时针"，并在后面输入数字，可使元件在运动时顺时针或逆时针旋转相应的圈数。
- "贴紧"选项：当使用辅助线定位时，能够使对象紧贴辅助线，帮助用户精确绘制和安排对象。
- "调整到路径"复选框：将补间元素的基线调整到运动路径，此项功能主要用于引导线运动，在后面项目中会介绍此功能。
- "同步"复选框：使图形元件实例的动画和主时间轴同步。
- "缩放"选项：如果动作补间动画中修改了项目的大小，可以选择"缩放"来补间所选项目的大小，创建由大变小的动画效果。

补间形状动画和传统补间动画都是 Flash 的重要动画形式，相同之处是前后都各要定义一个起始帧和结束帧，二者之间的区别见表 5-2。

表 5-2 补间形状动画与传统补间动画的区别

区别内容	补间形状动画	传统补间动画
创建成功标志	淡绿色背景加长箭头	淡紫色背景加长箭头
创建失败标志	淡绿色背景加长虚线	淡紫色背景加长虚线
元素	形状，如果使用图形元件、按钮、文字，则必须先打散再变形	影片剪辑、图形元件、按钮、文字、位图等
作用	实现两个形状之间的变化，或一个形状的大小、位置、颜色等的变化	实现一个元件的大小、位置、颜色、透明等的变化

120

5.3.2 案例精讲——力和运动

【案例：力和运动】操作步骤如下。

1）执行菜单"文件"→"打开"命令，在弹出的对话框中选择"配套光盘\【项目 5】Flash 基本动画制作\设计素材\[素材]力和运动.fla"，如图 5-14a 所示。

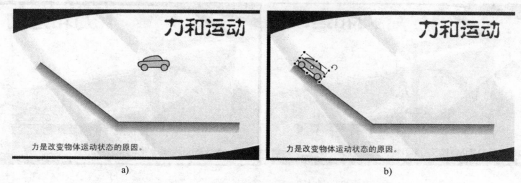

图 5-14　打开素材文件并调整汽车的位置

2）使用选择工具将舞台上的小车选中，注意一定要将整辆车都选中，保证动画对象的完整性，不要漏掉任何一部分，然后执行菜单"修改"→"转换为元件"命令，在弹出的对话框中输入元件的名称"汽车"，单击"确定"按钮后将汽车移动到斜面顶端，并使用任意变形工具，利用变形面板将"汽车"元件顺时针旋转 39.5 度左右，使得汽车的方向与斜面一致，如图 5-14b 所示。

3）打开时间轴面板，这时各个图层只有一个帧，所以分别选中各个图层的第 100 帧，执行菜单"插入"→"时间轴"→"帧"命令，插入帧，然后选择图层"汽车"的第 12帧，将"汽车"元件移动到斜面的底部，如图 5-15a 所示。

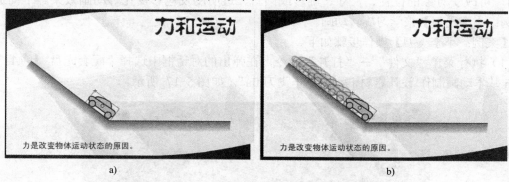

图 5-15　再次调整汽车的位置与使用"绘图纸"查看

4）在图层"汽车"中选择第 1 帧并单击鼠标右键，在弹出的菜单中选择"创建传统补间"命令，为该图层创建传统补间动画。此时的动画还是匀速运动，而实际上需要的是加速动画，所以还需要进一步调整，选中图层"汽车"的第 1 帧，打开属性面板，将"缓动"属性设置为"-100"，这样得到了加速动画的效果。

5）在时间轴面板的底部，单击"绘图纸外观"按钮，使用"绘图纸"工具同时查看1~12 帧，那么可以看到如图 5-15b 所示的效果：汽车的图像在斜面顶端稠密，在斜面底部稀疏，表示动画是先慢后快的加速动画。

6）接下来制作第二段动画，制作的方法与第一段大致相似，不过使用的是减速动画。在图层"汽车"的第 13 帧和第 24 帧处插入关键帧，并调整其中汽车的位置。第 13 帧是第二段动画的起始帧，如图 5-16a 所示；第 24 帧是第二段动画的结束帧，如图 5-16b 所示。

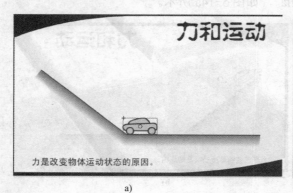

a)   b)

图 5-16   第二段动画的起始帧与结束帧

7）在图层"汽车"中选择第 13 帧并单击鼠标右键，在弹出的菜单中选择"创建传统补间"命令，为该图层创建第二段补间动画。选中第 13 帧，打开属性面板，将缓动属性设置为"100"，这样得到了减速动画的效果。

8）执行"控制"→"测试影片"命令，测试动画文件的效果。

5.3.3   任务拓展——小李飞刀

传统补间动画是 Flash 中非常重要的表现手段之一，通过为实例、文字等创建传统补间动画，可改变对象的位置、尺寸、旋转或倾斜、透明度及色彩变化等动画效果。下面通过【案例：小李飞刀】来学习旋转动画。

【案例：小李飞刀】操作步骤如下。

1）执行菜单"文件"→"打开"命令，在弹出的对话框中选择"配套光盘\【项目 5】Flash 基本动画制作\设计素材\[素材]小李飞刀.fla"，如图 5-17 所示。

图 5-17   素材文件

2）打开"时间轴"面板，这时各个图层仅仅只有一个帧，选中各个图层的第 20 帧，执行菜单"插入"→"时间轴"→"关键帧"命令,插入关键帧。

3）在图层"飞刀"中选中第 20 帧,然后将"飞刀"元件移动到"箭靶"元件旁边,并在工具栏中选择"任意变形工具",选中"飞刀"元件,调整"飞刀"元件倾斜的度数,使其与"箭靶"元件垂直,如图 5-18 所示。

图 5-18 调整"飞刀"的位置等属性

4）选择图层"飞刀"的第 21 帧,插入关键帧,选中"飞刀"元件,执行"修改"→"分离"命令,然后使用橡皮擦工具擦去刀尖,并适当移动打散后"飞刀"的位置,制作飞刀插入箭靶的效果。

5）选中时间轴面板中的所有图层的第 30 帧,执行菜单"插入"→"时间轴"→"帧"命令,插入关键帧,然后选中图层"飞刀"的第 1 帧并单击鼠标右键,在弹出的命令菜单中选择"创建传统补间"命令,创建传统补间动画,并打开属性面板,设置"旋转"为"逆时针"且"旋转次数"为 6 次。

6）按〈Ctrl+Enter〉组合键预览并测试动画的显示效果,在"时间轴"面板的底部,单击"绘图纸外观"按钮,使用"绘图纸外观"工具同时查看 1~30 帧,效果如图 5-19 所示。

图 5-19 【案例:小李飞刀】效果

5.4 任务 4——创建补间动画

【任务背景】 传统补间动画的创建过程比较复杂,使用起来不是很灵活,使用补间动画在最大程度上减小文件大小的同时，也可以方便快捷地创建随时间移动和变化的动画，效果如图 5-20 所示。

【任务要求】 根据提供的素材文件来制作补间动画，通过对属性帧的设置实现蜜蜂由近及远移动至指定位置的效果。

【案例效果】 配套光盘\【项目 5】Flash 基本动画制作\效果文件\勤劳的小蜜蜂.swf

图 5-20 【勤劳的小蜜蜂】

5.4.1 知识储备——补间动画的特点

从 Flash CS4 开始在补间动画方面进行了非常大的改进，使用户可以用更加简便的方式创建和编辑丰富的动画，同时还允许用户以可视化的方式编辑动画。

1. 建立补间

补间动画只能应用于元件实例和文本字段，在将补间应用于其他对象类型时，这些对象将包装在元件中。元件实例可包含嵌套元件，这些元件可在自己的时间轴上进行补间。创建补间动画与形状补间和传统补间有所不同，具体的操作步骤如下。

在时间轴的第 1 帧里绘制一个小球，然后用鼠标右键单击第 25 帧，在弹出的快捷菜单中选择"插入帧"命令，如图 5-21a 所示。用鼠标右键单击时间轴中的 1～25 帧中的任意一帧，在弹出的快捷菜单中选择"创建补间动画"命令，此时会弹出警告框，如图 5-21b 所示。

补间动画要求的对象必须是元件，因此必须先将对象转换为元件，单击"确定"按钮后，将图像转换为影片剪辑元件，并创建补间动画，如图 5-22a 所示。

在第 25 帧中单击，将小球拖动到合适的位置，并使用"任意变形工具"改变小球的大小，还可以使用选择工具，对在中间出现的路径线条进行拖动调整，如图 5-22b 所示，第 25 帧转变为内含菱形圆点的属性关键帧。执行"控制"→"测试影片"命令，可以查看补间动画的效果，小球沿着弧形运动并逐渐变小。创建补间动画后，按〈Ctrl〉键选择任意一帧，打开属性面板，如图 5-22c 所示，可以对该帧的相关参数进行设置，相关选项含义如下。

● "缓动"区域：用于设置动画播放过程中的速率，单击缓动数值可激活输入框，然后直接输入数值，或者将鼠标放置到数值上，左右拖动也可调整数值。数值范围在

-100 到 100 之间，数值为正值表示正常播放，数值为负值表示先慢后快，数值为正值表示先快后慢。

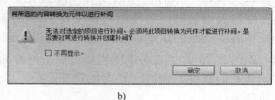

a) 　　　　　　　　　　　　　　　　　　b)

图 5-21　创建起始关键帧与转化元件

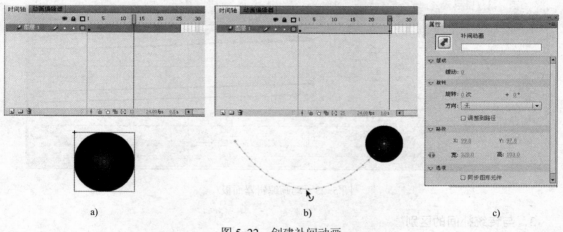

a) 　　　　　　　　　　b) 　　　　　　　　　　c)

图 5-22　创建补间动画

- "旋转"区域："旋转"子选项用于设置影片剪辑实例的角度和旋转次数，"方向"子选项下拉列表有 3 个值"无"、"顺时针"和"逆时针"，用于选择旋转的方向；"调整到路径"子选项，勾选此选项，补间对象将随运动路径随时调整自身方向，补间范围内除关键帧外其他所有的帧都将变成属性关键帧。
- "路径"区域：设置对象在舞台中的位置以及宽度和高度，其左下方有个"锁定"按钮，用于将元件的宽度值和高度值固定在同一比例上，当修改其中的一个值时，另一个值也随之变大或变小，再次单击可以解除比例锁定。
- "选项"区域：勾选"同步图形元件"选项，会重新计算补间的帧数，从而匹配时间轴上分配给它的帧数，使图形元件实例的动画和主时间轴同步，此选项适用于当元件中动画序列的帧数不是文档中图形实例占用帧数的偶数倍时。

从 Flash CS4 开始提出属性关键帧的概念，它与关键帧的概念有所不同。关键帧是指时间轴中其元件实例出现在舞台上的帧，以实心圆点表示，而属性关键帧是指在补间动画的特定时间或帧中定义的属性值，以菱形圆点表示。在补间中，用户可以为动画定义一个或多个属性关键帧，而每个属性关键帧可以设置不同的属性值，并显示不同的动画效果。当然，也可以在单个帧中定义多个属性，而每个属性都会驻留在该帧中。

2．动画编辑器

编辑关键帧可以方便地改变补间动画元件的运动轨迹，或为补间动画添加缓动效果等。在编辑关键帧时，可使用选择工具、转换锚点工具、删除锚点工具和任意变形工具等工具操作补间动画的运动路径，也可以通过动画编辑器面板查看所有补间属性及其属性关键帧，如图 5-23 所示。动画编辑器提供了向补间动画添加的精度和详细信息，显示了当前选定的补间的属性。在时间轴中创建补间后，动画编辑器允许用户以多种不同的方式来调整补间动画。

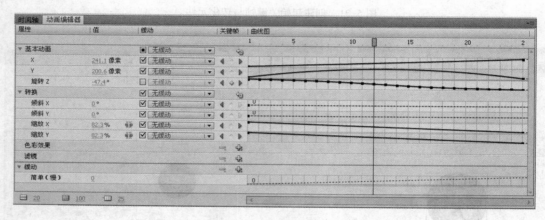

图 5-23　动画编辑器面板

3．与传统补间的区别

补间动画功能强大且易于创建，通过补间动画可对补间的动画进行最大程度的控制，传统补间的创建过程更为复杂，且不好控制。补间动画提供了更多的补间控制，而传统补间提供了一些用户可能希望使用的某些特征功能。补间动画与传统补间动画的差异参见表 5-3。

表 5-3　传统补间动画与补间动画的区别

区别内容	补间动画	传统补间动画
关键帧	只能具有一个与之关联的对象实例，并使用属性关键帧而不是关键帧	是其中显示对象新实例的帧
目标对象	在整个补间范围内由一个目标对象组成	可以是多个目标对象
对象类型	创建补间时，会将所有不允许的对象类型转换为影片剪辑元件	创建补间时，会将所有不允许的对象类型转换为图形元件
文本对象	会将文本视为可补间的类型，而不会将文本对象转换为影片剪辑元件	会将文本对象转换为图形元件
脚本	在补间动画范围内不允许帧脚本，补间目标上的任何对象脚本都无法在补间动画范围的过程中更改	允许帧脚本

区别内容	补间动画	传统补间动画
时间轴	可以在时间轴中对补间动画范围进行拉伸和调整，并将它们视为单个对象	包括时间轴中可分别选择帧的组
选择帧	若要在补间动画范围内选择单个帧，必须按〈Ctrl〉键单击某个帧	若要在补间动画范围中选择单个帧，直接单击即可
缓动	缓动可应用于补间动画范围的整个长度，若要仅对特定帧应用缓动，则需要创建自定义缓动曲线	缓动可应用于补间内关键帧之间的帧组
色彩效果	可以对每个补间应用一种色彩效果	可以在两种不同的色彩效果之间创建动画（如色调和 Alpha 透明度）
3D 对象	可以为 3D 对象创建动画效果	无法为 3D 对象创建动画效果
动画预设	可以保存为动画预设	无法保存为动画预设

5.4.2 案例精讲——勤劳的小蜜蜂

【案例：勤劳的小蜜蜂】操作步骤如下。

1）执行菜单"文件"→"新建"命令，在弹出的对话框中选择"常规"→"Flash 文件（Action Script 3.0）"选项后，单击"确定"按钮，新建一个影片文档，在属性面板中单击"文档属性"按钮，打开"文档属性"对话框，在"尺寸"文本框中输入"800"和"600"，帧频设置为24，然后执行菜单"文件"→"保存"命令，文件命名为"勤劳的小蜜蜂.fla"。

2）双击"图层 1"，将图层的名称修改为"背景"，然后插入新的图层"蜜蜂"，分别选择两个图层的第 1 帧，执行菜单"文件"→"导入"→"导入到舞台"命令，将"配套光盘\【项目 5】Flash 基本动画制作\设计素材\童话世界.jpg"和"蜜蜂.png"导入至舞台并调整其到合适的大小和位置，最后在图层"背景"的第 55 帧处插入关键帧。

3）选择图层"蜜蜂"的第 1 帧单击鼠标右键，在弹出的菜单中选择"创建补间动画"选项，此时会弹出"将所选的内容转化为元件以进行补间"的警告对话框，单击"确定"按钮，即可将图像转换为影片剪辑元件"元件 1"，并创建补间动画，此时时间轴将自动增加到24帧，颜色由灰色变成蓝色，最后在该图层选择第 55 帧然后插入关键帧。

4）选择图层"蜜蜂"的第 55 帧，将蜜蜂移至合适的位置，使用任意变形工具进行缩小操作，设置完成后可以看到蜜蜂是按照位移路径做直线运动，如图 5-24a 所示。

　　a)　　　　　　　　　　　　　　　　　b)

图 5-24　创建补间动画与调整路径

5）如果想让蜜蜂做曲线运动，可以通过更改路径线条来改变运动轨迹，使用选择工具将光标移至路径，当指针变为图标 时，单击并拖动鼠标即可调整路径，如图 5-24b 所示。

6）如果需要更改路径端点的位置，可以将光标移至需要改变位置的端点，当光标变成图标⤴时，单击并拖动鼠标即可改变端点位置，如图 5-25a 所示。

a)　　　　　　　　　　　　　b)

图 5-25　调整路径端点与调整整个路径

7）如果需要更改整个路径的位置，可以单击路径，当路径线条变成实线后，单击并拖动鼠标即可改变路径位置，如图 5-25b 所示。

8）按下快捷键〈Ctrl+S〉保存文件，然后执行"控制"→"测试影片"命令，或按下快捷键〈Ctrl+Enter〉，测试动画文件的效果，如图 5-20 所示。

5.4.3　任务拓展——新上海滩

【案例：新上海滩】操作步骤如下。

1）执行菜单"文件"→"打开"命令，在弹出的对话框中选择"配套光盘\【项目 5】Flash 基本动画制作\设计素材\[素材]新上海滩.fla"，素材时间轴和库面板如图 5-26 所示，时间轴面板共有 6 个图层，分别用于放置 6 段补间动画，库面板中有 16 个项目，其中有 6 个为位图对象，其余的均为元件，除"车灯光"元件外，其他元件基本上是由 6 个位图对象转化而来，可方便补间动画控制元件对象。

图 5-26　素材

2）选择图层"夜上海"的第 10 帧，用鼠标右键单击此帧，在弹出的快捷菜单中选择"插入关键帧"命令，然后打开库面板，将影片剪辑元件"夜景"拖曳至舞台，在其属性面板里的"位置和大小"区域中设置"X"为 0，"Y"为 90，"色彩效果"区域中的"Alpha"为 0，元件被设置为透明。

3）选择图层"夜上海"的第 200 帧，用鼠标右键单击此帧，在弹出的快捷菜单中选择"插入帧"命令，然后选择第 10 帧，用鼠标右键单击此帧，在弹出的快捷菜单中选择"创建补间动画"命令，此时第 10 至 200 帧颜色由灰变蓝，补间动画已自动生成。注意选择第 10 至 200 帧中的任意一帧，在补间动画属性面板里勾选"同步图形元件"选项，后面所有补间动画均要求如此。

4）选择图层"夜上海"的第 40 帧，使用选择工具选择影片剪辑元件"夜景"，在其属性面板里的"位置和大小"区域中设置"X"为 0，"Y"为 0，"色彩效果"区域中的"Alpha"为 100，并将第 40 帧转变为属性关键帧，如图 5-27 所示。

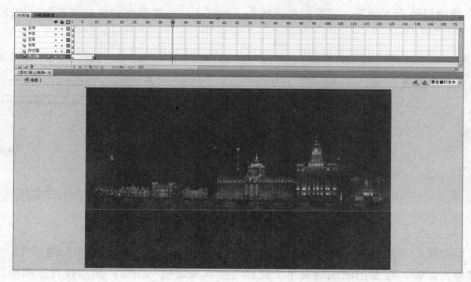

图 5-27　第一段动画

5）执行"控制"→"测试影片"命令，测试动画文件的效果，上海夜景图片由透明逐渐变为不透明，并由舞台底部逐渐上升至舞台上端，第一段补间动画已完成。

6）选择图层"许文强"的第 23 帧，用鼠标右键单击此帧，在弹出的快捷菜单中选择"插入关键帧"命令，然后打开库面板，将影片剪辑元件"许文强"拖曳至舞台，在其属性面板里"位置和大小"区域中设置"X"为 523，"Y"为 172，"色彩效果"区域中的"Alpha"为 0。

7）选择图层"许文强"的第 200 帧，用鼠标右键单击此帧，在弹出的快捷菜单中选择"插入帧"命令，然后选择第 23 帧，用鼠标右键单击此帧，在弹出的快捷菜单中选择"创建补间动画"命令，此时第 10 至 200 帧颜色由灰变蓝，在补间动画属性面板里勾选"同步图形元件"选项。

8）选择图层"许文强"的第 73 帧，使用选择工具选择影片剪辑元件"夜景"，在其属性面板里的"位置和大小"区域中设置"X"为930，"Y"为0，"色彩效果"区域中的"Alpha"为100，并勾选"同步图形元件"选项，第73帧被转变为属性关键帧。执行"控制"→"测试影片"命令，测试动画文件的效果，影片男主角由透明逐渐变为不透明，由舞台中上部向右侧移动，第二段补间动画已完成。

9）在库面板中，双击名为"车左"的影片剪辑元件，进入元件编辑模式，这个元件内有两个图层，选择图层"怠速"的第1帧，用鼠标右键单击此帧，在弹出的快捷菜单中选择"创建补间动画"命令，然后选择第20帧，使用选择工具，将汽车向下移动大约5像素，在补间动画属性面板里勾选"同步图形元件"选项，Flash将会创建汽车稍微向下移动的平滑动画。

10）在元件"车左"内部选择补间动画中任意一帧，打开动画编辑器面板，单击"缓动"类别中的加号按钮，并选择"随机"缓动，把"随机"值更改为15，随机跳跃的频率将基于"随机"值而增大，最后在"基本动画"类别旁边的"缓动"下拉菜单中选择"2-随机"，汽车将随机地上下颠簸，以模拟怠速状态下的汽车，元件整个动画编辑器面板如图5-28所示。

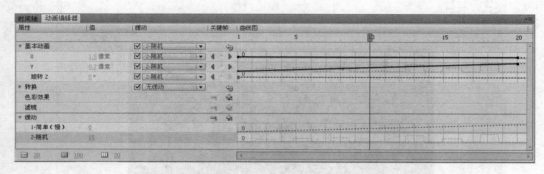

图5-28　元件"车左"动画编辑器面板

11）以同样的方法处理元件"车中"和"车右"，然后选择图层"中车"的第78帧，用鼠标右键单击此帧，在弹出的快捷菜单中选择"插入关键帧"命令，然后打开库面板，将影片剪辑元件"车中"拖曳至舞台，在其属性面板里的"位置和大小"区域中设置"X"为810.20，"Y"为470.90，"宽"为379.80，"高"为343.75，"色彩效果"区域中的"Alpha"为0。

12）选择图层"中车"的第200帧，用鼠标右键单击此帧，在弹出的快捷菜单中选择"插入帧"命令，然后选择第23帧，用鼠标右键单击此帧，在弹出的快捷菜单中选择"创建补间动画"命令，此时第10至200帧颜色由灰变蓝，在补间动画属性面板里勾选"同步图形元件"选项。

13）选择图层"中车"的第93帧，使用选择工具选择影片剪辑元件"车中"，在其属性面板的"位置和大小"区域中设置"X"为864.90，"Y"为552.65，"宽"为1266.05，"高"为1145.90，"色彩效果"区域中的"Alpha"为100，第9帧被转变为属性关键帧。执行"控制"→"测试影片"命令，测试动画文件的效果，由远及近逐渐变大，然后上下振动处于怠速的状态，第三段补间动画已完成。

14）以同样的办法可以完成图层"左车"和"右车"以及"文字"的补间动画：① 图

层"左车"的关键帧为 75 帧，在元件"车左"属性面板中的"位置和大小"区域中设置"X"为 710.00，"Y"为 488.00，"宽"为 400.00，"高"为 129.00，"色彩效果"区域中的"Alpha"为 0，属性关键帧为 101 帧，在元件"车左"属性面板中的"位置和大小"区域中设置"X"为 607.00，"Y"为 545.00，"宽"为 1326.55，"高"为 439.55，"色彩效果"区域中的"Alpha"为 100；② 图层"右车"关键帧为 78 帧，在元件"车右"属性面板中的"位置和大小"区域中设置"X"为 755.00，"Y"为 495.90，"宽"为 369.25，"高"为 91.95，"色彩效果"区域中的"Alpha"为 0，属性关键帧为 106 帧，元件"车右"属性面板中的"位置和大小"区域中设置"X"为 810.00，"Y"为 554.50，"宽"为 1230.90，"高"为 306.50，"色彩效果"区域中的"Alpha"为 100；③ 图层"文字"的关键帧为 120 帧，元件"标题字"属性面板里的"位置和大小"区域中设置"X"为 -474.00，"Y"为 82.00，属性关键帧为 151 帧，元件"标题字"属性面板里"位置和大小"区域中设置"X"为 168.95，"Y"为 82.00。

15）按下快捷键〈Ctrl+S〉保存文件，然后执行"控制"→"测试影片"命令，或按下快捷键〈Ctrl+Enter〉，测试动画文件的效果，如图 5-29 所示。

图 5-29 【新上海滩】

5.5 任务 5——使用动画预设

【任务背景】 掌握动画预设的相关概念，利用 Flash CS6 系统预配置的补间动画，快速简便地制作出补间动画，效果如图 5-30 所示。

【任务要求】 通过提供的素材文件，使用动画预设功能快速地制作 5 段补间动画，实现心形跳动效果。

【案例效果】 配套光盘\【项目 5】Flash 基本动画制作\效果文件\心随我动.swf

图 5-30 【心随我动】

5.5.1　知识储备——动画预设的简介

从 Flash CS4 开始起增加动画预设功能，动画预设是系统预先配置好的一些补间动画，可以将它们应用于舞台上的对象。在 Flash CS6 中，元件和文本对象可以应用动画预设，快速简便地添加各种形式的补间动画。

执行"窗口"→"动画预设"命令，打开动画预设面板，如图 5-31a 所示，Flash CS6 共有 32 项预设动画，它们都放在默认预设中，单击默认预设旁边的小三角形，文件夹将打开，单击其中任意一个动画，在动画预设面板的小窗口中将可以预览到预设的动画结果。

在舞台上选中了可补间的对象，如图 5-31b 所示，在默认预设中选择"波形"，单击"应用"按钮即可应用预设，如图 5-31c 所示为预设后时间轴面板和补间动画的形式。每个对象只能应用一个预设，如果将第二个预设应用于相同的对象时，会弹出对话框，提示是否替换当前的动画预设，如图 5-31d 所示，单击"是"按钮，则第二个预设将替换第一个预设。

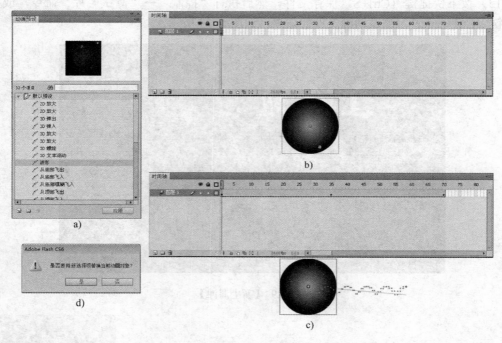

图 5-31　使用动画预设

每个动画预设都包含特定数量的帧，在应用预设时，在时间轴中创建的补间范围将包含此数量的帧。如果目标对象已应用了不同长度的补间，补间范围将进行调整，以符合动画预设的长度，可在应用预设后调整时间轴中补间范围的长度。包含 3D 动画的动画预设只能应用于影片剪辑实例，已补间的 3D 属性不适用于图形或按钮元件，也不适用于文本字段，但可以将 2D 或 3D 动画预设应用于影片剪辑元件。

如果创建了补间动画或对从"动画预设"面板应用的补间进行更改，可将它另存为新的动画预设，这样更加方便设计。若要将自定义补间另存为预设，操作步骤如下：选择舞台上应用了补间动画的对象，或是时间轴中的补间动画中的任意一帧，或是舞台上的运动路径，单击动画预设面板中的"将选区另存为预设"按钮，或按鼠标右键在弹出的快捷菜单中选择"另存为动画预设"命令，弹出"将预设另存为"对话框，如图 5-32a 所示，输入预设动画的名称，单击"确定"按钮，新预设将显示在"动画预设"面板中，如图 5-32b 所示。动画预设面板菜单如图 5-32c 所示，菜单中各项命令功能如下。

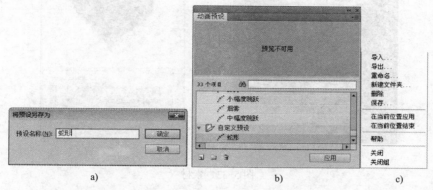

图 5-32　自定义动画预设

- 导入：动画预设在系统中存储为 XML 文件格式，导入此 XML 补间文件可将其添加到动画预设面板。
- 导出：可将动画预设导出为 XML 文件，以便与其他 Flash 用户共享。
- 重命名：打开一个对话框，为自定义预设进行重命名。
- 新建文件夹：在自定义预设目录里为动画预设新建一个文件夹，或是单击面板下方的相应的按钮来创建新文件夹。
- 删除：删除选中的动画预设或文件夹，或是单击面板下方的相应的按钮来实现删除，在删除预设时，Flash 将从磁盘删除其 XML 文件。
- 保存：将当前选择的补间动画保存为动画预设，或是单击面板下方的相应的按钮来实现保存。
- 在当前位置应用：将动画预设应用于选中的对象，对象的当前位置将作为动画的起始位置。
- 在当前位置结束：将动画预设应用于选中的对象，对象的当前位置将作为动画的结束位置。

5.5.2　案例精讲——心随我动

【案例：心随我动】操作步骤如下。

1）执行菜单"文件"→"打开"命令，在弹出的对话框中选择"配套光盘\【项目 5】Flash 基础动画制作\设计素材\[素材]心随我动.fla"，如图 5-33a 所示，库面板中两个项目均为位图对象，如图 5-33b 所示。

2）单击时间轴面板下方的"新建图层"按钮，新建图层"心形"，在库面板中将"心形.png"位图拖曳至舞台正中央，然后选择此对象，按鼠标右键在弹出的菜单中选择"转化为元件"命令，在弹出的"转化为元件"对话框中输入"心形"，将位图对象转换为影片剪辑元件"心形"。

a)

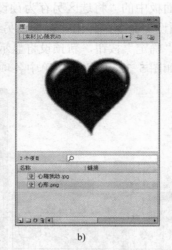
b)

图 5-33　素材

3）执行"窗口"→"动画预设"命令，打开动画预设面板，在默认预设中选择"脉搏"选项，然后单击"应用"按钮，自动生成预设动画，最后单击该图层的第 60 帧，在弹出的快捷菜单中选择"插入帧"命令。

4）在库面板中选择影片剪辑元件"心形"，按鼠标右键在弹出的快捷菜单中选择"直接复制"命令，依次复制出 4 个元件"心形 A"、"心形 B"、"心形 C"和"心形 D"。

5）单击时间轴面板下方的"新建图层"按钮，新建图层"心形 A"，在库面板中将影片剪辑元件"心形 A"拖曳至"心形"的左下方，双击此元件，进入元件编辑模式，使用任意变形工具向左旋转 30 度，然后返回场景，单击该图层的第 5 帧，在弹出的快捷菜单中选择"插入帧"命令，在动画预设面板中默认预设下选择"脉搏"，单击"应用"按钮，自动生成预设动画，最后单击该图层的第 60 帧，在弹出的快捷菜单中选择"插入帧"命令。

6）单击时间轴面板下方的"新建图层"按钮，新建图层"心形 B"，在库面板中将影片剪辑元件"心形 B"拖曳至"心形 A"的左下方，双击此元件，进入元件编辑模式，使用任意变形工具向左旋转 60 度，然后返回场景，单击该图层的第 9 帧，在弹出的快捷菜单中选择"插入帧"命令，在动画预设面板中默认预设下选择"脉搏"，单击"应用"按钮，自动生成预设动画，最后单击该图层的第 60 帧，在弹出的快捷菜单中选择"插入帧"命令。

7）单击时间轴面板下方的"新建图层"按钮，新建图层"心形 C"，在库面板中将影片剪辑元件"心形 C"拖曳至"心形"的右下方，双击此元件，进入元件编辑模式，使用任意变形工具向右旋转 30 度，然后返回场景，单击该图层的第 13 帧，在弹出的快捷菜单中选择"插入帧"命令，在动画预设面板中默认预设下选择"脉搏"，单击"应用"按钮，自动生成预设动画，最后单击该图层的第 60 帧，在弹出的快捷菜单中选择"插入帧"命令。

8）单击时间轴面板下方的"新建图层"按钮，新建图层"心形 D"，在库面板中将影片剪辑元件"心形 D"拖曳至"心形 C"的右下方，双击此元件，进入元件编辑模式，使用任意变形工具向右旋转 60 度，然后返回场景，单击该图层的第 17 帧，在弹出的快捷菜单中选择"插入帧"命令，在动画预设面板中默认预设下选择"脉搏"，单击"应用"按钮，自动生成预设动画，最后单击该图层的第 60 帧，在弹出的快捷菜单中选择"插入帧"命令，整个时间轴如图 5-34 所示。

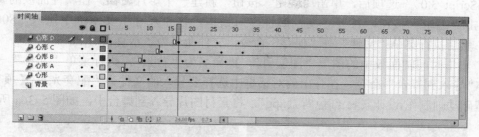

图 5-34　时间轴面板

9）按下快捷键〈Ctrl+S〉保存文件，然后执行"控制"→"测试影片"命令，或按下快捷键〈Ctrl+Enter〉，测试动画文件的效果，如图 5-32 所示。

5.6　项目实训——恭喜发财

5.6.1　实训目标

利用 Flash CS6 的补间动画、补间形状和传统补间动画，制作中国传统节日春节电子贺卡，从而理解和区分这 3 种动画的相同点与不同点，在不同的场合来使用这 3 种动画。

5.6.2　实训要求

作品以红色为主色调，加上新年的代表物灯笼和财神动画效果，以及两个"福"字转动出的祝福语，突出体现了新年热闹祥和的气氛，效果如图 5-35 所示。在"配套光盘\项目 5 Flash 基本动画制作\设计素材"目录里，有素材图片"灯笼.png"、"财神.png"、"红色背景.jpg"，"FLA 源文件"目录里有样例文件"恭喜发财.fla"，仅供参考。

图 5-35　【恭喜发财】

5.6.3 实训步骤

1）执行菜单"文件"→"新建"命令，在弹出的对话框中选择"常规"→"Flash 文件 （ActionScript 3.0）"选项后，单击"确定"按钮，新建一个影片文档。在属性面板的属性选项中单击"编辑"按钮，打开"文档属性"对话框，在"尺寸"文本框中输入"800"和"600"，然后执行菜单"文件"→"保存"命令，文件命名为"恭喜发财.fla"。

2）双击时间轴面板中的图层"图层 1"，重命名为"背景"，执行菜单"文件"→"导入"→"导入到舞台"命令，在弹出的对话框中选择要导入的文件为"配套光盘\【项目 5】Flash 基础动画制作\设计素材\红色背景.jpg"，将素材图片导入到舞台中，如图 5-36a 所示。

a)   b)

图 5-36 导入素材并调整位置

3）单击时间轴面板下方的"新建图层"按钮，新建一个图层，命名为"财神"，执行菜单"文件"→"导入"→"导入到舞台"命令，在弹出的对话框中选择要导入的文件为"配套光盘\【项目 5】Flash 基础动画制作\素材\财神.png"，将素材图片导入到舞台正中央，选择导入的对象，按鼠标右键在弹出的菜单中选择"转化为元件"命令，将导入的位图转换为"财神"影片剪辑元件，并在其属性面板中添加"投影"滤镜，效果如图 5-36b 所示。

4）选择"财神"元件，双击进入其编辑模式，在时间轴面板上单击第 40 帧，按鼠标右键在弹出的快捷菜单中选择"插入帧"命令，然后选择第 1 至 40 帧中的任意一帧，按鼠标右键在弹出的快捷菜单中选择"创建补间动画"命令，此时第 1 至 40 帧的颜色由灰变蓝。

5）在时间轴中分别选择第 1 帧、第 20 帧、第 40 帧后，再使用选择工具选择"财神"元件，在属性面板中为其添加"发光"滤镜，将滤镜的属性值设置"模糊 X"设置为 255，"模糊 Y"为 255，"强度"为 0%，"颜色"为黄色，分别选择第 10 帧和第 30 帧后，再使用选择工具选择"财神"元件，在属性面板中为其添加"发光"滤镜，滤镜的属性值"模糊 X"为 255，"模糊 Y"为 255，"强度"为 150%，"颜色"为黄色，第 1 帧为关键帧，第 10 帧、第 20 帧、第 30 帧、第 40 帧为属性关键帧，补间动画创建成功，最后返回主场景。

6）单击时间轴面板下方的"新建图层"按钮，新建一个图层，命名为"财神"，执行菜单"文件"→"导入"→"导入到舞台"命令，在弹出的对话框中选择要导入的文件为"配套光盘\【项目 5】Flash 基本动画制作\设计素材\灯笼.png"，将素材图片导入到舞台并复制一份，分别调整两张位图的位置，如图 5-37a 所示。

7）单击时间轴面板下方的"新建图层"按钮，新建一个图层，命名为"烛火"，执行

"窗口"→"颜色"命令，打开颜色面板，设置填充颜色类型为"径向渐变"，笔触颜色为"无"，两个色标填充颜色均为"FFFFFF33"，第一个色标的"Alpha"值为 100，第二个色标的"Alpha"值为 0，如图 5-37b 所示，然后在灯笼的正上方绘制一个小正圆，选择这个正圆，按鼠标右键在弹出的菜单中选择"转化为元件"命令，将绘制的对象转换为"烛火"影片剪辑元件。

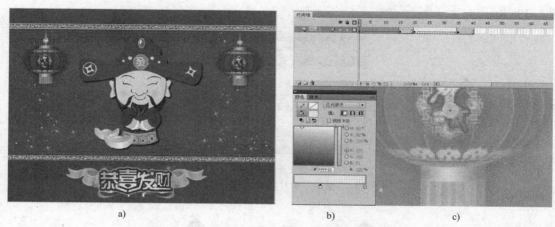

a)　　　　　　　　　　　　　b)　　　　　　　c)

图 5-37　导入素材与绘制烛火

8）选择"烛火"元件，双击进入其编辑模式，在时间轴面板中单击第 15 帧，按鼠标右键在弹出的快捷菜单中选择"插入关键帧"命令，在第 15 帧中再次选择绘制的对象，利用变形工具将其放大，注意对象的中心点不要移动，单击第 20 帧插入关键帧，选择第 1 帧，按鼠标右键在弹出的快捷菜单中选择"创建补间形状"命令，创建烛火由小变大的补间形状动画。

9）在时间轴面板中单击第 35 帧，按鼠标右键在弹出的快捷菜单中选择"插入关键帧"命令，在第 35 帧中选择绘制的对象，利用变形工具将其缩放至原来的大小和位置，单击第 40 帧，按鼠标右键在弹出的快捷菜单中选择"插入帧"命令，最后选择第 20 帧，按鼠标右键在弹出的快捷菜单中选择"创建补间形状"命令，创建烛火由大变小的补间形状动画，如图 5-37c 所示。

10）单击时间轴面板下方的"新建图层"按钮，新建一个图层，命名为"财神"，执行菜单"文件"→"导入"→"导入到舞台"命令，在弹出的对话框中选择要导入的文件为"配套光盘\【项目 5】Flash 基本动画制作\素材\福.png"，将素材图片导入到舞台，选择导入的对象，按鼠标右键在弹出的菜单中选择"转化为元件"命令，将导入的位图转换为"福字"影片剪辑元件，如图 5-38a 所示。

11）选择"财神"元件，双击进入其编辑模式，在时间轴的第 20 帧和第 40 帧处插入关键帧，执行"窗口"→"变形"命令，打开变形面板，在第 20 帧处将对象缩放宽度设为5%，如图 5-38b 所示，分别选择第 1 帧和第 20 帧，按鼠标右键在弹出的快捷菜单中选择"创建传统补间"命令，在第 1～20 帧和第 20～40 帧之间创建传统补间动画，时间轴如图 5-38c 所示。

12）返回主场景后执行"插入"→"新建元件"命令，新建按钮元件"福"，双击图层

"图层 1"将其重命名为"福",在"弹起帧"处将"福.png"拖曳到舞台中,单击"指针经过帧",按鼠标右键在弹出的快捷菜单中选择"插入空白关键帧",将"福字"元件拖曳至相同的位置。单击时间轴面板下方"新建图层"按钮,新建一个图层,命名为"文字",单击"指针经过帧"处插入关键帧,使用文本工具输入文字"吉祥如意",然后在其属性面板中进行设置,"字体大小"为 48,"字体"为方正硬笔行书简体,"文本颜色"为黑色,如图 5-39a 所示。

 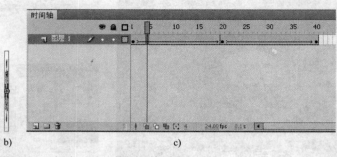

图 5-38 "福字"影片剪辑元件及其时间轴

图 5-39 按钮"福"和"福 1"

13)返回主场景后用同样的方法新建按钮元件"福 1",输入文字为"恭喜发财",其他的设置同上,如图 5-38b 所示,按下快捷键〈Ctrl+S〉保存文件,然后执行"控制"→"测试影片"命令,或按下快捷键〈Ctrl+Enter〉,测试动画文件的效果,如图 5-35 所示。

5.7 技能知识点考核

一、填空题

(1) 在 Flash CS6 中根据不同显示状态可以将帧分为_____、_____和过渡帧 3 种,不同的帧,意义也各不相同。

(2) 在 Flash CS6 中,关键帧和属性关键帧的概念有所不同。_____是指时间轴中其元件实例出现在舞台上的帧,以实心圆点表示,_____是指在补间动画的特定时间或帧中定义的属性值,以菱形圆点表示。

(3) Flash CS6 支持_____、_____和_____3 种补间动画。

(4) 补间形状动画和传统补间动画都是 Flash 的重要动画形式,相同之处是前后都各要定义一个_____和_____。

（5）_____是系统预先配置好的一些补间动画，可以将它们应用于舞台上的对象。

二、选择题（1～3 单选，4～5 多选）

（1）下列关于插入关键帧描述正确的是（　　）。

    A．选择要插入的关键帧，按鼠标右键在快捷菜单中执行"插入关键帧"命令

    B．执行菜单"插入"→"时间轴"→"关键帧"命令

    C．快捷键〈F6〉   D．以上选项均正确

（2）动画为了模拟制作跑车在行驶过程中时快时慢的变速过程，使用以下哪种方法更加简单和快捷（　　）。

    A．在补间动画中插入多个关键帧进行编辑

    B．使用逐帧动画进行制作

    C．通过调整"缓动"的正负值进行控制

    D．通过自定义缓入/缓出曲线的编辑

（3）下面哪个选项可以发生形状补间动画（　　）。

    A．组合图形   B．元件

    C．实例   D．未组合的矢量图形

（4）Flash CS6 补间动画的特点有（　　）。

    A．可不必插入结束关键帧   B．移动对象可记录关键帧

    C．帧的长度可通过拖曳进行伸缩   D．运动路径可像矢量线条般调节

（5）下列哪些工具可以控制补间动画运动路径的各种属性（　　）。

    A．选择工具   B．部分选取工具

    C．任意变形工具   D．添加锚点工具

三、简答题

（1）Flash CS6 中基本动画形式有几类？各有什么特点？

（2）Flash 中的帧有几种类型，各有什么特点？

（3）在 Flash CS6 中，哪些对象可以产生形状补间动画？

（4）传统补间与补间形状动画的区别在哪里？传统补间与补间动画的区别在哪里？

5.8　独立实践任务

（1）【任务要求】　根据本项目所学习的知识，利用素材（配套光盘\【项目 5】Flash 基本动画制作\实践任务\设计素材\婚礼.png、h41301～h41390.png、z41301～z41390.jpg），使用逐帧动画和传统补间动画来制作光影逐帧动画【浪漫婚礼】，效果如图 5-40a 所示。

（2）【任务要求】　根据本项目所学习的知识，利用素材（配套光盘\【项目 5】Flash 基本动画制作\实践任务\设计素材\啤酒盖.png、啤酒杯.png、啤酒瓶.png 和冰块.jpg），使用传统补间动画来制作动画【啤酒广告】，效果如图 5-39b 所示。[提示：也可使用"补间动画"来制作]

（3）【任务要求】　根据本项目所学习的知识，利用素材（配套光盘\【项目 5】Flash 基本动画制作\实践任务\设计素材\[素材]灯泡闪现.fla，分别使用逐帧动画、形状补间动画和传统补间动画来制作动画【灯泡闪现】，效果如图 5-41a 所示。

（4）【任务要求】 根据本项目所学习的知识，利用素材（配套光盘\【项目 5】Flash 基本动画制作\实践任务\设计素材\[素材]卡通场景.fla，使用补间动画来制作动画【卡通场景】，效果如图 5-41b 所示。[提示：也可以使用"动画预设"来制作]

a)   b)

图 5-40 【浪漫婚礼】与【啤酒广告】

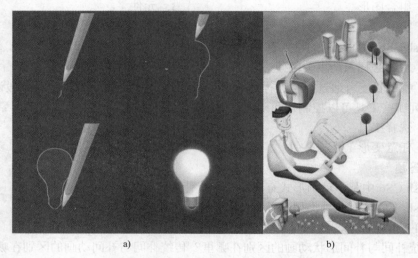

a)   b)

图 5-41 【灯泡闪现】与【卡通场景】

项目 6　Flash 高级动画制作

项目概述

Flash 高级动画是指基于图层和对象的动画，图层动画是指遮罩和引导路径动画，对象动画是指以元件对象为核心，通过更改对象的属性和关联性实现动画的效果，主要包括骨骼动画和 3D 动画。Flash 动画的创意层次主要体现在高级动画的制作中，它将 Flash 功能发挥得淋漓尽致。

知识目标

- 理解遮罩层和引导层原理
- 掌握骨骼工具、3D 旋转工具、3D 平移工具的使用
- 掌握遮罩动画、引导路径动画、骨骼动画、3D 动画的制作

技能目标

- 能熟练创建遮罩层和引导路径层，掌握基于图层的高级动画
- 能熟练绘制基于对象的形状，制作基于对象的骨骼动画、3D 动画

6.1　任务 1——创建遮罩动画

【任务背景】　欢乐剧场要开始了，音乐响起，主持人准备开始报幕，聚光灯围绕"欢乐剧场"和主持人做灯光特效，聚光灯左右来回移动，并变换大小、形状和位置，营造开场的气氛，效果如图 6-1 所示。

【任务要求】　通过提供的素材，使用遮罩层动画和传统补间动画来制作舞台聚光灯的动画效果。

【案例效果】　配套光盘\【项目 6】Flash 高级动画制作\效果文件\欢乐剧场.swf

在 Flash 作品中经常看到许多炫目神奇的效果，如水波、万花筒、聚光灯、放大镜等，都是通过遮罩功能来实现的。通过为动画对象创建遮罩动画，可以在创建的遮罩图形区域内显示动画对象，通过改变遮罩图形的大小和位置，还可对动画对象的显示范围进行控制。

图 6-1 【欢乐剧场】

6.1.1 知识储备——遮罩动画的概念

遮罩动画是 Flash 中的一个很重要的动画类型，很多效果丰富的动画都是通过遮罩动画来完成的。遮罩动画主要是通过图层来实现的，它在概念上有点像 Photoshop 里面的遮罩，但是从功能上来说，还没有 Photoshop 遮罩功能强大，可以把它理解为一个特殊的层。为了得到特殊的显示效果，可以在这个特殊的层上创建一个任意形状的"视窗"，遮罩层下方的对象可以通过该"视窗"显示出来，而"视窗"之外的对象将不会显示。

在 Flash 中遮罩是指一个范围，它可以是一个矩形区域、一个圆，也可以是字体，甚至是随意画的一个区域，任何一个不规则形状的范围都可用做遮罩。遮罩层相当于一个窗口，窗口的范围是遮罩层图形的边缘勾勒的范围，被遮罩的图层只能在该区域内显示。如果被遮罩的图层中图形不够大，无法占满遮罩层中的所有空间，将用背景色填充。

在 Flash 动画中，"遮罩"主要有两种用途：①用在整个场景或一个特定区域，使场景外的对象或特定区域外的对象不可见；②用来遮罩住某一元件的一部分，从而实现一些特殊的效果。创建遮罩层的具体操作步骤如下。

1）选择或创建一个图层作为被遮罩层，在该图层中应包含将出现在遮罩中的对象，如图 6-2a 所示，在被遮罩层"图层 1"，可使用按钮、影片剪辑、图形、位图、文字和线条等元素。

2）选择该图层，然后执行"插入"→"图层"命令，在被遮罩层上面再创建一个新图层"图层 2"，该图层将作为遮罩层，在遮罩层上创建填充形状、文字、元件、影片剪辑、图形、位图等元素，如图 6-2b 所示。

3）在"时间轴"面板中用鼠标右键单击创建的遮罩层，然后从弹出的快捷菜单中选择"遮罩层"命令，该层将转换为"遮罩层"，用一个遮罩层图标来表示，效果如图 6-2c 所示，时间轴面板如图 6-2d 所示。

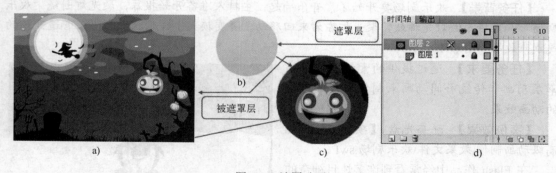

图 6-2 遮罩动画

注意事项 ①在遮罩层上创建的对象会忽略其中的渐变色、颜色和线条等，因此在遮罩层中任何填充区域都是完全透明的，而任何非填充区域都是不透明的。②遮罩后紧贴它下面的图层将链接到遮罩层，其内容会透过遮罩上的填充区域显示出来，被遮罩的层名称将以缩进形式显示，其图标更改为一个被遮罩的图层。如果想关联更多层被遮罩，把这些层拖到被遮罩层下面就行了。③可以在遮罩层、被遮罩层中分别或同时使用形状补间动画、动作补间动画、引导路径动画等手段，从而使遮罩动画变成一个可以施展无限想象力的创作空间。

6.1.2　案例精讲——欢乐剧场

【案例：欢乐剧场】操作步骤如下。

1）执行菜单"文件"→"打开"命令，在弹出的对话框中选择"配套光盘\【项目6】Flash 高级动画制作\设计素材\[素材]欢乐剧场.fla"，如图 6-3 所示。"幕布"图层放置的是剧场幕布，"标题"图层放置的是位图对象"剧场标题"，"主持人"图层放置的是影片剪辑元件"主持人"，"麦克"图层存放的是图形元件"麦克"，"舞台"是白色矩形块，"背景音乐"图层放置的是声音文件"序曲.mp3"。

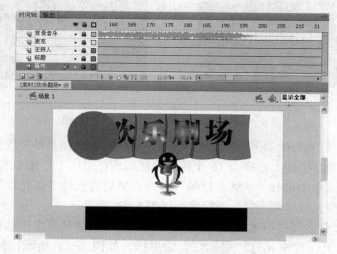

图 6-3　[素材]欢乐剧场

2）选择图层"麦克"，单击时间轴面板下方的"新建图层"按钮，新建一个图层，命名为"灯光"，选择该图层的第 1 帧，使用椭圆工具，在该帧内舞台的左上侧绘制一个正圆，并将其转化为图形元件"聚光灯"，如图 6-4a 所示。

a)　　　　　　　　　　　　　　b)

图 6-4　第一段传统补间动画的两个关键帧

143

3）选择图层"灯光"的第 22 帧，按鼠标右键在弹出的快捷菜单中选择"插入关键帧"命令，然后将元件"聚光灯"拖曳至舞台的右上侧，如图 6-4b 所示。

4）选择图层"灯光"的第 42 帧，按鼠标右键在弹出的快捷菜单中选择"插入关键帧"命令，将元件"聚光灯"拖曳至舞台的左上侧原来的位置，然后选择图层"灯光"的第 61 帧，按鼠标右键在弹出的快捷菜单中选择"插入关键帧"命令，将元件"聚光灯"拖曳至舞台正中央"主持人"的上方，如图 6-5a 所示。

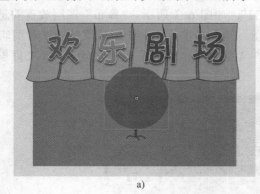

a)　　　　　　　　　　　　　　　　　　b)

图 6-5　第四段传统补间动画的两个关键帧

5）选择图层"灯光"的第 62 帧，按鼠标右键在弹出的快捷菜单中选择"插入关键帧"命令，将元件"聚光灯"向上方移动 16 个像素，然后选择图层"灯光"的第 77 帧，按鼠标右键在弹出的快捷菜单中选择"插入关键帧"命令，然后将元件"聚光灯"向上方移动，并使用变形工具，改变元件"聚光灯"的形状，如图 6-5b 所示。

6）选择图层"灯光"的第 81 帧，按鼠标右键在弹出的快捷菜单中选择"插入关键帧"命令，使用变形工具，改变元件"聚光灯"的形状，如图 6-6a 所示，然后选择图层"灯光"的第 102 帧，按鼠标右键在弹出的快捷菜单中选择"插入关键帧"命令，使用变形工具，改变元件"聚光灯"的形状，如图 6-6b 所示。

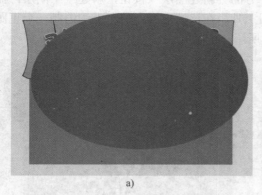
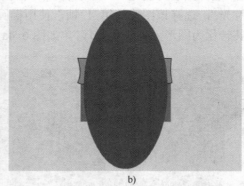

a)　　　　　　　　　　　　　　　　　　b)

图 6-6　最后一段传统补间动画的两个关键帧

7）分别选择图层"灯光"的第 1 帧、第 22 帧、第 42 帧、第 62 帧、第 77 帧、第 81 帧，按鼠标右键在弹出的快捷菜单中选择"创建传统补间"命令，创建 6 段传统补间动画，然后在"时间轴"面板中用鼠标右键单击图层"灯光"，然后从弹出的快捷菜单中选择"遮罩层"命令,该层将转换为"遮罩层",最后将图层"标题"、"主持人"、"幕布"拖至图层"麦克"下方,分别转化为"被遮罩层"。

8)按下快捷键〈Ctrl+S〉保存文件,然后执行"控制"→"测试影片"命令,或按下快捷键〈Ctrl+Enter〉快捷键,测试动画文件的效果,效果如图6-1所示。

6.1.3 案例拓展——常见遮罩动画效果

运用遮罩层可以制作出很复杂的动画效果,例如百叶窗效果、水波荡漾效果、放大镜效果等,下面分别对它们进行介绍:

1. 百叶窗效果

该效果主要是通过设置不同形状的变化来创建遮罩层,从而制作出一种百叶窗不停翻动的效果,如图6-7a和图6-7b所示。参见"配套光盘\【项目6】Flash高级动画制作\FLA源文件\百叶窗.fla和方块百叶窗.fla",在此不具体讲解制作步骤。

图 6-7 百叶窗效果

2. 水波荡漾效果

该效果主要是通过绘制多个线条来创建遮罩层,从而制作出轻舟荡漾、水波浪动的效果,如图6-8a和图6-8b所示。参见"配套光盘\【项目6】Flash高级动画制作\FLA源文件\轻舟荡漾.fla和湖水荡漾.fla"。

图 6-8 水波荡漾效果

3．万花筒效果

该效果一般是通过多个遮罩动画实现的，首先在影片剪辑元件中创建出被遮罩层旋转的动画效果，然后将这个影片剪辑元件的实例放置到舞台中，并旋转复制多个构成一个圆形，这样就可以创建出万花筒效果的动画，如图 6-9 所示。参见"配套光盘\【项目 6】Flash 高级动画制作\FLA 源文件\万花筒.fla"。

图 6-9　万花筒效果

4．放大镜效果

该效果是设置两张相同图片的不同比例，利用遮罩层来显示放大镜下面区域显示较大比例的图片，从而制作出一种放大镜查看的效果，效果如图 6-10 所示。参见"配套光盘\项目 6 Flash 高级动画制作\FLA 源文件\放大镜.fla"。

 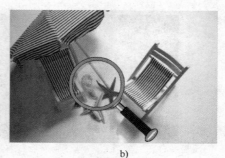

a)　　　　　　　　　　　　　　　b)

图 6-10　放大镜效果

5．卷轴展开效果

该效果是通过在遮罩层创建补间形状动画来模拟卷轴展开的效果，效果如图 6-10 所示。参见"配套光盘\【项目 6】Flash 高级动画制作\FLA 源文件\卷轴展开.fla"。

a)　　　　　　　　　　　　　　　b)

图 6-11　卷轴展开效果

应用遮罩时使用的一些小技巧：①要在场景中显示遮罩效果，遮罩层和被遮罩层必须全部锁定，才可以看到遮罩的效果。如果有一个被解锁了，那么看到的将会是各个层中的内容，而不是遮罩效果。②在制作过程中，遮罩层经常挡住下层的元件，影响视线，无法编辑，可以按下遮罩层时间轴面板的显示图层轮廓按钮，使遮罩层只显示边框形状，在这种情况下，还可以拖动边框调整遮罩图形的外形和位置。③对于在被遮罩层中放置的动态文本，将不会产生遮罩效果。

6.2 任务 2——创建引导路径动画

【任务背景】 本案例制作夏夜里萤火虫飞舞的动画，动画中有多个萤火虫在不停地闪烁与飞舞，效果如图 6-12 所示。

【任务要求】 通过绘制萤火虫外形与形状补间动画，制作萤火虫闪烁的动画效果，然后使用传统补间动画和引导路径使萤火虫沿着一定的轨迹不断飞舞。

【案例效果】 配套光盘\【项目 6】Flash 高级动画制作\效果文件\夏夜萤火虫.swf

图 6-12 【夏夜萤火虫】

6.2.1 知识储备——引导路径动画的概念

在前面项目里，已经给大家介绍了一些动画，如果仔细留心观察的话，这些动画的运动轨迹都是直线的。可是在生活中，有很多运动是弧线或不规则的，可以利用引导路径动画来解决这一问题。

将一个或多个层链接到一个运动引导层，使一个或多个对象沿同一条路径运动的动画形式被称为"引导路径动画"，这种动画可以使一个或多个元件完成曲线或不规则运动。

在 Flash 中，引导层也被称作辅导层，它在动画中起着辅助作用，不会出现在发布的动画影片中，它分为两种类型：①普通引导层：普通引导层在动画影片中起辅助静态对象定位的作用，是在普通层的基础上建立的，在图层区域以直尺图标 ✎ 表示。②传统运动引导层：传统运动引导层用弧线图标 ⁂ 表示，在制作影片时起到运动轨迹的引导作用。传统运动引导层是一个新的图层，在应用中必须指定是哪个层上的运动轨迹。

在实现普通引导层和传统运动引导层的相互转换时，需要拖动图层，等普通引导层的图标变暗时再释放鼠标，这样才能成功转换。创建两种不同引导层的具体操作步骤如下。

1）选择菜单"文件"→"新建"命令，新建一个文档，选择系统自动创建的"图层 1"，并单击鼠标右键，从弹出的快捷菜单中选择"引导层"命令，这时"图层 1"将被转换为普通引导层，使用文本工具在舞台上方输入文字"引导路径动画"。

2）选择"插入"→"图层"命令，新建"图层 2"，在此图层上创建一段传统补间动画。

3）选择要添加传统引导层的图层，单击鼠标右键，在弹出的快捷菜单中执行"添加传统运动引导层"命令，在"图层 2"上添加一个运动引导层，如图 6-13a 所示，或直接单击时间轴下方的"添加运动引导层" ![btn] 按钮来添加运动引导层，使用钢笔工具绘制一段路径，如图 6-13b 所示。

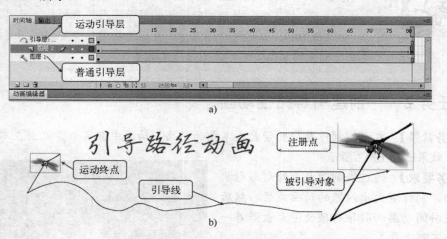

图 6-13　添加运动引导层

　　一个运动引导层可以与一个或多个图层关联，只要将选中的图层拖动到运动引导层下面即可。引导层是用来指示元件运行路径的，所以"引导层"中的内容可以是用钢笔、铅笔、线条、椭圆工具、矩形工具或画笔工具等绘制出的线段。而"被引导层"中的对象是跟着引导线走的，可以使用影片剪辑、图形元件、按钮、文字等，但不能应用形状。

　　由于引导线是一种运动轨迹，可以简单地把引导路径动画理解为传统补间动画比较特殊的一种形式，当播放动画时，一个或数个元件将沿着运动路径移动。"引导路径动画"最基本的操作就是使一个运动动画"附着"在"引导线"上，所以操作时特别得注意"引导线"的两端，被引导的对象起始、终点的两个"中心点"一定要对准"引导线"的两个端头，如图 6-13b 所示，图中"元件"中心的十字星正好对着线段的端头，这一点非常重要，是引导线动画顺利运行的前提。

6.2.2　案例精讲——夏夜萤火虫

　　【案例：夏夜萤火虫】操作步骤如下。

　　1）执行菜单"文件"→"新建"命令，在弹出的对话框中选择"常规"→"Flash 文件（Action Script 3.0）"选项后，单击"确定"按钮，新建一个影片文档，在属性面板的属性选项中单击"编辑"按钮，打开"文档属性"对话框，在"尺寸"文本框中输入"600"和"400"，在"背景颜色"下位列表框中选择"黑色"（#000000），然后执行菜单"文件"→"保存"命令，文件命名为"夏夜萤火虫.fla"。

　　2）双击图层"图层 1"，将该图层重新命名为"背景"，在第 1 帧上执行"文件"→"文件导入"→"导入到舞台"命令，将素材"配套光盘\【项目 6】Flash 高级动画制作\设计素材\夏夜.jpg"导入舞台，单击第 200 帧然后按鼠标右键在弹出的快捷菜单中选择"插入帧"命令。

　　3）单击时间轴面板下方的"新建图层"按钮，新建一个图层，命名为"萤火虫 A"，选择椭圆工具，在颜色面板中设置填充样式为"放射状"，填充颜色由"#99CC00"到"99CC00"，Alpha由"100%"到"0%"，在舞台中按住〈Shift〉键拖动鼠标绘制一个圆，如图6-14a所示。

4）将绘制的圆转化为影片剪辑元件"萤火虫"，双击元件进入元件内部编辑模式，选择时轴面板中的第5帧，按鼠标右键在弹出的快捷菜单中选择"插入关键帧"，使用变形工具将圆缩小，然后选择第1帧，按鼠标右键在弹出的快捷菜单中选择"创建补间形状"命令，创建形状补间动画，实现萤火虫闪烁的效果，如图6-14b所示，最后返回主场景。

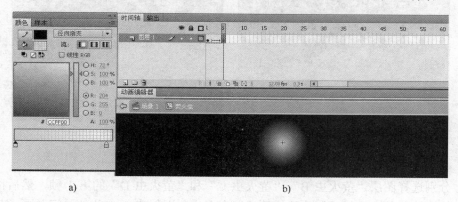

图6-14 绘制影片剪辑元件"萤火虫"

5）单击时间轴下方的"添加运动引导层"按钮来添加运动引导层，在该图层内使用铅笔工具绘制一条路径，如图6-15a所示，注意该路径必须是不闭合的，否则将无法引导。

图6-15 绘制路径并设置引导路径

6）选择图层"萤火虫A"第1帧中的元件"萤火虫"实例，拖动其中心点对齐到路径的一端，然后选择图层"萤火虫A"的第200帧，按鼠标右键在弹出的快捷菜单中选择"插入关键帧"命令，插入关键帧并拖动元件"萤火虫"实例，使其中心点对齐到路径的另一端，如图6-15b所示。

7）选择图层"萤火虫A"的第1帧，然后按鼠标右键在弹出的快捷菜单中选择"创建传统补间"命令，创建一个传统补间动画，依次查看该动画的各个帧，可以看到萤火虫沿着这条绘制的路径飞舞。

8）以同样的方法分别创建图层"萤火虫B"、"萤火虫C"和"萤火虫D"，分别将元件"萤火虫"实例拖入舞台，并将图层"萤火虫D"中的实例适当缩小。

9）分别单击时间轴下方的"添加运动引导层"按钮来为上述 3 个图层添加运动引导层，并分别在图层内使用铅笔工具绘制不同的路径，如图 6-16a 所示。

10）分别选择图层"萤火虫 B"、"萤火虫 C"和"萤火虫 D"的第 1 帧中的元件"萤火虫"实例，拖动中心点对齐到路径的一端，然后分别选择图层"萤火虫 B"、"萤火虫 C"和"萤火虫 D"的第 200 帧，按鼠标右键在弹出的快捷菜单中选择"插入关键帧"命令，插入关键帧并拖动元件"萤火虫"实例，使其中心点对齐到路径的另一端，如图 6-16b 所示。

a)   b)

图 6-16   绘制另外三条路径并设置引导路径

11）分别选择图层"萤火虫 B"、"萤火虫 C"和"萤火虫 D"的第 1 帧，然后按鼠标右键在弹出的快捷菜单中选择"创建传统补间"命令，分别创建 3 个传统补间动画，萤火虫就会沿着绘制的 3 条路径飞舞。

12）按下快捷键〈Ctrl+S〉保存文件，然后执行"控制"→"测试影片"命令，或按下快捷键〈Ctrl+Enter〉，测试动画文件的效果，效果如图 6-12 所示。

以下为引导路径动画中的注意事项和使用技巧。

① 引导路径动画只适用于传统补间，不适用于补间形状动画和补间动画。

② "被引导层"中的对象在被引导运动时，还可做更细致的设置，比如运动方向，在"属性"面板中，选中"路径调整"复选框，对象的基线就会调整到运动路径，而如果选中"对齐"复选框，元件的注册点就会与运动路径对齐。

③ 引导层中的内容在播放时是看不见的，利用这一特点，可以单独定义一个不含"被引导层"的"引导层"——普通引导层，在该层中放置一些文字说明或元件位置参数等。

④ 在做引导路径动画时，按下工具箱中的"对齐对象"按钮，可以使"对象附着于引导线"的操作更容易成功，拖动对象时，对象的中心会自动吸附到路径端点上。

⑤ 过于陡峭的引导线可能使引导动画失败，而平滑圆润的线段有利于引导动画成功制作，还可以将被引导层中的运动补间动画的帧数增多，从而提高引导路径动画的效果。

⑥ 向被引导层中放入元件时，在动画开始和结束的关键帧上，一定要让元件的注册点对准线段的开始和结束的端点，否则无法引导，如果元件为不规则形状，可以单击工具箱中的任意变形工具，调整注册点的位置。

⑦ 如果想解除引导，可以把被引导层拖离"引导层"，或在图层区的引导层上单击鼠标右键，在弹出的菜单上选择"属性"，在对话框中选择"正常"，作为正常图层类型。

⑧ 如果想让对象做圆周运动，可以在"引导层"画一根圆形线条，再用"橡皮擦工具"擦去一小段，使圆形线段出现两个端点，再把对象的起始点、终点分别对准端点即可。

⑨ 引导线允许重叠，比如螺旋状引导线，但在重叠处的线段必须保持圆润，让 Flash 能辨认出线段走向，否则会使引导失败。

6.3　任务 3——创建骨骼动画

【任务背景】　骨骼工具的出现使得使用 Flash 制作更加自然流畅的动画成为现实，通过骨骼工具可以轻松完成人物的行走或奔跑的动画，大大提高了工作效率，而且使用骨骼工具还可以制作出很多风格各异的动画效果。图 6-17a 和图 6-17b 即为使用骨骼工具制作猴子尾巴摆动和皮影动画效果。

【任务要求】　通过骨骼工具，向单个对象内部或多个对象添加多个姿势，从而创建复杂的动画效果，以此来熟悉骨骼工具的使用。

【案例效果】　配套光盘\【项目 6】Flash 高级动画制作\效果文件\蟠桃会.swf 和皮影戏.swf

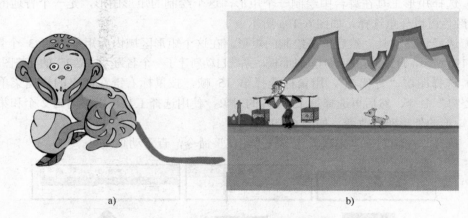

a)　　　　　　　　　　　　　　　　b)

图 6-17　【蟠桃会】与【皮影戏】

6.3.1　知识储备——反向运动与骨骼动画

反向运动（Inverse kinematics，IK）是计算机动画中的一个术语，是使用计算机父体的唯一运动方向，从而将所得信息继承给其子物体的一种物理运动方式。反向运动反映了一种由手臂带到肩部（或脚部带到胯部）的运动形式，在反向运动中，位移以手部（或脚部）这个自由的端点为起始，当手部（或脚部）发生位移时自然带动固定端肩部（或胯部）的运动。

Flash 从 CS4 版本开始引入反向运动机制，提供了一个全新的骨骼工具，通过创建虚拟的骨骼元素，可以很便捷地把元件连接起来，形成父子关系，使之可以按照复杂而自然的方式旋转或移动，从而实现反向运动。

从 Flash CS4 开始，Flash 将物理引擎整合到反向运动系统中，将动画技术又向前推进了一步，它包括两个用于处理反向运动的工具，使用骨骼工具可以向元件实例和形状添加骨骼，使用绑定工具可以调整形状对象的各个骨骼和控制点之间的关系，如图 6-18 所示。

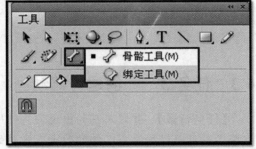

　　骨骼系统也称为骨架，在父子层次，骨架中的骨骼彼此相连，骨架可以是线性或分支的，源于同一骨骼的骨架分支称为同级，骨骼之间的连接点称为关节。在 Flash CS6 中可以按两种方式创建骨骼系统，一种是针对单个对象，向形状对象的内部节点添加骨骼；另一种是针对多个对象添加骨骼，将实例与其他实例连接在一起，用关节连接一系统的元件实例。

图 6-18　骨骼工具与绑定工具

1. 单个对象内动画

　　可以在合并绘制模式或对象绘制模式创建骨骼动画所需要的形状，通过骨骼，可以移动形状的各个部分并对其进行动画处理，而无需绘制形状的不同版本或创建补间形状。单个对象创建骨骼动画具体的操作步骤如下。

　　1）选择矩形工具在舞台中绘制一个矩形，这个绘制的矩形图形，是一个普通的图形，大小和颜色可以任意选择，如图 6-19a 所示。

　　2）选择骨骼工具，然后单击绘制的矩形，在这个矩形区域内为矩形添加 3 个骨骼点，如图 6-19b 所示，此时注意观察时间轴面板，系统自动新建了一个名为"骨架-2"的姿势图层。

　　3）选择图层"骨架-2"，用鼠标选择第 15 帧，按鼠标右键在弹出的快捷菜单中选择"插入姿势"命令，然后再选择第 15 帧内的对象，使用选择工具可以移动第 2 个和第 3 个骨骼点，矩形的外形随之改变，如图 6-19c 所示。

　　4）执行"控制"→"测试影片"→"测试"命令，查看动画效果。

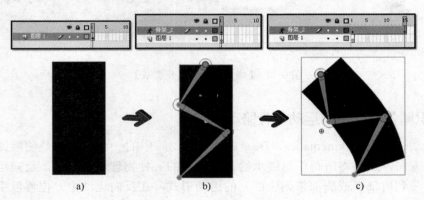

图 6-19　创建单个对象内骨骼动画

　　为对象添加骨骼系统后，使用选择工具单击单个骨骼点，可以在属性面板中对骨架进行设置，如图 6-20a 所示，各个选项的功能如下。

● 级别：如果想要选择相邻的骨骼，可以单击属性面板右上方的"上一个同级 ⏎"按钮、"下一个同级 ➡"按钮、"父级 ⬇"按钮和"子级 ⬆"按钮。

● 实例名称：此外可以命名该骨骼的名称，以方便选择和控制。

- "位置"选项：X/Y 位置显示了当前骨骼的位置坐标，长度显示当前骨骼的长度，角度显示骨骼的角度，速度用来设置骨骼的粗细效果，可以限制骨骼的运动速度。
- "联接：旋转"选项：其中"启用"设置骨骼可以围绕其父连接，以及 X 轴和 Y 轴旋转，"约束"规定选择的最小度数和最大度数。
- "联接：X 平移"选项：其中"启用"设置骨骼可以沿 X 轴平移，"约束"设置骨骼 X 轴平移的最小值和最大值。
- "联接：Y 平移"选项：其中"启用"设置骨骼可以沿 Y 轴平移，"约束"设置骨骼 Y 轴平移的最小值和最大值。
- "弹簧"选项：要将弹簧属性添加到骨骼中，通过"强度"和"阻尼"属性将动态物理集成到骨骼系统中，使骨骼体现真实的物理移动效果，可以更轻松地创建更逼真的效果。"强度"是指弹簧强度，值越高，创建的弹簧效果越强；"阻尼"是指弹簧效果的衰减速率，值越高，弹簧属性减小得越快，如果值为 0，则弹簧属性在姿势图层的所有帧中保持其最大强度。

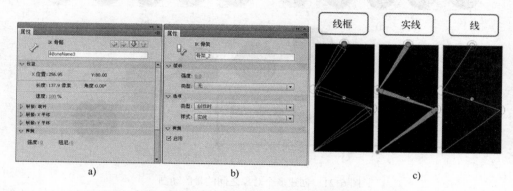

图 6-20　骨骼点属性面板与骨骼对象属性面板

为对象添加骨骼系统后，使用选择工具单击单个对象，可以在属性面板中对骨架进行设置，如图 6-20b 所示，各个选项的功能如下。

- "绘动"选项：使用缓动可以控制动画中某一帧的动画速度，实现加速和减速动画效果，"强度"默认值为 0，即表示无缓动，最大值是 100，实现加速运动，最小值是-100，实现减速运动，"类型"可用的缓动包括 4 个简单缓动和 4 个停止并启动缓动，分别为简单（慢）、简单（中）、简单（快）、简单（最快），停止并启动（慢）、停止并启动（中）、停止并启动（快）、停止并启动（最快）。
- "选项"选项："类型"包括了"创作时"和"运动时"两种，其中选择"创作时"可以在一个时间轴图层中包含多个姿势，选择"运行时"，则是使用 ActionScript 3.0 控制骨架，但不能在一个图层中包含多个姿势；"样式"用来设置骨骼的显示方式，包含了线框、实线和线 3 种方式，如图 6-20c 所示。
- "弹簧"复选框：使用该选项可以使骨骼动画显示出逼真的物理效果。

2．多个对象之间的骨骼动画

为元件添加骨骼可以将这些元件以骨骼的节点为关联将其连接起来，然后在操作其中某一个元件时，另一个元件也会实现相应的运动。多个对象之间创建骨骼动画的操作步骤如下。

1）选择椭圆工具在舞台中绘制一个圆，大小和颜色可以任意选择，将其转为影片剪辑元件，并复制 4 份，摆放在一条直线上，如图 6-21a 所示。

2）选择骨骼工具，单击绘制的第 1 个圆，按住鼠标不放，然后单击第 2 个圆，此时第 1 个圆的圆心和第 2 个圆的圆心被骨骼工具连接起来，接着依次单击第 3 个圆、第 4 个圆以及第 5 个圆，5 个圆的圆心都被骨骼工具连接起来，如图 6-21b 所示，注意在拖动鼠标时将显示骨骼，释放鼠标后，在两个元件实例之间将显示实心的骨骼，每个骨骼都具有头部、圆端和尾部（尖端），同时注意观察时间轴面板，系统自动新建了一个名为"骨架-2"的姿势图层。

3）选择图层"骨架-2"，用鼠标选择第 30 帧，按鼠标右键在弹出的快捷菜单中选择"插入姿势"命令，然后再选择此帧的对象，使用选择工具可以移动各个圆，各个圆的位置随之改变，如图 6-21c 所示。

4）执行"控制"→"测试影片"→"测试"命令，查看动画效果。

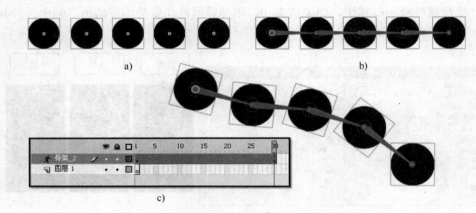

图 6-21　创建多个对象之间的骨骼动画

使用 Flash 骨骼工具应注意以下事项：①只能对元件（元件内部可嵌套组、元件、图形）和 Flash 绘制的图形进行骨骼添加，不能对组以及组中的物体进行骨骼添加；②在对复杂的图形添加骨骼时，需要先将其转换为影片剪辑元件，然后在元件内为形状添加骨骼；③骨骼链只能在元件之间或者所选图形内进行绘制；④将物体进行骨骼连接后，相应的物体将会转移至"骨架层"中，且其变形轴心将成为骨骼的关节点；⑤骨架层中不能进行图形绘制及粘贴；⑥绑定工具仅对图形中骨骼链起作用；⑦姿势图层不同于补间图层，因为无法在姿势图层中对除骨骼位置以外的属性进行补间，若要对骨骼对象的其他属性（如位置、变形、色彩效果或滤镜）进行补间，需将骨架及其关联的对象包含在影片剪辑元件中。

6.3.2　案例精讲——蟠桃会

【案例：蟠桃会】操作步骤如下。

1）执行菜单"文件"→"新建"命令，在弹出的对话框中选择"常规"→"Flash 文件（Action Script 3.0）"选项后，单击"确定"按钮，新建一个影片文档，在属性面板中的属性选项中单击"编辑"按钮，打开"文档属性"对话框，在"尺寸"文本框中输入"800"和

"600"，然后执行菜单"文件"→"保存"命令，文件命名为"蟠桃会.fla"。

2）双击时间轴面板中的"图层 1"，将该图层重新命名为"猴哥"，在第 1 帧上执行"文件"→"文件导入"→"导入到舞台"命令，将素材"配套光盘\【项目 6】Flash 高级动画制作\设计素材\猴哥.jpg"导入至舞台，单击第 60 帧并插入帧，如图 6-22a 所示。

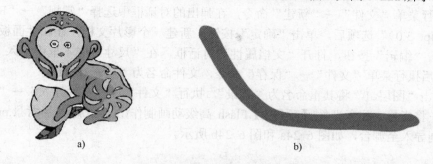

a)   b)

图 6-22 导入素材并绘制尾巴

3）单击时间轴面板下方的"新建图层"按钮，新建一个图层，命名为"尾巴"，使用铅笔工具和刷子工具，在颜色面板中设置填充颜色为"#8B4B0E"，在舞台中绘制一条猴子尾巴，如图 6-22b 所示。

4）将绘制的图形转化为影片剪辑元件"尾巴"，双击进入元件内部编辑模式，选择骨骼工具，然后单击绘制的尾巴，在这个图形区域内为矩形添加 11 个骨骼点，如图 6-23a 所示。

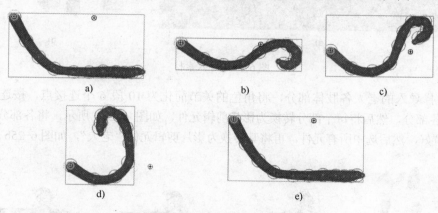

a)   b)   c)

d)   e)

图 6-23 设置骨骼动画

5）选择图层"骨架"，用鼠标选择第 8 帧，按鼠标右键在弹出的快捷菜单中选择"插入姿势"命令，然后再选择第 8 帧内的对象，使用选择工具可以移动各个骨骼点，尾巴的外形随之改变，如图 6-23b 所示。

6）使用同样的方法在第 15 帧、第 24 帧、第 37 帧中插入姿势，再使用选择工具移动各个骨骼点，尾巴外形随之改变，如图 6-23c、图 6-23d、图 6-23e 所示，其中第 37 帧和第 1帧的姿势相同。

7）返回主场景，调整影片剪辑元件"尾巴"实例的位置，并将图层"尾巴"拖曳至图层"猴哥"的下方，以避免图层"猴哥"遮住图层"尾巴"的内容。

8）按下快捷键〈Ctrl+S〉保存文件，然后执行"控制"→"测试影片"命令，或按下快捷键〈Ctrl+Enter〉，测试动画文件的效果，效果如图 6-17a 所示。

6.3.3 案例精讲——皮影戏

【案例：皮影戏】操作步骤如下。

1）执行菜单"文件"→"新建"命令，在弹出的对话框中选择"常规"→"Flash 文件（ActionScript 3.0）"选项后，单击"确定"按钮，新建一个影片文档，在属性面板中的属性选项中单击"编辑"按钮，打开"文档属性"对话框，在"尺寸"文本框中输入"750"和"400"，然后执行菜单"文件"→"保存"命令，文件命名为"皮影戏.fla"。

2）双击"图层 1"将其重命名为"背景"，执行"文件"→"文件导入"→"导入到舞台"命令，将素材"配套光盘\【项目 6】Flash 高级动画制作\设计素材\皮影背景.png 和皮影戏.ai"分别导入至舞台，如图 6-24a 和图 6-24b 所示。

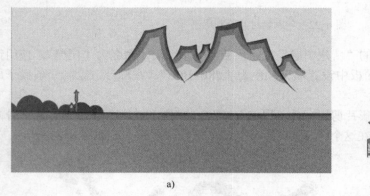

a)　　　　　　　　　　　　　　　　　　b)

图 6-24　导入素材

3）选择导入的老人各肢体部分，将角色的关节简化为 10 段 6 个连接点，按连接点切割好人物的各部分，然后将每个部分转换为影片剪辑元件，如图 6-25a 所示，将各部分的影片剪辑元件放置好，然后选中所有元件，再将其转换为影片剪辑元件"老人"，如图 6-25b 所示。

a)　　　　　　　b)　　　　　　　c)　　　　　　　d)

图 6-25　切割素材、放置各元件并创建左手骨骼

4）双击影片剪辑元件"老人"进入元件的内部，单击工具箱中的骨骼工具按钮，然后在左手上创建好骨骼，如图 6-25c 和图 6-25d 所示，使用骨骼工具连接两个轴点时，要注意关节的活动部分，可以配合选择工具和〈Ctrl〉键来进行调整。

5）采用相同的方法创建出头部、身体、右手、左脚与右脚的骨骼，人物的行走动画使用 35 帧完成，因此需要在各图层的第 35 帧插入帧，然后调整好第 10 帧、第 18 帧和第 27 帧上的动作，使角色在原地行走，然后创建出影片剪辑元件"担子"在行走时起伏运动的传统补间动画，如图 6-25 所示。

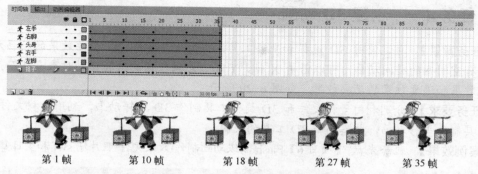

第 1 帧　　　　第 10 帧　　　　第 18 帧　　　　第 27 帧　　　　第 35 帧

图 6-26　调整角色的行走动作

6）返回到主场景，在图层"背景"上删除影片剪辑元件"老人"，插入新的图层"老人"，将影片剪辑元件"老人"拖曳至舞台的左侧，分别在图层"背景"和"老人"的第 375 帧处插入帧，然后在图层"老人"创建补间动画，在第 375 帧中移动影片剪辑元件"老人"到舞台的右侧。

7）插入新的图层"小狗"，将对象移动到此图层中，使用骨骼工具为小狗添加骨骼，小狗的骨骼和老人的骨骼不同，小狗只使用一副骨骼，如图 6-27a 所示，小狗的右前脚和右后脚在身体的背面，被身体挡住了，所以不能直接关联对象，如图 6-27b 所示，这时可以将右脚拉出来关联骨骼，然后在按住〈Ctrl〉键的同时使用选择工具将其放回原位，如图 6-27c 所示。

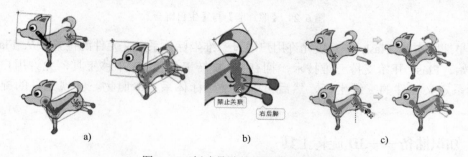

a)　　　　　　　　　　b)　　　　　　　　　　c)

图 6-27　创建骨骼并关联调整对象

8）在第 14 帧插入帧，并调整小狗跳跃的各种姿势，如图 6-28 所示。

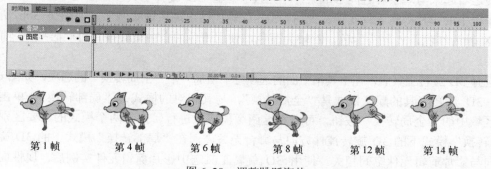

第 1 帧　　　第 4 帧　　　第 6 帧　　　第 8 帧　　　第 12 帧　　　第 14 帧

图 6-28　调整跳跃姿势

9）按下快捷键〈Ctrl+S〉保存文件，然后执行"控制"→"测试影片"命令，或按下快捷键〈Ctrl+Enter〉，测试动画文件的效果，效果如图 6-17b 所示。

6.4 任务 4——创建 3D 动画

【任务背景】 通过使用 3D 选择和平移工具，将原来只具备 2D 动画效果的动画元件制作成具有空间感的补间动画，可以沿着 X 轴、Y 轴、Z 轴任意旋转和移动对象，从而产生极具透视效果和逼真效果的动画效果，如图 6-29 所示。

【任务要求】 分别利用素材文件和 3D 旋转工具制作 3D 旋转动画，利用素材文件和 3D 平移工具制作平移动画，熟悉两个 3D 工具的使用。

【案例效果】 配套光盘\【项目 6】Flash 高级动画制作\效果文件\照片墙.swf 和生日舞会.swf

a)   b)

图 6-29 【照片墙】与【生日舞会】

在早期版本的 Flash 中，仅允许用户通过二维坐标体系定义元件的位置。从 Flash CS4 版本开始，Flash 开始支持三维技术，拥有 3D 旋转工具和 3D 平移工具，允许用户通过三维坐标系定义元件的三维坐标，然后再以三维坐标体系为参照物，实现元件的旋转和自由位移。

6.4.1 知识储备——3D 旋转工具

使用 3D 旋转工具可以在 3D 空间中旋转影片剪辑元件实例，这样通过改变实例的形状，使之看起来与观察者之间形成某一个角度。选择 3D 旋转工具，如图 6-30a 所示，然后选择舞台中的影片剪辑元件实例，此时，3D 旋转控件出现在该实例上，如图 6-30b 所示，其中 X 轴为红色，Y 轴为绿色，Z 轴为蓝色，使用橙色的自由旋转控件可同时绕 X 轴和 Y 轴旋转。

选择 3D 旋转工具后，在工具箱下面的选项栏中增加一个"全局转换"的选项，如图 6-30c 所示。3D 旋转工具的默认模式是"全局转换"，与其相对的模式是"局部转换"，单击工具选项区域中的"全局转换"按钮，可以在这两个模式中进行转换。两个模式的主要区别是在"全局转换"模式下的 3D 旋转控件方向与舞台无关，而在"局部转换"模式下的 3D 旋转控件方向与影片剪辑元件空间相关。使用 3D 旋转工具选中影片剪辑元件实例后，属性面板将在"3D 定位和查看"区域中显示相应的 3D 参数，如图 6-30d 所示，各项参数的功能如下。

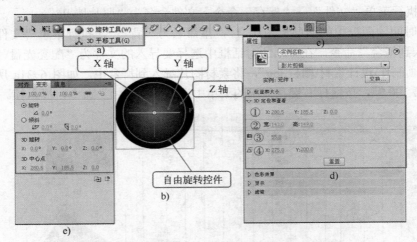

图 6-30　3D 旋转工具

- "X：/Y：/Z："：此处主要设置影片剪辑元件实例在 3D 控件中所处的位置。
- "宽：/高："：显示所选影片剪辑元件实例的透视宽度和高度，这两个数值是灰色的，不可编辑。
- "透视角度"：用来控制应用了 3D 旋转的影片剪辑元件的透视角度，增大透视角度可使 3D 对象看起来更接近查看者，减小透视角度可使 3D 对象看起来更远，此效果与通过镜头更改视角的照相机镜头缩放类似。默认透视角度为 55°，取值范围为 1° ～ 180°。
- "消失点"：用来控制舞台上应用了 Z 轴旋转的 3D 影片剪辑元件实例的 Z 轴方向，由于所有 3D 影片剪辑实例的 Z 轴都朝着消失点后退，因此通过重新定位消失点，可以更改沿 Z 轴平移对象时对象的移动方向，消失点的默认位置是舞台中心。若要将消失点移回舞台中心，可单击"重置"按钮。

在进行 3D 旋转操作时，用户需要先将鼠标指针移动到该实例的 X 轴、Y 轴、Z 轴或自由旋转控件上，此时在指针的尾部将显示该坐标轴的名称。在进行 3D 旋转时，用户可以直接在鼠标指针变换为带坐标轴名称的状态后进行拖动操作，此时影片剪辑元件可按照该轴的方向进行旋转。如果用户希望更改 3D 的旋转中心点，则可以将鼠标指针移动到中心点上方，然后再进行拖动操作。

在更改元件的 2D 旋转时，用户往往需要使用变形面板，同理在更改元件的 3D 旋转角度时，用户同样可以使用变形面板进行操作，如图 6-30e 所示，可直接在变形面板中直接输入相关的数值进行旋转操作。

6.4.2　案例精讲——照片墙

【案例：照片墙】操作步骤如下。

1）执行菜单"文件"→"新建"命令，在弹出的对话框中选择"常规"→"Flash 文件（ActionScript 3.0）"选项后，单击"确定"按钮，新建一个影片文档，在属性面板中的属性选项中单击"编辑"按钮，打开"文档属性"对话框，在"尺寸"文本框中输入"800"和"526"，然后执行菜单"文件"→"保存"命令，文件命名为"照片墙.fla"。

2）双击时间轴面板中的图层"图层 1"，重命名为"背景"，执行菜单"文件"→"导入"→"导入到舞台"命令，在弹出的对话框中选择要导入的文件为"配套光盘\【项目 6】Flash 高级动画制作\设计素材\栅栏.jpg"，将素材图片导入到舞台中，如图 6-31a 所示，最后单击该层的第 100 帧，按鼠标右键在弹出的菜单中选择"插入帧"命令，插入帧。

图 6-31　导入素材与制作元件

3）执行"插入"→"新建元件"命令，弹出"创建新元件"对话框，输入元件名称"照片 1"，设置类型为"影片剪辑"，然后单击"确定"按钮，将素材文件"配套光盘\【项目 6】Flash 高级动画制作\设计素材\草.jpg"导入到场景中，并调整到合适的位置，如图 6-31b 所示。

4）将刚导入的素材转换为名称是"照片 1 动画"的影片剪辑元件，双击进入该元件内部，在第 1 帧处单击鼠标右键，在弹出的菜单中选择"创建补间动画"命令，光标移至第 24 帧，按〈F6〉键插入关键帧，然后选择第 1 帧，单击工具箱中的 3D 旋转工具，沿 Z 轴拖动鼠标，对元件进行 3D 旋转操作，如图 6-31c 所示。新建"图层 2"，在第 24 帧位置，按〈F6〉键插入关键帧，然后执行"窗口"→"动作"命令，打开动作面板，输入脚本代码"stop();"。

5）执行"插入"→"新建元件"命令，弹出"创建新元件"对话框，输入名称"照片 2"，设置元件类型为"影片剪辑"，单击"确定"按钮，将素材文件"配套光盘\【项目 6】Flash 高级动画制作\设计素材\郁金香.png"导入到场景中，并调整到合适的位置，如图 6-32a 所示。

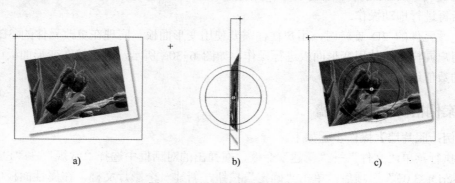

图 6-32　导入素材并制作元件

6）将刚导入的素材转换成名称为"照片2动画"的影片剪辑元件，双击进入该元件内部，在第1帧处单击鼠标右键，在弹出的菜单中选择"创建补间动画"命令，光标移至第24帧，按〈F6〉键插入关键帧，然后选择第1帧，单击工具箱中的3D旋转工具，沿Y轴拖动鼠标，对元件进行3D旋转操作，如图6-32b所示，选择第24帧，使用3D旋转工具沿Y轴拖动鼠标，对元件进行3D旋转操作，如图6-32c所示。新建"图层2"，在第24帧位置，按〈F6〉键插入关键帧，然后执行"窗口"→"动作"命令，打开动作面板，输入脚本代码"stop();"。

7）执行"插入"→"新建元件"命令，弹出"创建新元件"对话框，输入名称"照片3"，设置元件类型为"影片剪辑"，然后单击"确定"按钮，将素材文件"配套光盘\【项目6】Flash高级动画制作\设计素材\雏菊.png"导入到场景中，并调整到合适的位置，如图6-33a所示。

a)　　　　　　　　　b)　　　　　　　　　c)

图6-33　导入素材并制作元件

8）将刚导入的素材转换成名称为"照片3动画"的影片剪辑元件，双击进入该元件内部，在第1帧处单击鼠标右键，在弹出的菜单中选择"创建补间动画"命令，光标移至第24帧，按〈F6〉键插入关键帧，然后选择第1帧，单击工具箱中的3D旋转工具，沿X轴拖动鼠标，对元件进行3D旋转操作，如图6-33b所示，选择第24帧，使用3D旋转工具沿Y轴拖动鼠标，对元件进行3D旋转操作，如图6-33c所示。新建"图层2"，在第24帧位置，按〈F6〉键插入关键帧，然后执行"窗口"→"动作"命令，打开动作面板，输入脚本代码"stop();"。

9）返回到"场景1"的编辑状态，新建"图层2"，将"照片1动画"元件拖入到舞台中，并调整到合适的位置，如图6-34a所示。选择刚拖入的元件，设置其Alpha值为0%，然后在第24帧位置，按〈F6〉键插入关键帧，设置该帧中的元件的Alpha值为100%，最后在第1帧创建传统补间动画。

a)　　　　　　　　　　　　　b)

图6-34　制作第一段动画

10）新建"图层3"，在第10帧位置按〈F6〉键插入关键帧，导入素材文件"配套光盘\

【项目6】Flash 高级动画制作\设计素材\ 夹子 1.png"，并调整其位置，如图 6-34b 所示，将其转换成名称为"夹子 1"的图形元件，在第 24 帧位置按〈F6〉键插入关键帧，选择第 10 帧中的元件，设置其 Alpha 值为 0%，在第 10 帧创建传统补间动画。

11）新建"图层 4"，在第 25 帧处按〈F6〉键插入关键帧，将"照片 2 动画"元件拖入到舞台中，并调整到合适的位置，选择拖入元件，设置 Alpha 值为 0%。在第 49 帧位置，按〈F6〉键插入关键帧，设置该帧中的元件的 Alpha 值为 100%，在第 1 帧创建传统补间动画，如图 6-35a 所示。

a)   b)

图 6-35   制作第二段动画

12）新建"图层 5"，在第 35 帧位置按〈F6〉键插入关键帧，导入素材文件"配套光盘\【项目6】Flash 高级动画制作\设计素材\ 夹子 2.png"，并调整其位置，如图 6-35b 所示，将其转换成名称为"夹子 2"的图形元件，在第 24 帧位置按〈F6〉键插入关键帧，选择第 10 帧中的元件，设置其 Alpha 值为 0%，在第 10 帧创建传统补间动画。

13）使用相同的制作方法，制作出"图层 6"和"图层 7"上的动画效果。

14）按下快捷键〈Ctrl+S〉保存文件，然后执行"控制"→"测试影片"命令，或按下快捷键〈Ctrl+Enter〉，测试动画文件的效果，如图 6-29a 所示。

6.4.3   知识储备——3D 平移工具

使用 3D 平移工具可以在 3D 空间中移动影片剪辑元件实例的位置，这样使影片剪辑实例看起来离观察者更近或更远。选择 3D 平移工具，如图 6-36a 所示，选择舞台中的影片剪辑元件实例，此时该影片剪辑元件的 X 轴、Y 轴、Z 轴 3 个轴点将显示在实例的正中间，如图 6-36b 所示，其中 X 轴为红色，Y 轴为绿色，而 Z 轴为一个黑色的圆点。

和 3D 旋转工具一样，3D 平移工具默认模式是"全局转换"，在全局 3D 空间中移动对象与相对舞台移动对象等效，在局部 3D 空间中移动对象与相对父影片剪辑（如果有）移动对象等效。如果要切换 3D 平移工具的全局模式和局部模式，可以选择 3D 平移后，单击工具箱中选项区域的"全局转换"按钮进行全局转换，如图 6-36c 所示。

如需要通过 3D 平移工具进行影片剪辑元件的三维位移，首先需要将指针移动到该元件的 X 轴、Y 轴或 Z 轴上，然后在指针的末尾显示该坐标轴的名称，然后即可拖动鼠标，根据鼠标移动的方向来控制元件的三维坐标。在向 Z 轴的正方向移动时，在视觉上元件将会变小，但事实上元件本身的尺寸并没有变化。同理，将元件向 Z 轴的反方向移动时，在视觉上元件将会变大。

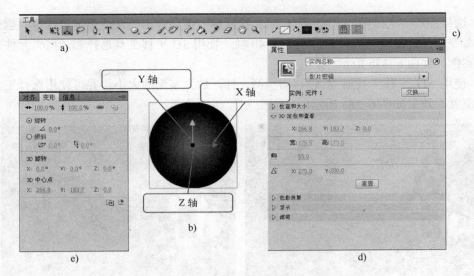

图 6-36 3D 平移工具

如果用户需要将 3D 平移的中心点改在多个元件的中心，则可以双击 Z 轴，快速实现转换，如用户需要还原 3D 平移的中心点，则可以按住〈Shift〉键再次双击 Z 轴，此时 Flash 会自动将 3D 中心点的位置还原。

使用 3D 平移工具选中影片剪辑元件实例后，属性面板将在 "3D 定位和查看" 区域显示相应 3D 的参数，如图 6-36d 所示，各项参数和 3D 旋转工具相同，在此不再介绍。在对元件进行平移时，用户也可使用变形面板，如图 6-36e 所示，可直接在变形面板中直接输入相关的数值进行平移操作。

6.4.4 案例精讲——生日舞会

【案例：生日舞会】操作步骤如下。

1）执行菜单 "文件" → "打开" 命令，在弹出的对话框中选择 "配套光盘\项目 6 Flash 高级动画制作\设计素材\[素材]生日舞会.fla"，如图 6-37a 所示，素材共有 6 个图层，图层 "背景"、"生日快乐"、"蜡烛" 和 "吹喇叭" 等相关动画已制作完，还有图层 "大眼晴 A" 和 "大眼晴 B" 的进场动画未制作。

图 6-37 打开素材并使用 3D 平移工具选中对象

2）选择图层"大眼睛 A"的第 1 帧，按鼠标右键在弹出的快捷菜单中选择"创建补间动画"命令，创建补间动画，然后选择第 40 帧，使用 3D 平移工具选择影片剪辑元件"大眼睛"的实例，如图 6-37b 所示。

3）使用 3D 平移工具沿 Z 轴移动实例元件，放大实例的大小，并可使用选择工具调整实例的位置，效果如图 6-38a 所示。

a)   b)

图 6-38　使用 3D 再次平移工具移动对象

4）使用同样的步骤移动并调整图层"大眼睛 B"中元件实例的位置，如图 6-38b 所示。

5）按下快捷键〈Ctrl+S〉保存文件，然后执行"控制"→"测试影片"命令，或按下快捷键〈Ctrl+Enter〉，测试动画文件的效果，如图 6-29b 所示。

6.5　项目实训——安全检查站

6.5.1　实训目标

本实训中利用绘图工具，绘制好需要的各种元件，使用滤镜配合混合功能，模拟出逼真的 X 光下的图形效果，同时使用遮罩动画，完成汽车通过安全检查站的效果。

6.5.2　实训要求

本实训中要求通过遮罩，完成汽车通过安全检查站的效果，重点是使用滤镜配合混合模式完成模拟的 X 光下图形效果，如图 6-39 所示。"配套光盘\【项目 6】Flash 高级动画制作\FLA 源文件"有样例文件"安全检查站.fla"，仅供参考。

6.5.3　实训步骤

1）执行菜单"文件"→"新建"命令，

图 6-39　【安全检查站】

在弹出的对话框中选择"常规"→"Flash 文件（ActionScript 3.0）"选项后，单击"确定"按钮，新建一个影片文档，然后执行菜单"文件"→"保存"命令，文件命名为"安全检查站.fla"。

2）执行"插入"→"新建元件"命令，创建一个新的图形元件"停止的轮胎"，进入该元件的编辑窗口，使用椭圆工具和颜色桶工具等绘制一个轮胎的图形，如图 6-40a 所示。

a)   b)

图 6-40　绘制轮胎并制作轮胎旋转的动画

3）返回主场景后执行"插入"→"新建元件"命令，创建一个新的影片剪辑元件"转动的轮胎"，进入该元件的编辑窗口，从库面板中将图形元件"停止的轮胎"拖曳到该元件的绘图工作区中，调整好其位置，在时间轴面板中选择第 20 帧，按鼠标右键在弹出的快捷菜单中选择"创建补间动画"命令，在补间动画属性面板中修改旋转次数为"1 次"，方向为"逆时针"，如图 6-40b 所示，制作出轮胎旋转的循环动画效果。

4）返回主场景后执行"插入"→"新建元件"命令，创建一个新的影片剪辑元件"汽车"，进入该元件的编辑窗口，使用各种绘图工具绘制出一辆大卡车的图形，具体的绘制过程在此不再介绍，如图 6-41a 所示。

5）从库面板中将影片剪辑元件"转动的轮胎"的实例先后 3 次拖曳至绘图工作区中，调整好它们的大小和位置，如图 6-41b 所示。

a)   c)

b)   d)

图 6-41　绘制卡车、放置车并制作透视效果

6）返回主场景后执行"插入"→"新建元件"命令，创建一个新的影片剪辑元件"透

视汽车",进入该元件的编辑窗口,从库面板中将影片剪辑元件"汽车"拖曳到舞台上,调整好位置,然后通过属性面板修改其透明度为 50%,在滤镜区域内为影片剪辑元件"汽车"添加一个发光的滤镜效果,设置模糊为 30,强度为 200%,颜色为黑色,再为其添加一个调整颜色的滤镜效果,修改亮度为-20,饱和度为-86,如图 6-41a 所示。

7)双击时间轴面板中的图层"图层 1",重命名为"外部",在其下方插入一个新图层,命名为"内部",在该图层的舞台上对照汽车的轮廓绘制出汽车内部的零件、货物和司机等,如图 6-41b 所示。

8)在"外部"图层的上方插入一个新图层,将其命名为"X 光板",在该图层的舞台上绘制出一个长条矩形,如图 6-42a 所示。

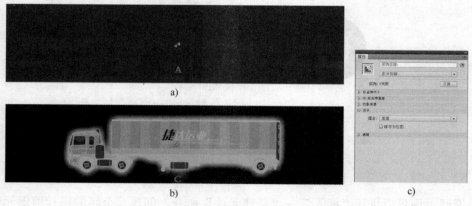

图 6-42 透视的汽车效果

9)将长条矩形填充色改为白色,然后将其转换为影片剪辑元件"X 光板",通过其属性面板修改其混合模式为"差值",如图 6-42c 所示,最后得到的画面效果如图 6-42b 所示。

10)返回主场景,双击时间轴面板中的图层"图层 1",重命名为"背景",选择第 200 帧,然后按鼠标右键在弹出的快捷菜单中选择"插入帧"命令,插入帧,在该图层的舞台上,使用各种工具绘制出影片的背景,然后单击时间轴面板下方的"新建图层"按钮,新建一个图层,命名为 "底板",在该图层舞台中间绘制一个灰色的矩形,其作用就好比一堵墙,防止 X 光效果对背景发生作用,如图 6-43a 所示。

图 6-43 绘制背景与前景

11)单击时间轴面板下方的"新建图层"按钮,新建一个图层,命名为 "遮罩板",将图层"底板"的第 1 帧复制并粘贴到该图层的第 1 帧上,然后单击时间轴面板下方的"新建图层"按钮，新建一个图层，命名为"前景"，在该图层的舞台上依次绘制出口、入口和检查的图形，如图 6-43b 所示。

12）在图层"底部"的上方插入一个新图层，将其命令为"汽车"，在库面板中将影片剪辑元件"汽车"拖曳至舞台的右侧，选择该图层的第 200 帧，按鼠标右键在弹出的快捷菜单中选择"插入关键帧"命令，在此帧中水平移动该图层中的影片剪辑元件"汽车"的实例至舞台的左侧，然后选择该图层的第 1 帧，按鼠标右键在弹出的快捷菜单中选择"创建传统补间动画"命令，创建汽车从左运动至右的动画。

13）在图层"汽车"与"遮罩板"图层间创建一个新图层"透视汽车"，然后框选"汽车"图层的第 1 帧到第 200 帧并复制，再将其粘贴到"透视汽车"图层的第 1 帧到第 200帧，并删除多余的帧。

14）选定"透视汽车"图层第 1 帧中的影片剪辑元件"汽车"，按鼠标右键在弹出的快捷菜单中选择"交换元件"命令，通过"交换元件"对话框，将影片剪辑元件"汽车"交换为影片剪辑元件"透视汽车"，使用相同的方法，将第 200 帧中的影片剪辑元件"汽车"交换为影片剪辑元件"透视汽车"，这样就能保持两辆汽车同步运动。

15）选中图层"遮罩"，按鼠标右键在弹出的快捷菜单中选择"遮罩层"命令，将该图层设置为遮罩层，此时该图层下面的"透视汽车"图层就自动移动到其遮罩级内，而影片元件"透视汽车"只在矩形区域内显示。

16）按下快捷键〈Ctrl+S〉保存文件，然后执行"控制"→"测试影片"命令，或按下快捷键〈Ctrl+Enter〉，测试动画文件的效果，如图 6-39 所示。

6.6 技能知识点考核

一、填空题

（1）遮罩动画主要是通过_____来实现的，在概念上有点像 Photoshop 的遮罩。

（2）引导层也被称作辅导层，分为普通引导层和_____。

（3）在 Flash CS6 中使用骨骼工具可以向元件实例和形状添加骨骼，使用_____可以调整形状对象的各个骨骼和控制点之间的关系。

二、选择题（1～3 单选，4 多选）

（1）如无需制作动画，那么创建遮罩效果的正确步骤是（   ）。

  A．分别创建遮罩层和被遮罩层的内容，确保被遮罩层在遮罩层之下，在遮罩层单击右键选择"遮罩层"

  B．分别创建遮罩层和被遮罩层的内容，确保遮罩层在被遮罩层之下，在遮罩层单击鼠标右键选择"遮罩层"

  C．分别创建遮罩层和被遮罩层的内容，确保被遮罩层在遮罩层之下，在被遮罩层单击鼠标右键选择"遮罩层"

  D．分别创建遮罩层和被遮罩层的内容，确保遮罩层在被遮罩层之下，在被遮罩层单击鼠标右键选择"遮罩层"

（2）在创作引导线动画的过程中，为了辅助对象更好地吸附到引导线的两端，通常需激活以下哪个选项？（   ）

A．贴紧至引导线　　　　　　　　　　B．贴紧至对象

C．吸附至引导线　　　　　　　　　　D．吸附至对象

（3）使用 3D 旋转工具操作（　　）可以进行 3D 对象任意轴向的旋转？

A．红线　　　　　　B．绿线　　　　　　C．蓝圈　　　　　　D．黄圈

（4）关于骨骼动画，正确的描述包括（　　）。

A．可使元件实例和形状对象按复杂而自然的方式移动

B．可以轻松创建人物胳膊、腿的动画和面部表情

C．在父子层次结构中，骨架中的骨骼彼此相连

D．骨架可以是线性的或分支的

三、简答题

（1）Flash CS6 中基于图层形式的动画有几类？各有什么特点？

（2）Flash CS6 中 Deco 工具提供了多少种绘制效果？其中哪些支持直接绘制逐帧动画？

（3）Flash CS6 中的骨骼工具在使用时要注意什么事项？

（4）Flash CS6 中支持 3D 对象的有哪两个工具？

6.7　独立实践任务

（1）【任务要求】　根据本项目所学习的知识，利用素材（配套光盘\【项目 6】Flash 高级动画制作\实践任务\设计素材\8401.png、8402.png、8403.jpg），使用遮罩动画和传统补间动画制作【风景切换】，效果如图 6-44a 所示。

（2）【任务要求】　根据本项目所学习的知识，利用素材（配套光盘\配套光盘\【项目 6】Flash 高级动画制作\实践任务\设计素材\[素材]小池.fla），绘制线条并同时使用引导路径动画来制作动画【小池】，效果如图 6-44b 所示。[提示：诗词的动画是使用遮罩动画、形状补间动画、传统补间动画共同来实现的。]

a)

b)

图 6-44　【风景切换】与【小池】

（3）【任务要求】　根据本项目所学习的知识，利用素材（配套光盘\【项目 6】Flash 高级动画制作\实践任务\设计素材\[素材]monkey.fla），制作【monkey】，使用骨骼动画来制作动画人物的行走效果，如图 6-45a 所示。

a)　　　　　　　　　　　　　b)

图 6-45 【monkey】与【照片墙】

项目 7 声音和视频的应用

 项目概述

在 Flash 动画中运用声音元素可以使动画本身的效果更加丰富，对 Flash 本身起到很好的烘托作用，除了声音以外，视频也越来越多地参与到了 Flash 动画中，用于制作出更加炫目的动画效果。随着版本的升级，对声音和视频的支持越来越完善，使得 Flash 的多媒体功能越来越强大。

 知识目标

● 了解声音和视频的基础知识
● 掌握在 Flash 中导入声音及编辑声音的方法
● 掌握在 Flash 中各种视频的导入和处理

 技能目标

● 能熟练地导入声音、设置声音的属性以及编辑、压缩声音
● 能熟练地导入视频以及设置视频的各种格式

7.1 任务 1——声音的应用

【任务背景】 在欣赏北宋国画《清明上河图》的同时，添加恰当的背景音乐与音效，可以将读者带入国画的意境，效果如图 7-1 所示。

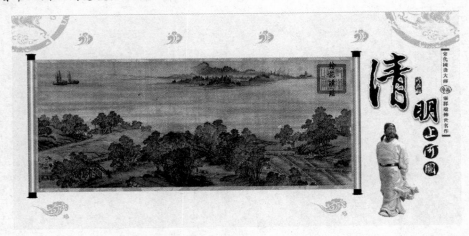

图 7-1 【清明上河图】

【任务要求】 通过提供的素材，使用补间动画来设计动画效果，导入声音并设置声音的相关属性，更好地为动画的意境服务。

【案例效果】 配套光盘\【项目 7】声音和视频的应用\效果文件\清明上河图.swf

7.1.1 知识储备——Flash 支持的声音格式

Flash 设计的初衷是提供网络应用的多媒体集成元素，所以其对声音的支持特别值得称道，尤其是它可以将声音做大幅度的压缩。Flash CS6 提供了多种使用声音的方式，可以使声音独立于时间轴连续播放，或使动画与一个声音同步播放，同时可以向按钮添加声音，使按钮具有更强的感染力。

Flash 本身没有制作音频的功能，只有将外部的声音文件导入到 Flash 以后，才能进一步地在动画中加入声音效果。一般情况下，Flash CS6 支持的声音文件格式有 WAV、MP3、AIFF 和 ASND 等。若系统安装 QuickTime 4 或更高版本，则可以导入 Sound Designer Ⅱ、只有声音的 QuickTime 影片、Sun AU、System 7 声音等附加的声音文件格式。

1．WAV 格式

WAV 格式是 PC 标准声音格式，它直接保存声音的数据，而没有对其进行压缩，因此音质非常好，一些 Flash 动画的特殊音效常常会使用 WAV 格式，但是因为其数据没有进行压缩，所以体积相当庞大，占用的空间也就相对较大。

2．MP3 格式

MP3 格式是用户比较熟悉的一种音频格式，虽然采用 MP3 格式压缩音乐时对文件有一定的损坏，但由于其编码技术成熟，音质比较接近于 CD 水平，且体积小、传输方便，因而受到广大用户的青睐。同样长度的音乐文件，用 MP3 格式存储能比用 WAV 格式存储的体积小 1/10，所以现在较多的 Flash 音乐都以 MP3 的格式出现。

3．AIFF 格式

AIFF 格式是苹果公司开发的一种声音文件格式，支持 MAC 平台，属于 QuickTime 技术的一部分，并支持 16 位 44.1kHz 立体声。

4．ASND 格式

ASND 格式是 Adobe Soundbooth 的本机音频文件格式，具有非破坏性。ASND 文件可以包含应用了效果的音频数据（后期可对效果进行修改）、Soundbooth 多轨道会话和快照（允许恢复到 ASND 文件的前一状态）。

7.1.2 知识储备——声音的导入与编辑

通过执行"文件"→"导入"→"导入到库"命令，可以将声音文件导入到 Flash 当前文档的库中，从而为文档添加声音。在 Flash 中导入声音一般分为两种，为按钮添加声音和为影片添加声音，也就是事件声音和流式声音。

- 事件声音：是指将声音与一件事件相关联，只有当该事件被触发时，才会播放声音，如设置按钮激发声音就是事件声音最典型的例子。事件声音必须完全下载后，才能开始播放，除非明确停止，否则它将一直连续播放，这种播放的类型对于体积大的声音文件来说非常不利，比较适合用于体积小的声音文件。
- 流式声音：所谓流式声音，就是一边下载一边播放的声音。利用这种驱动方式，可以在整个电影范围内同步播放和控制声音。如果电影播放停止工作，声音也会停止，这种播放类型一般用于体积大，需要同步播放的声音文件，如 MV 电影中的 MP3 声音文件。

如果你正在寻找有趣的声音以便在 Flash 影片中使用，可以使用 Adobe 免费提供的声音文件。Flash CS6 预先加载了 185 种有趣的声音，可以执行"窗口"→"公用库"→"声音"命令访问它们，此时将会出现一个外部库（未连接到当前项目的库），如图 7-2 所示。可以选择其中一个声音文件从外部库拖曳到舞台上，该声音将出现在当前文档的库面板中。

图 7-2　公用库声音资源

在 Flash 中可以通过声音的属性面板为声音添加效果、设置事件和播放次数，通过声音的编辑控制功能，还可以定义声音的起始点、控制声音的音量、改变声音开始播放和停止播放的位置，以及将声音文件中多余的部分删除，以减小文件的大小，下面将针对声音的编辑进行详细的讲解。

1. 选择声音

所有直接导入到 Flash 文档中的声音都会自动添加到该文档的库中，这样就方便了用户在制作动画的过程中重复使用库中的声音，以制作出各种不同的声音效果。如果要改变已添加到时间轴上的声音文件，可以直接在时间轴中包含需要更改的声音的任意一帧中单击，然后在属性面板中可以看到当前的声音文件名。如果在文档中导入了多个声音，在"声音"下拉列表中将显示所有导入到该文档中的声音，若需要更改其声音文件，可以单击下拉按钮，在下拉列表中选择需要的声音即可，如图 7-3a 所示。

2. 声音的效果

引用到时间轴上的声音，往往还需要在声音属性面板中进行适当的属性设置，才能更好地发挥声音的效果。在包含需要更改的声音效果的任意一帧中单击，在属性面板的"效果"下拉列表中可以设置一种效果，如图 7-3b 所示。

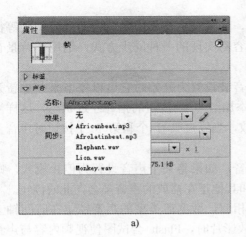
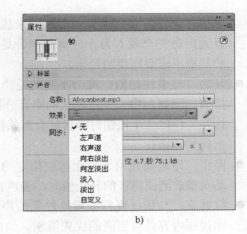

a)   b)

图 7-3   选择声音及设置声音的效果

- 无：不对声音元件应用效果，选择此项将删除以前应用过的效果。
- 左声道/右声道：只在左声道或右声道中播放声音。
- 向右淡出/向左淡出：会将声音从一个声道切换到另一个声道。
- 淡入：会在声音的持续时间内逐渐增加其幅度。
- 淡出：会在声音的持续时间内逐渐减小其幅度。
- 自定义：可以使用"编辑封套"创建声音的淡入点和淡出点。

3．声音的同步方式

声音最常见的操作就是在动画的关键帧上开始或停止播放声音，使声音和动画保持同步。如果想要使声音和场景中的事件保持同步，可以为声音设计开始关键帧和停止关键帧，该关键帧将和场景中的事件对应。属性面板的"同步"下拉列表提供了 4 个选项，如图 7-4a 所示。

a)   b)

图 7-4   设置声音的同步与重复方式

- 事件：是 Flash 中所有声音默认的同步选项，如果不为声音设置其他类型的同步方式，声音就自动作为事件声音。事件声音与发生事件的关键帧同时开始，独立于时间轴播放。如果声音比时间轴影片长，那么即使影片完了，声音还会继续播放，直到播放完为止。如果声音文件比时间轴影片短，则会在影片播放完之前停下来。如果事件声音需要相当长一段时间来载入，影片就会在相应的关键帧处停下来等待，直到声音完全载入为止。事件声音是最容易实现的一种同步方式，适用于背景音乐和其他不需要同步的音乐。

- 开始：与事件相似，唯一不同的是当声音被设置为开始时它可以停下来并重新开始播放。例如，将一个两秒长的声音分别添加给 3 个按钮的指针经过状态，这样当鼠标经过任何一个按钮时声音就会开始播放，当经过第 2 个和第 3 个按钮时声音又会重新开始播放。

- 停止：停止模式用于停止播放指定的声音，如果将某个声音设置为停止模式，则当动画播放到该声音的开始帧时，该声音和其他正在播放的声音都会在此时停止。

- 数据流：与传统视频编辑软件里的声音相似，数据流类型的声音锁定在时间轴上，比视频内容具有更高的优先级别。当播放影片时，Flash 会试图使视频内容与声音同步，当视频内容过于复杂或系统运行速度较慢时，Flash 会跳过或丢弃一些帧中的视频内容来实现与声音的同步。当影片结束时声音也会停止，或者当播放指针离开最后一个包含数据流声音的帧时，声音会停止。用户可以在时间轴上拖动播放指针来播放声音，而其他类型的同步方式则不能这样播放。

4. 声音和重复

在"重复"后的文本框中可以指定声音播放的次数，默认为播放一次，如果需要将声音持续播放较长时间，可以在文本框中输入较大的数值。也可以选择单击"重复"下拉列表，从中选择"循环"选项，以连续播放声音，如图 7-4b 所示。要长时间地播放声音，就输入一个比较大的数，以便使声音播放持续时间延长。例如，要在 15 分钟内循环播放一段 12 秒的声音，则应输入数值"75"。需要注意的是，如果将声音设为循环播放，帧会添加到文件中，文件的大小就会根据声音循环播放的次数而倍增，所以通常情况下不建议设置循环播放。

5. 声音编辑器

虽然 Flash 处理声音的能力有限，没有办法和专业的声音处理软件（Audition、Gold Wave、Cool Edit、Sound Forge 等）相比，但是在 Flash 内部还是可以对声音做一些简单的编辑，使用声音编辑控制功能可以定义声音的起始点、终止点及播放时的音量大小，除此之外，使用这一功能还可以去除声音中多余的部分，以减小声音文件的大小。

选中需要编辑的声音的动画帧，在属性面板中的"效果"下拉列表中选择"自定义"选项，或者直接单击"效果"右侧的"编辑声音封套"按钮，都会弹出"编辑封套"对话框，在该对话框中可以进行声音文件的各种编辑，如图 7-5 所示。

在"编辑封套"对话框中可以分别对左声道和右声道中的声音进行编辑。当声音文件较长、无法在对话框中完全显示时，可以拖动滑块分别显示声音的不同部分。

- "秒"或"帧"按钮：可以以秒数或帧数为度量单位转换窗口中的标尺。如果想要计算声音的持续时间，可以选择以秒为单位，如果要在屏幕上将可视元素与声音同步，可以选择帧为单位，这样就可以确切地显示出时间轴上声音播放的实际帧数。

- "放大"或"缩小"按钮：可以将对话框中的图像放大或是缩小显示，以便在对声音进行编辑时更加精确地观察声音的波形或是对声音进行整体把握。

- 封套手柄：通过拖动封套手柄可以更改声音在播放时的音量高低，如图 7-6a 所示。封套线显示了声音播放时的音量，单击封套线可以增加封套手柄，最多可达到 8 个手柄，如果想要将手柄删除，可以将封套线拖曳至窗口外面。封套手柄可以设置多种混合的效果，这是 Flash 自带的效果所无法实现的。

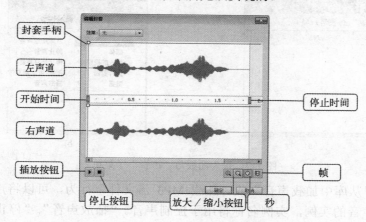

图 7-5 "编辑封套"对话框

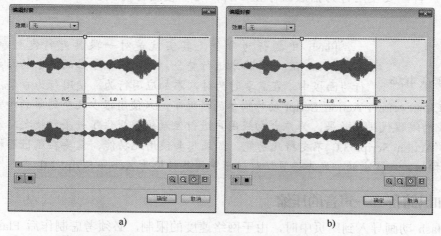

a)   b)

图 7-6 增加/删除手柄以及设置"开始时间"和"停止时间"

- "开始时间"和"停止时间"控件：拖动"开始时间"和"停止时间"控件，可以改变声音播放的起始点和终止点的时间位置，如图 7-6b 所示。通过设置声音的起始点和终止点，可以将声音文件中不需要的内容去除，以达到在任意位置开始和结束的目的，还可以使同一声音的不同部分产生不同的效果。在设置声音的起始点和终止点时，为了便于对声音的波形进行精确的观察，可以利用放大镜工具将对话框放大或缩小显示。

6. 使用行为控制声音播放

除了在声音的属性面板中可以控制声音的播放以外，通过"行为"控制面板也可以控制声音的播放。执行"窗口"→"行为"命令，打开行为面板，如图 7-7a 所示。单击"添加行为"按钮，在弹出的菜单中选择"声音"命令，打开下级子菜单，在其中选择任意选项都可用于控制声音，如图 7-7b 所示。根据需要进行选择，即可为对象添加行为。

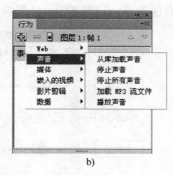

a)   b)

图 7-7 行为面板与"声音"子菜单

通过使用"从库中加载声音"或"加载 MP3 流文件"行为，可以将声音文件添加到文档中并创建声音的实例，实例名称将用于控制声音。"播放声音"、"停止声音"和"停止所有声音"这些行为可以控制播放。要使用这些行为，必须先使用其中一种"加载"行为加载声音，要使用行为播放或停止声音，可以使用行为面板，将该行为应用于触发对象上。

> **注意事项**　　Flash 中的行为命令，其实就是对一段具有特定控制功能的 Action Script 动作脚本进行整合，并以一个单独的命令的形式存放于行为面板中，在需要时为对象添加应用行为。使用行为命令，可以帮助用户在不输入任何 Action Script 动作脚本的情况下，只使用很少几个简单的步骤就可以得到专业的编程代码和效果，为广大初级用户进行互动编程提供了一条便捷之路。需要注意的是，Action Script 3.0 不支持此功能，如果想要使用此功能，需要在属性面板中单击"编辑"按钮，在弹出的"发布设置"对话框中将其转换为 Action Script 2.0。

7.1.3　知识储备——声音的压缩

将 Flash 动画导入到网页中时，由于网络速度的限制，必须考虑制作后 Flash 动画的大小，尤其是带有声音的文件。在导出时，压缩声音可以在不影响动画效果的同时减少数据量，可以为单个事件声音或流式声音选择压缩选项，然后按这些设置导出单独的声音。

如果想为声音设置输出属性，可以在库面板中的声音文件上单击鼠标右键，在弹出的快捷菜单中选择"属性"命令，也可以双击库面板中声音文件的声音图标，都可弹出"属性"对话框，其中"压缩"设置可以很好地控制单个声音文件的导出质量和大小，在该下拉列表框中提供了 5 种压缩方式，分别是默认、ADPCM、MP3、原始和语音，如图 7-8a 所示。

1. 默认压缩选项

如果从"压缩"下拉列表中选择"默认"压缩选项，如图 7-8b 所示，表示在导出影片时，将使用"发布设置"对话框中默认的压缩设置，该设置没有附加压缩设置可供选择。

a)   b)

图7-8 "声音属性"对话框

如果没有定义声音的压缩设置，则 Flash 将使用"发布设置"对话框中默认的压缩设置来导出声音，用户也可以通过"文件"→"发布设置"命令，在弹出的"发布设置"对话框中按自己的需要进行设置。如果在本地播放 Flash 动画，则可以创建高保真的音频效果，反之如果影片要在 Web 上播放，则适当降低保真效果、缩小声音文件是非常必要的。但是在导出影片时，采样率和压缩比将显著影响声音的质量和大小。压缩比越高、采样率越低，则文件越小、音质越差。要想取得最好的效果，必须不断地尝试才能获得最佳平衡。

2. 使用 ADPCM 压缩选项

ADPCM 压缩方式用于 8 位或 16 位声音数据的压缩设置，当导出较短的事件声音（如按钮单击的声音）时，可以使用 ADPCM 压缩方式。在"属性"对话框中选择"压缩"下拉列表框里的 ADPCM 选项，如图7-9a 所示。

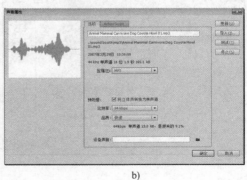

a)   b)

图7-9 选择 ADPCM 和 MP3 选项

- 预处理：勾选"将立体声转换为单声道"复选框，可以将混合立体声转换为单声道（非立体声），单声道声音将不受此选项的影响。
- 采样率：在该下拉列表框中可以设置导出声音文件的采样率，分别有 4 种采样率。①5kHz：对于语音来说，这是最低的可接受标准，只能达到人们讲话的声音质量。②11kHz：是播放音乐短片的最低标准，是标准 CD 比率的四分之一。③ 22kHz：是 Web 回放的常用选择，是标准 CD 比率的二分之一。④ 44kHz：是标准 CD 音质，可以达到很好的听觉效果。采样率越高，声音的保真效果越好，文件也就越大，采样率越低，则文件就越小，越可以有效地节省磁盘空间。

- ADPCM 位：用于确定声音压缩的位数，位数越高，生成的声音品质就越高。

3．使用 MP3 压缩选项

在需要导出较长的流式声音（如乐曲）时，可以使用 MP3 压缩格式导出声音，MP3 最大的特点就是以较小的比特率、较大的压缩比，达到近乎完美的 CD 音质，所以用 MP3 格式对 WAV 音乐文件进行压缩，既可以保证效果，也可以达到减少数据量的目的。

在"声音属性"对话框中选择"压缩"下拉列表框里的 MP3 选项，如图 7-9b 所示。

- 使用导入的 MP3 品质：默认为勾选状态，此时的 MP3 文件将以相同的设置来导出，如果取消勾选后，可以对 MP3 压缩格式进行设置。
- 预处理：勾选"将立体声转换为单声道"复选框，可以将混合立体声转换为单声（非立体声），单声道声音将不受此选项的影响。注意的是只有在选择比特率为 20Kbps 或更高时，"预处理"选项才可用，否则将是灰色无法选用。
- 比特率：在该下拉列表框中，可设置声音文件中每秒播放的位数，支持 5～160Kbps12 种比特率，导出音乐时将比特率设为 16Kbps 或更高，将获得非常好的效果。
- 品质：用以确定压缩速度和声音品质，在该下拉列表框中有 3 个选项，"快速"压缩速度较快，但声音品质较低，"中"压缩速度较慢，但声音品质较高，"最佳"压缩速度最慢，但声音品质最高。

4．RAW 压缩和语音压缩

RAW 压缩选项（原始压缩）导出的声音是不经过压缩的，数据量特别大，语音压缩选项使用一个特别适合语音的压缩方式导出声音，数据量比较小，如图 7-10a 和图 7-10b 所示，分别为 RAW 压缩和语音压缩的设置。

a)   b)

图 7-10　原始压缩和语音压缩

除了采样比率和压缩外，还可以使用下面几种方法在文档中有效地使用声音并保持较小的文件大小。

（1）设置切入点和切出点，避免静音区域保存在 Flash 文件中，从而减小声音文件的大小。

（2）通过在不同的关键帧上对同一个声音文件应用不同的声音效果（如音量封套、循环播放和切入点/切出点），这样从同一个声音文件中可以获得更多的变化，只需使用一个声音文件就可以得到许多声音效果，同时并没有增加输出的 Flash 文件的大小。

（3）可以循环播放较小的声音文件，将它作为背景音乐。

（4）不要将较大的声音文件等音频流设置为循环播放。

（5）从嵌入的视频剪辑中导出音频时，应记住音频是使用"发布设置"对话框中所选的全局流设置来导出的。

（6）当在编辑器中预览动画时，使用流同步使动画和音轨保持同步。如果计算机运行速度不够快，绘制动画帧的速度跟不上音轨，那么 Flash 就会跳过帧。

（7）当导出 QuickTime 影片时，可以根据需要使用任意数量的声音和声道，不用担心文件大小，将声音导出为 QuickTime 文件时，声音将被混合在一个单音轨中，使用的声音数不会影响最终文件的大小。

7.1.4 案例精讲——清明上河图

【案例：清明上河图】操作步骤如下。

1）执行 "文件"→"新建"命令，在弹出的对话框中选择"常规"→"Flash 文件（Action Script 3.0）"选项后，单击"确定"按钮，新建一个影片文档，在属性面板中的属性选项中单击"编辑"按钮，打开"文档属性"对话框，在"尺寸"文本框中输入"1630"和"800"，设置背景颜色为"#FFFBC2"，然后执行"文件"→"保存"命令，文件命名为"清明上河图.fla"。

2）执行菜单"文件"→"导入"→"导入到舞台"命令，在弹出的对话框中选择"配套光盘\【项目 7】声音和视频的应用\设计素材\清明上河图.psd"，单击"确定"按钮，将素材导入至舞台，如图 7-11 所示。

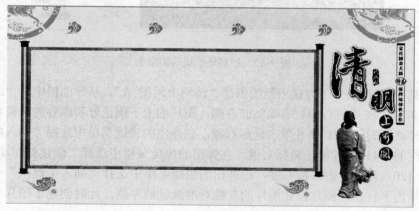

图 7-11　素材"清明上河图.psd"

3）执行菜单"文件"→"导入"→"导入到库"命令，将外部声音文件"配套光盘\【项目 7】声音和视频的应用\设计素材\洞箫-清明上河图.mp3"导入到文档的"库"面板中。

4）在图层"背景"下方插入新的图层并命名为"音乐"，然后选择该层的第 1 帧，将库面板中的"洞箫 - 清明上河图.mp3"声音对象拖曳至场景中的任意位置即可，单击该图层的第 4800 帧，按鼠标右键菜单在弹出的快捷菜单中选择"插入帧"命令，插入帧后会发现声音对象的波形，这说明声音对象已被引用。

注意：音乐文件时间长度为 200 秒，系统默认帧频为 24fps，所以声音文件播放需 4800 帧才能播放完毕。

5）分别选择图层"背景"、"标题文字"、"修饰文字"、"张择端"和"画卷"的第 4800 帧并单击鼠标右键，在弹出的快捷菜单中选择"插入帧"命令，插入帧。

6）执行菜单"文件"→"导入"→"导入到库"命令，在弹出的"导入"对话框中选择"配套光盘\【项目 7】声音和视频的应用\设计素材\清明上河图 A.jpg、清明上河图 B.jpg、清明上河图 C.jpg、清明上河图 D.jpg、清明上河图 E.jpg" 5 个素材图片，将其导入到库面板中。

7）在图层"画卷"上方插入新的图层并命名为"矩形块"，使用矩形工具绘制一个矩形，大小正好和画卷中浅黄色部分大小一样，使用同样的操作插入新的图层"矩形条"，在该图层中绘制一个矩形，如图 7-12 所示。

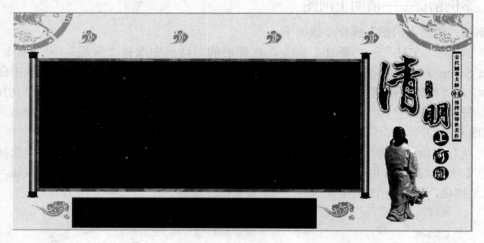

图 7-12　绘制矩形块与矩形条

8）在图层"矩形块"下方插入新的图层"清明上河图 A"，从库面板中将"清明上河图 A.jpg"拖入舞台，图片的右侧对准画轴的右侧，图片的上下侧正好和画卷的米黄色部分上下侧对齐，选择该层的第 341 帧并单击鼠标右键，在弹出的快捷菜单中选择"插入帧"命令，再次选择该层的 341 帧并单击鼠标右键，在弹出的快捷菜单中选择"创建补间动画"，然后选择该层的 1201 帧并单击鼠标右键，在弹出的快捷菜单中选择"插入关键帧"→"全部"命令，在该帧内平行移动图片，让图片的左侧对准画轴的左侧，此时创建了图片从左向右平行移动的补间动画。

注意：由于国画"清明上河图"长度太长、文件太大，不方便设计，所以分成 5 张图片来分别设计。

9）在图层"矩形块"和"清明上河图 A"之间插入 4 个新的图层并命名为"清明上河图 B"、"清明上河图 C"、"清明上河图 D"、"清明上河图 E"，在图层"清明上河图 B"的第 868 帧插入关键帧并创建补间动画，在第 2101 帧插入关键帧，在图层"清明上河图 C"的第

1773 帧插入关键帧并创建补间动画，在第 3001 帧插入关键帧，在图层"清明上河图 D"的第 2675 帧插入关键帧并创建补间动画，在第 3901 帧插入关键帧，在图层"清明上河图 E"的第 3575 帧插入关键帧并创建补间动画，在第 4443 帧插入关键帧，以同样的操作方式移动各个素材图片，创建国画各个部分向右移动的运动补间动画。

10）在图层"矩形块"下方插入新的图层"文字 A"，在该图层选择第 100 帧并单击鼠标右键，在弹出的快捷菜单中选择"插入关键帧"命令插入关键帧，然后使用文本工具，在矩形条的下方输入文字，文字内容见"配套光盘\项目 7 声音和视频的应用\设计素材\清明上河图解说文字.txt"第一段，设置文字"字体"为方正小标宋简体，"文本颜色"为黑色，"字体大小"为 42，"字母间距"为 5，"行距"为 36。

11）再次选择图层"文字 A"的第 100 帧并单击鼠标右键，在弹出的快捷菜单中选择"创建补间动画"，然后选择该图层的第 848 帧并单击鼠标右键，在弹出的快捷菜单中选择"插入关键帧"→"全部"命令，在该帧内垂直移动文字，使文字的底部位于矩形条的正上方，创建文字从底部飞入的补间动画。

12）以同样的方法创建图层"文字 B"、"文字 C"、"文字 D"、"文字 E"和"文字 F"，分别输入文字，文字内容见"配套光盘\【项目 7】声音和视频的应用\设计素材\清明上河图解说文字.txt"第二至六段，以图层"文字 B"的第 949 帧和第 1401 帧，图层"文字 C"的第 1401 帧和第 2051 帧，"文字 D"的第 2051 帧和第 2600 帧，图层"文字 E"的第 2800 帧和第 3400 帧，图层"文字 F"的第 3600 帧和第 4200 帧为关键帧制作运动补间动画。

13）分别选择图层"矩形块"和"矩形条"，按鼠标右键在弹出的快捷菜单中选择"遮罩层"命令，创建遮罩动画，并调整各个图层的遮罩关系，图层"清明上河图 A"、"清明上河图 B"、"清明上河图 C"、"清明上河图 D"、"清明上河图 E"在遮罩层"矩形块"下，图层"文字 A"、"文字 B"、"文字 C"、"文字 D"、"文字 E"和"文字 F"在遮罩层"矩形条"下，如图 7-13 所示。

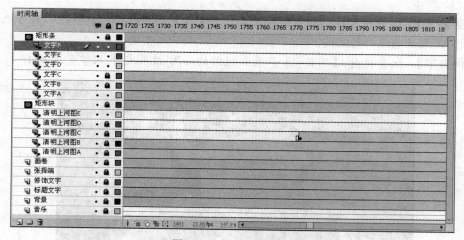

图 7-13 图层遮罩关系

14）欣赏国画需要一个相对安静的环境，动画刚开始时音量太大会影响作品的意境，应该为动画设置淡入淡出的声音效果，选择图层"音乐"中需要编辑的声音的任意一帧，在属性面板中的"效果"下拉列表中选择"自定义"选项，弹出"编辑封套"对话框，在对话框中通过拖动封套手柄可以更改声音在播放时的音量高低，淡入的效果编辑如图 7-14a 所示，淡出的效果编辑如图 7-15b 所示。

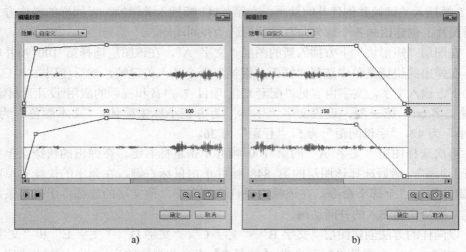

a)   b)

图 7-14 编辑声音淡入淡出效果

15）按下快捷键〈Ctrl+S〉保存文件，然后执行"控制"→"测试影片"命令，或按下快捷键〈Ctrl+Enter〉，测试动画文件的效果，效果如图 7-1 所示。

7.2 任务 2——视频的应用

【任务背景】 Flash 是 Web 传递视频最常用的工具，设计者不仅可以在 Flash Player 中方便地导入各种视频，同时还可以给视频添加各种播放器外观，功能非常强大并且实用，效果如图 7-15 所示。

【任务要求】 通过导入提供的素材视频文件，并设置相应的播放器外观，更好地部署导入的视频，满足动画设计的需要。

【案例效果】 配套光盘\【项目 7】声音和视频的应用\效果文件\入学考试.swf

图 7-15 【入学考试】

7.2.1　知识准备——Flash CS6 支持的视频格式

Flash 动画是一种基于"流"技术的交互式矢量动画，而平常所说的"视频"，是一种与其迥然不同的动画格式，是更接近于现实世界的"连续图像序列"。自 2002 年 Flash 引入视频功能以来，把视频文件嵌入 Flash 作品中，使 Flash 动画与"视频"的真实性有机地结合起来，这是动画爱好者梦寐以求的事。Flash CS6 支持 3 种编解码器，编码解码器是一种压缩/解压缩算法，用于控制多媒体文件在编码期间的压缩方式和回放期间的解压缩方式。

1．Sorenson Spark

Sorenson Spark 是从 Flash MX 版本开始内置的运动视频编解码器，使用了高效间帧压缩技术，与其他编解码器相比，只需要较低的数据率就可以产生高质量的视频。如果预计有大量用户使用较老的计算机，则应考虑使用 Sorenson Spark 编解码器，原因是在执行播放操作时，Sorenson Spark 编解码器所需的计算量比另两种编解码器所需的计算量要小得多。

2．On2 VP6

On2 VP6 编解码器是创建在 Flash Player 8 和更高版本中的 FLV 文件时使用的首选视频编解码器，与以相同数据速率进行编码的 Sorenson Spark 编解码器相比，视频品质更高，并且支持使用 8 位 Alpha 通道来复合视频。

为了在相同数据速率下实现更好的视频品质，On2 VP6 编解码器的编码速度会明显降低，而且要求客户端计算机上有更多的处理器资源参与解码和播放。因此，要考虑客户端访问 FLV 视频内容时，所使用的计算机必须要满足的最低配置要求。

3．H.264

H.264 是目前 MPEG-4 标准所定义的最新的、技术含量最高的视频编码格式之一。Flash Player 从版本 9.0 开始引入了对 H.264 视频编解码器的支持，使用此编解码器的视频格式提供的品质比特率之比远远高于以前版本的 Flash 视频编解码器，但所需的计算量要大于 Sorenson Spark 和 On2 VP6 视频编解码器。目前 56 网、优酷网、酷六网、奇异网各大视频网站都采用 H.264 编码，标志着网络视频高清时代的来临。

根据计算机操作系统所安装的多媒体数字信号编码解码器的类型，Flash CS6 将会支持不同类型的视频文件。如果计算机上已经安装了 QuickTime 7 或 DirectX 9 及以上版本，则在导入嵌入视频时支持包括 MOV（QuickTime 影片）、AVI（音频视频交叉文件）和 MPG/MPEG（运动图像专家组文件）等格式的视频剪辑，见表 7-1。

表 7-1　Flash CS6 支持的视频格式

文 件 类 型	扩 展 名
音频视频	.avi
数字视频	.dv
运动图像专家组	.mpg、.mped
Adobe 视频文件	.flv、.f4v
Windows Media 文件	.wmv、.asf
MPEG-2 文件	.mp4、.m4v
QuickTime 影片	.mov、.qt
适用于移动设备的 3gpp/3gpp2	.3gp、.3gpp、.3gp2、.3gpp2、3g2

如果导入的视频文件是系统不支持的文件格式，那么 Flash 会显示一条警告消息，表示无法完成该操作，必须安装相应的软件。在某些情况下，Flash 可能只能导入文件中的视频，而无法导入音频，此时，将会显示警告消息，表示无法导入该文件的音频部分，但是仍然可以导入没有声音的视频。

Flash 的视频格式有两种不同的格式：FLV 和 F4V。FLV 是 Flash Video 的简称，是随着 Flash MX 的推出发展而来的视频格式，由于它形成的文件小、加载速度极快，使得网络观看视频文件成为可能，它的出现有效地解决了视频文件导入 Flash 后，使导出的 SWF 文件体积庞大，不能在网络上很好使用等缺点。

FLV 文件体积小巧，清晰的 FLV 视频 1 分钟在 1MB 左右，一部电影在 100MB 左右，是普通视频文件体积的 1/3，再加上 CPU 占有率低、视频质量良好等特点，使其在网络上盛行。

F4V 是最新的 Flash Video 格式，支持 H.264 标准，相比于传统的 FLV 格式，F4V 在同等体积的前提下，能够实现更高的分辨率，并支持更高比特率。随着网络带宽的发展和视频网站的发展，以及人们对视频清晰度越来越高的要求，F4V 已经逐步取代 FLV，流行于更多的视频网站，成为目前网络流媒体的主流格式。

现在主流的视频网站（如奇艺、土豆、酷六、优酷等）都开始用 H.264 编码的 F4V 文件。H264 编码的 F4V 文件在相同文件大小的情况下，清晰度明显比 On2 VP6 和 H.263 编码的 FLV 要好。土豆等网站发布的视频大多数已为 F4V 格式，但文件名后缀仍为 FLV，这是 Flash 实际上可以回放利用 H.264 编码的任何视频，因此视频文件不必具有 ".f4v" 的扩展名。

7.2.2　知识准备——导入外部视频

在动画中加入视频，不仅使其内容更加丰富，而且可以产生画中画、音中音的效果，引起人们观看的兴趣。导入视频就像导入图片一样方便。执行 "文件" → "导入" → "导入视频" 命令，在弹出的 "导入视频" 对话框中，提供了两种导入选项，如图 7-16 所示。

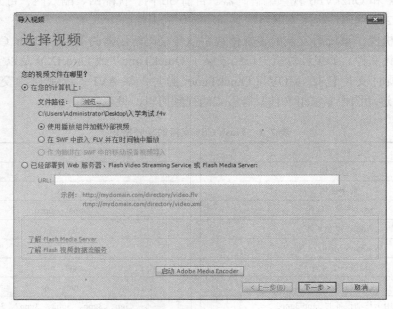

图 7-16　"导入视频" 对话框

1. 导入本地视频

如果用户要导入的视频为本地视频，可以选择"在您的计算机上"单选按钮，单击"浏览"按钮，在弹出的"打开"对话框中选择视频文件，导入视频路径。

在导入本地视频时，用户可以选择 3 种选项定义视频与 Flash SWF 文档的关系。

- 使用回放组件加载外部视频：导入视频，并同时通过 FLVPlayBack 组件创建视频的外观，将 Flash 文档作为 SWF 文件发布并将其上载到 Web 服务器时，还必须将视频文件上载到 Web 服务器或 Flash Media Server，并按照已上载视频文件的位置进行配置。
- 在 SWF 中嵌入 FLV 并在时间轴中播放：允许将 FLV 或 F4V 嵌入到 Flash 文档中，成为 Flash 文档的一部分，导入的视频将直接置于时间轴中，可以清晰地看到时间轴所表示的各个视频帧的位置。
- 作为捆绑在 SWF 中的移动设置视频导入：与在 Flash 文档嵌入视频类似，将视频绑定到 Flash Lite 文档中，以部署到移动设备。要使用此功能，必须以 Flash Lite 2.0、Flash Lite 2.1、Flash Lite 3.0 和 Flash Lite 3.1 为目标。

在选择"使用回放组件加载外部视频"单选按钮后，单击"下一步"按钮，进入"外观"对话框，如图 7-17a 所示，在此对话框中可以选择回放组件的外观及背景颜色，如图 7-17b 所示。外观是一个较小的 SWF 文件，它确定了视频控件的功能和外观，分为 3 大类：①以"Minima"开头的外观是 Flash CS6 中提供的最新设计，并且它包含带有数字计数器的选项；②以"Skin Under"开头的外观是出现在视频下面的控件；③以"Skin Over"开头的外观是覆盖在视频底部边缘的控件。

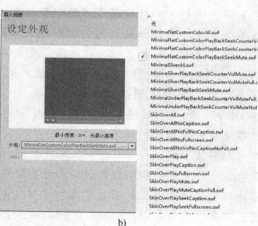

a)   b)

图 7-17 "外观"对话框

再次单击"下一步"按钮，进入"完成视频导入"对话框，显示视频文件的相关信息，如图 7-18a 所示，单击"完成"按钮，即可完成导入操作。

如果选择"在 SWF 中嵌入 FLV 并在时间轴中播放"单选按钮，单击"下一步"按钮之后，在"嵌入"对话框中可以选择"符号类型"属性，如图 7-18b 所示。"符号类型"属性决定了 Flash 嵌入视频的方式，包括 3 种。

- 嵌入的视频：将 FLV 视频直接嵌入为视频素材。
- 影片剪辑：将 FLV 视频嵌入为视频素材，同时添加到新建的影片剪辑元件中。
- 图形：仅嵌入 FLV 视频的第一帧，将其转换为图形元件。

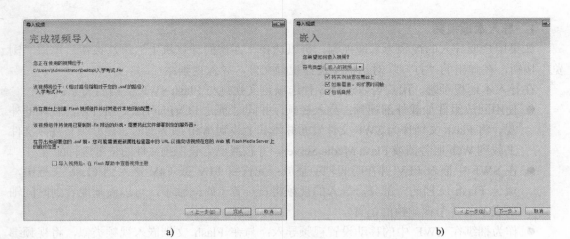

| a) | b) |

图 7-18 "完成视频导入"与"嵌入"对话框

嵌入视频允许将视频文件嵌入到 SWF 文件，使用这种方法导入视频时，该视频将被直接放置在时间轴上，与导入的其他文件一样，嵌入的视频成了 Flash 文档的一部分。一般不推荐使用嵌入视频方式，其局限性如下：①嵌入的视频文件不宜过大，否则在下载播放过程中会占用系统过多的资源，从而导致动画播放失败；②较长的视频文件通常会在视频和音频之间存在不同步问题，不能实现很多的播放效果；③要播放嵌入的 SWF 文件视频，必须先下载整个影片，所以如果嵌入的视频过大，则需要一个漫长的等待过程；④将视频嵌入到文档后，将无法对其进行编辑，必须重新编辑和导入其他视频文件；⑤在通过 Web 发布 SWF 文件时，必须将整个视频都下载到浏览者的计算机上，然后才能开始视频播放；⑥在运行时，整个视频必须放入计算机的本地内存中；⑦导入的视频文件长度不能超过 16000 帧；⑧视频帧速率必须与 Flash 时间轴帧速率相同，要设置 Flash 文件的帧速率，以匹配嵌入视频的帧速率。

渐进式下载允许用户使用脚本将外部的 FLV 格式加载到 SWF 文件中，并且可以在播放时控制给定文件的播放或回放。由于视频内容独立于其他 Flash 内容和视频回放控件，因此只更新视频内容，而无需重复发布 SWF 文件，使视频的更新更加容易。推荐使用渐进式下载，其具有以下优点：①可以快速预览，缩短预览的时间；②播放时，下载完第一段并缓存到本地计算机的磁盘驱动器后，即可开始播放；③播放时，视频文件将从计算机驱动器加载到 SWF 文件上，并且没有文件大小和持续的时间限制，不存在音频同步的问题，也没有内存的限制；④视频文件的帧频可以不同于 SWF 文件的帧频，减少了制作的烦琐。

2. 导入 Web 视频

如导入的视频为部署在 Web 服务器的流视频，则可以选择"已经部署到 Web 服务……"单选按钮，并将视频的路径输入到 URL 一栏中。在输入 URL 地址后，用户同样可以单击"下一步"按钮，在"外观"对话框中选择视频播放器的外观，并定义外观的背景颜色等，其操作方式与使用回放组件加载外部视频类似，在此将不再介绍。

使用 Flash Media Server 流式加载视频。Flash Media Server 是基于用户的可用带宽，使用带宽检测传送视频或音频内容。在传送的过程中，每个 Flash 客户端都打开一个到 Flash Media Server 的持久连接，并且传送中的视频和客户端交互之间存在受控关系。根据用户访问和下载内容的能力，向他们提供不同的内容。与嵌入和渐进式下载的视频相比，使用 Flash Media Server 传送视频流有以下优势：①回放视频的开始时间与其他集成视频的方法相比更早一些；②由于客户端无需下载整个文件，所以流传送使用的客户端内存和磁盘空间相对少一些；③使用 Flash Media Server 传送视频时，只有用户查看的视频部分才会传送给客户端，所以网络资源的使用变得更加有效。④由于在传送媒体流时，媒体不会保存在客户端的缓存中，因此媒体传送更加安全。⑤相对于其他视频，具备更好的跟踪、报名和记录能力；⑥可以传送实时和音频演示文稿，或者通过 Web 摄像头或数码摄像机捕获视频；⑦Flash Media Server 为视频聊天、视频信息和视频会议应用程序提供多用户的流传送；⑧通过使用服务器端脚本控制视频和音频流，可以根据客户端的连接速度，创建服务器端播放曲目、同步流和更智能的传送选项。

7.2.3　知识准备——Adobe Media Encoder

在导入视频时经常会遇到一些问题，例如在导入"配套光盘\【项目 7】声音和视频的应用\设计素材\宝马广告.wmv"文件时，会弹出如图 7-19 所示的对话框。可以使用 Adobe 媒体编码器（Adobe Media Encoder），把各种视频文件转换为合适的 FLV 或 F4V 格式，使 Flash CS6 中能更加方便地导入视频。Adobe Media Encoder CS5 可以转换单个文件或多个文件（称为批处理），从而使工作流程更容易。

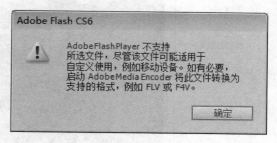

图 7-19　提示对话框

启动 Adobe Media Encoder 软件，执行"文件"→"添加"命令，在弹出的对话框中选择"配套光盘\【项目 7】应用声音和视频\设计素材\宝马广告.wmv"文件，单击"确定"按钮，把"宝马广告.wmv"文件添加到显示列表中，并且准备好转换为 FVL 或 F4V 格式，如图 7-20 所示。如果在两分钟内没有做任何事情，Adobe Media Encoder 将自动开始编码过程。

单击"开始队列"按钮，Flash 开始编码过程，会显示所编码视频的设置，并会显示进度和视频的预览。在编码过程完成时，显示列表中会显示对钩标记，指示已成功转换文件。

在把原始视频转换为"Flash 视频"格式时，可以自定义许多设置。可以裁剪视频并把它的大小调整为特定的尺寸、只转换视频中的一个片段、调整压缩的类型和压缩程度，甚至对视频应用滤镜。单击"设置"按钮，弹出"导出设置"对话框，在此可以对导出的视频进行自定义设置，如图 7-21 所示。

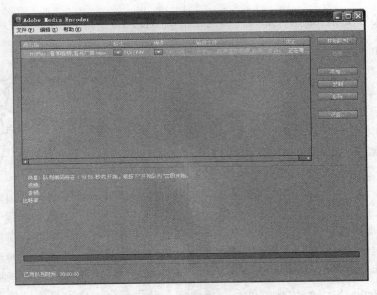

图 7-20　Adobe Media Encoder 工作界面

图 7-21　"导出设置"对话框

1．裁剪视频

如果只想显示视频的一部分，则可以裁剪它。单击对话框左上角的"裁剪"按钮，在视频预览窗口将出现裁剪方框，如果想使裁剪方框保持标准的比例，可以单击"裁剪比例"菜单，并选择想要的比例，如图 7-22a 所示。也可以向里拖动各条边，以从上、下、左、右方向进行裁剪，如图 7-22b 所示。

方框外面灰色显示的部分将被丢弃，要查看裁剪的效果，可以单击"输出"选项卡，或者单击预览窗口右上角的"切换到输出"按钮，如图 7-22c 所示。"更改输出尺寸"下拉菜单包含 3 个用于设置最终输出文件裁剪效果的选项，如图 7-22d 所示。

● 缩放以适合：调整裁剪的尺寸并添加黑色边框，以适合输出文件。

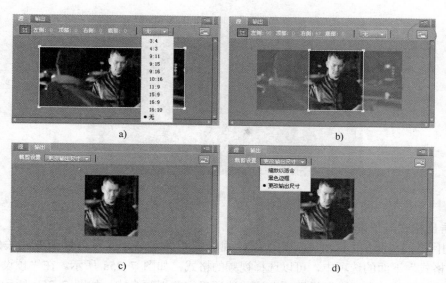

图 7-22 裁剪视频

- 黑色边框：在顶部或者在两边添加黑色条纹，使裁剪适合输出文件的尺寸。
- 更改输出尺寸：更改输出文件的尺寸，以匹配裁剪尺寸。

2．调整视频长度

视频中开头和结尾有字幕，可以从视频两端剪除一些连续的镜头，以调整视频的总长度。单击并拖放播放头（黄色标记）经过视频，预览连续的镜头，把播放头置于视频中想要的开始处，如图 7-23a 所示。单击"设置入点"图标，"入点"将移到播放头的当前位置，如图 7-23b 所示。

图 7-23 调整视频长度

在选择播放头时，可以使用键盘上向左或向右的箭头键，逐帧前移或后移，以进行更精细的片段。把播放头拖到视频中想要结束的位置，单击"设置出点"图标，如图 7-23c 所示，"出点"将移到播放头的当前位置。"入点"标记和"出点"标记之间高亮显示的视频部分将是原始视频中将编码的片段。

3．提示点

"导出设置"对话框左下方是可以为视频设置提示点的区域。提示点是在视频中的多个位置添加的特殊标记。利用 Action Script，可以编写程序，使 Flash 在遇到这些提示点时能够识别它们，或者可以导航到特定的提示点。提示点可以把普通的线性视频转换为真正使人陶醉的交互式视频体验。选择特定的视频帧之后，单击"添加提示点"按钮，输入提示名称及相关的参数，如图 7-24 所示。

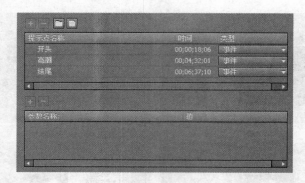

图 7-24　设置"提示点"

4．导出格式与预设

"导出设置"对话框右边显示关于原始视频的相关信息，并且可以改变相关的导出设置，在"格式"下面的选项中，可以选择视频的格式，如图 7-25a 所示。在"预设"选项下面，有许多可供选择的标准预设选项，这些选项确定的视频格式，如图 7-25b 所示。例如，Web Medium 选项将把原始视频转换为 360 像素（宽度）×264 像素（高度），它是在 Web 浏览器中显示视频的平均大小，在该选项的圆括号中，Flash 指示播放所选视频格式所需 Flash Player 的最低版本。

5．设置高级的视频和音频选项

在"导出设置"对话框下方，可以使用选项卡导航到高级的视频和音频编码等选项，进行详细的设置。①"滤镜"选项卡：可以为视频设置高斯模糊的滤镜效果，如图 7-26a 所示；②"格式"选项卡：设置导出的文件格式为"FLV"或"F4V"，如图 7-21 右下方所示；③"视频"选项卡：可以对视频进行基本视频设置、比特率设置以及高级设置，如图 7-26b 所示。④"音频"选项卡：可以对音频进行基本音频设置、比特率设置以及高级设置，如图 7-26c 所示；⑤"FTP"选项卡：可以设置 FTP 服务器的相关参数，在视频转换完后，自动将转换后的视频上传到 FTP 服务器，如图 7-26d 所示。

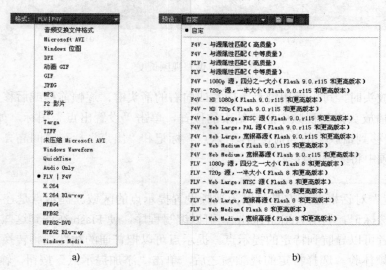

图 7-25　"格式"与"预设"选项

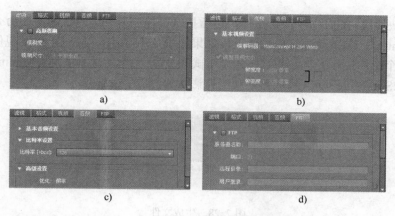

a)   b)

c)   d)

图 7-26 "滤镜"、"视频"、"音频"、"FTP"选项卡

7.2.4 案例精讲——入学考试

【案例：入学考试】操作步骤如下。

1）执行菜单"文件"→"新建"命令，在弹出的对话框中选择"常规"→"Flash 文件（Action Script 3.0）"选项后，单击"确定"按钮，新建一个影片文档，在属性面板中的属性选项中单击"编辑"按钮，打开"文档属性"对话框，在"尺寸"文本框中输入"848"和"504"，在"背景颜色"下拉列表框中选择"黑色"（#000000），然后执行菜单"文件"→"保存"命令，文件命名为"入学考试.fla"。

2）执行"文件"→"导入"→"导入视频"命令，在弹出的"导入视频"对话框中，选择"在您的计算机上"单选按钮，再选择"使用回放组件加载外部视频"选项，然后单击"浏览"按钮，在弹出的"打开"对话框中，选择视频文件"配套光盘\【项目 7】声音和视频的应用\设计素材\入学考试.f4v"。

3）单击"下一步"按钮，进入"外观"对话框，如图 7-27a 所示。在"外观"下拉列表中选择"MinimaFlatCustomColorPlayBackSeekMute.swf"，设置颜色为"#FF6633"，然后单击"下一步"按钮，进入"完成视频导入"对话框，显示视频文件的相关信息，最后单击"完成"按钮，即可将视频导入至舞台，完成导入操作后，舞台上将出现先前所选择的视频播放器，如图 7-27b 所示。

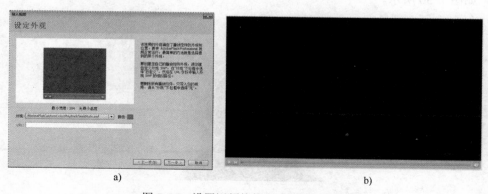

a)   b)

图 7-27 设置视频的外观及视频相关信息

4）按下快捷键〈Ctrl+S〉保存文件，然后执行"控制"→"测试影片"命令，或按下快捷键〈Ctrl+Enter〉，测试动画文件的效果，效果如图 7-15 所示，同时可以发现保存影片的文件夹下对应这个影片共有 3 个文件：① 入学考试.fla；② 入学考试.swf；③ MinimaFlatCustom ColorPlayBackSeekMute.swf（播放器外观组件影片），如图 7-28 所示。

图 7-28　生成文件

7.3　项目实训——时空隧道

7.3.1　实训目标

使用 Flash CS6 进行动画设计时，经常要导入音频素材和视频素材，以完成相关的动画设计。通过本实训掌握导入音频与导入视频的方法，理解如何嵌入视频。

7.3.2　实训要求

利用 Flash CS6 导入声音和视频功能，对导入的声音和视频进行处理，更好地为主题服务。"配套光盘\【项目 7】声音和视频的应用\FLA 源文件"有样例文件"时空隧道.fla"，仅供参考。

图 7-29　【时空隧道】

7.3.3　实训步骤

1）执行菜单"文件"→"打开"命令，在弹出的对话框中选择"配套光盘\【项目 7】声音和视频的应用\设计素材\[素材]时空隧道.fla"，如图 7-30 所示。

图 7-30　素材

2）双击时间轴面板中的"新建图层"按钮，新建图层并将该图层重新命名为"视频"，在第 1 帧上执行"文件"→"文件导入"→"导入视频"命令，在弹出的"导入视频"对话框中，选择"在您的计算机上"单选按钮，再选择"在 SWF 中嵌入 FLV 并在时间轴中播放"选项，然后单击"浏览"按钮，在弹出的"打开"对话框中，选择视频文件"配套光盘\【项目 7】声音和视频的应用\设计素材\数字密码.flv"，单击"下一步"按钮，进入"嵌入"对话框，源视频素材没有声音，在此要注意不勾选复选框"包括音频"，如图 7-31a 所示。

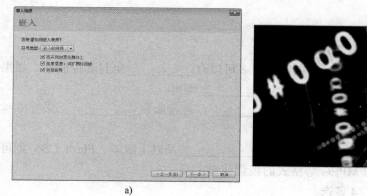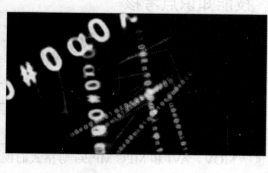

图 7-31 "嵌入"对话框和嵌入的视频

3）单击"下一步"按钮，进入"完成视频导入"对话框，显示视频文件的相关信息，单击"完成"按钮，即可完成导入操作，视频被导入至舞台，如图 7-31b 所示。

4）视频被嵌入至图层"视频"的第 1 至 360 帧，单击时间轴面板下方的"新建图层"按钮，新建一个图层，命名为"声音"，执行菜单"文件"→"导入"→"导入到库"命令，将外部声音文件"配套光盘\【项目 7】应用声音和视频\素材\群星-My Own Summer.mp3"导入到当前动画文档的"库"面板中，然后将库面板中的"群星-My Own Summer.mp3"声音对象拖曳至场景中的任意位置即可，时间轴面板如图 7-32a 所示。

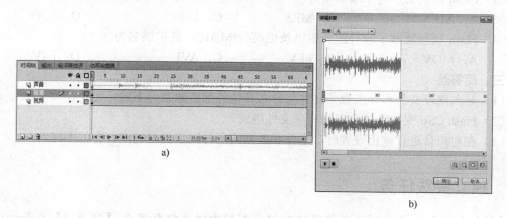

图 7-32 时间轴面板与"编辑封套"对话框

5）声音对象的播放时间远大于视频播放的时间，可以在库面板中选中声音对象，在其属性面板中的"效果"下拉列表中选择"自定义"选项，弹出"编辑封套"对话框，在对话框中通过拖动"停止时间"控件，改变声音播放的终止点的时间位置，和视频文件帧长度保持一致，如图 7-32b 所示。

6）按下快捷键〈Ctrl+S〉保存文件，然后执行"控制"→"测试影片"命令，或按下快捷键〈Ctrl+Enter〉，测试动画文件的效果，如图 7-29 所示。

7.4 技能知识点考核

一、填空题

（1）在用封套控制声音时，封套控制线上最多可以有_____个封套控制柄。如果要删除封套控制柄，只要将封套控制柄_____即可。

（2）声音文件的采样率越低则文件尺寸_____，声音质量_____；采样率越高则文件尺寸_____，声音质量_____。

（3）当计算机系统中安装_____和_____及以上版本，Flash CS6 则可以导入包括 MOV、AVI 和 MPG/MPEG 等格式的视频剪辑。

二、选择题（1～3 单选，4 多选）

（1）要使用提示点来触发与视频播放同步的事件，则必须使用（　　）编码器。
    A．H.264　　　　　　　　　　　　　　B．On2 VP6
    C．Sorenson Spark　　　　　　　　　　D．都不可以

（2）以下选项中，（　　）不是 H.264 视频编码器的特点。
    A．扩展名为 F4V
    B．品质比特率之比远远高于其他 Flash 视频编解码器
    C．支持 8 位的 Alpha 通道
    D．所需的计算量要大于其他 Flash 视频编解码器

（3）Flash 提供的声音压缩选项有（　　）。
    A．ADPCM　　　　　B．MP3　　　　　C．原始　　　　　D．语音

（4）Flash 视频兼顾了较好的画质以及更高的压缩比，其扩展名为（　　）。
    A．MOV　　　　　B．FLV　　　　　C．AVI　　　　　D．F4V

三、简答题

（1）导入声音文件和导入视频文件与导入其他外部资源有何不同？
（2）Flash CS6 支持哪些声音和视频文件格式？
（3）在对声音进行输出设置时，事件和数据流两种同步类型的声音有何不同？

7.5 独立实践任务

【任务要求】根据本项目所学习的知识，利用素材（配套光盘\【项目 7】声音和视频的应用\设计素材\[素材]声音的传播.fla 和铃声.wav），如图 7-33a 所示，通过导入并编辑声音音量的方法，演示一个物理实验。在密封的钟罩中挂着一部正在振铃的手机，气压

计显示出了钟罩内的气压变化，而听到的铃声的音量会随着气压的变化而变化的效果，如图 7-33b 所示。

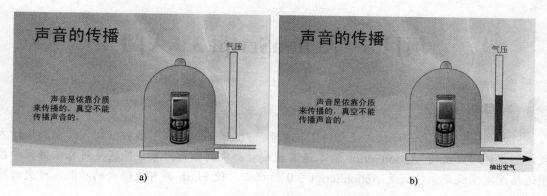

图 7-33　声音的传播素材文件与效果文件

项目 8　ActionScript 3.0 入门

项目概述

　　Flash 与其他动画设计软件最大的区别在于，Flash 不仅提供了各种可视化的动画设计方式，还允许用户使用 ActionScript 脚本语言控制动画中的各种对象，使这些对象依据程序控制运动或发生改变。特别是 ActionScript 3.0 的推出，使 Flash 拥有更强大的功能，可更好地实现与用户的交互。

知识目标

- 了解 ActionScript 的发展历程与版本
- 熟悉 ActionScript 3.0 的语法、数据类型变量、表达式与运算符
- 掌握 ActionScript 3.0 的程序控制结构以及函数的相关知识
- 掌握 ActionScript 3.0 的基本命令与事件

技能目标

- 能熟练使用动作面板、文档窗口以及代码片段面板来编写脚本代码
- 能熟练地定义变量、使用内置函数以及自定义函数来编写脚本代码
- 能熟练地使用脚本基本命令与事件监听函数

8.1　任务 1——快速调用动作脚本

　　【任务背景】　在前面学习中我们发现在动画的播放过程中，整个动画播放完毕后，又会从第 1 帧开始重新播放，一遍又一遍，除非把它关闭，观众不能控制动画的进程，无法与动画互动。"配套光盘\【项目 8】Action Script 3.0 入门\设计素材\[素材]功夫 show.fla"也同样如此，本任务利用 Flash CS6 强大的功能，可以快速编写出动作脚本，控制动画的播放，案例的效果如图 8-1 所示。

　　【任务要求】　通过提供的素材，使用代码片段面板在时间轴上快速调用动作脚本，从而控制动画的开始播放与重新播放。

　　【案例效果】　配套光盘\【项目 8】Action Script3.0 入门\效果文件\功夫 show.swf

图 8-1　【功夫 Show】

8.1.1 知识储备——ActionScript 3.0 发展概述

ActionScript 3.0 脚本语言是一种面向对象编程的、基于 Adobe AVM 虚拟机执行的脚本语言，其符合 ECMAScript 语法规范，支持 E4X 等最新的 ECMA 特色技术，相比同样基于 ECMAScript 的 JavaScript 脚本语言，ActionScript 3.0 脚本语法更加严谨，更富于结构化。在学习 ActionScript 脚本语言之前，首先应对这种脚本语言有基本的了解，了解其发展的历史和特点。

1. ActionScript 的发展历史

在早期的 Flash 动画设计中，设计师们迫切需要一种脚本语言可以控制动画元素，将更丰富的样式和动作呈献给用户，或实现与用户的交互等。因此，Macromedia 公司就根据 JavaScript 和 ECMAScript 等语言，为 Flash 2.0 开发了一种简单的脚本语言，即 ActionScript 的前身。

当时，嵌入 Flash 动画的脚本并没有统一的名字，其功能也比较单一，仅支持很少的内置函数与一些控制影片播放和停止的方法。随着 Flash 软件的发展，Macromedia 逐渐加大了对这种脚本语言的开发力度，在 1998 年 5 月发布的 Flash 3.0 中开始支持加载外部的 Flash 影片，在 1999 年 6 月发布的 Flash 4.0 开始支持多数编程语言都拥有的诸如声明变量、编写循环和条件语句等功能。

在 2000 年 8 月发布的 Flash 5.0 中，这一脚本语言正式获得了 ActionScript 的名称，这就是 ActionScript 1.0，在 2002 年发布的 Flash MX 版本中，ActionScript 已经逐渐发展成为一种完善的面向过程的脚本语言。ActionScript 的出现，极大地激发了 Flash 开发者的创作热情，几乎 Flash 软件的每一次大的改进，都是 ActionScript 技术的一次飞跃。

2003 年 9 月，Macromedia 公司发布了 Flash MX 2004，此版本是 Flash 的一个标志性产品，其对日趋成熟的 ActionScript 进行了进一步的升级和改进，推出了 ActionScript 2.0。ActionScript 2.0 被重新编写了代码的规范，增强了对流媒体和网络程序的处理，引入了部分面向对象编程的概念。例如，首次出现了类的概念、属性和方法。ActionScript 2.0 是 Macromedia 公司对未来互联网应用的一种富有远见的探索。

2006 年春，Macromedia 公司发布了 Flex Builder 2.0 及 Flash Player 8.5，同时发布了 ActionScript 3.0，与之前的 ActionScript 2.0 相比，它几乎是一种全新的编程语言，其具备完全地面向对象编程的特征，所有代码都基于类——对象——实例模式，拥有更可靠的编程模型。

在 Adobe 公司收购 Macromedia 公司之后，于 2007 年 4 月与 2008 年 9 月分别推出了 Flash CS3 和 Flash CS4，将 Flash 作为整合在 Adobe Creative Suite（Adobe 创意套件）的重要组成部分。在这两个版本的 Flash 中，Adobe 重新设计命名空间的结构并增强了对面向对象的支持，并在其内置的 Flash Player 9 和 Flash Player 10 中增加了针对 ActionScript 3.0 而完全重新编写的虚拟机 AVM2。

随着 Flash CS5 和 Flash CS6 的发布，Adobe 改进了 Flash 中的代码编辑器，提供了全部的代码片段面板，帮助用户快速存储可复用的代码块，提高了 ActionScript 脚本的编写效率。

2. ActionScript 的特点

ActionScript 脚本语言是根据 JavaScript 脚本语言衍生而来的，但是由于这两种语言的执行平台、应用领域有根本的区别，所以 ActionScript 具有如下特点。

- 语法更加严谨: JavaScript 是一种弱类型语言, 在 JavaScript 中, 数据类型的划分以及变量的使用相对较宽松, 用户无需声明变量即可使用, 同时也不需要为变量定义数据类型。与 JavaScript 不同, ActionScript 是一种强类型语言, 其语法更加严谨, 在使用变量前, 用户必须声明这一变量, 并为变量赋予数据类型。同理, 函数、对象等也必须有一个指定的数据类型。

- 依托虚拟机执行: JavaScript 是依托 Web 浏览器执行的语言, 在不同类型的 Web 浏览器中, 对 JavaScript 的支持程度有所区别, 因此用户在编写 JavaScript 脚本时, 必须考虑到平台的特色和支持程度。而 ActionScript 则是完全依托统一的 AVM 虚拟机在操作系统中执行的, 在编写 ActionScript 脚本时, 用户无需考虑平台的特殊性, 只需专注于代码的开发即可。

- 支持最新 E4X 标准: 在 JavaScript 中, 用户如需要通过 XML 数据实现对数据库的快速读取, 只能通过 Ajax 技术, 以及 XML HttpRequest 等 JavaScript 的特殊对象实现, 目前尚无一款 Web 浏览器支持最新 E4X 标准。ActionScript 3.0 脚本语言的虚拟机支持最新的 E4X 技术, 其将 XML 数据视为普通的对象, 通过简单的 Load 方法即可调取和遍历, 提高了程序与后台数据交互的效率。

- 代码的安全性: JavaScript 是书写于 Web 浏览器中的脚本语言, 任何用户都可通过 Web 浏览器或 URL 获取服务器上存储的 JavaScript 脚本代码。ActionScript 是基于虚拟机执行的脚本语言, 用户在发布 ActionScript 脚本时, 必须将其编译为 SWF、AIR、EXE 或 APP 等格式的可执行程序。因此, 使用 ActionScript 脚本更加安全, 其他用户无法直接查看 ActionScript 脚本代码。

8.1.2 知识储备——编辑 ActionScript 代码

在 Flash CS6 中, 提供了两种 ActionScript 脚本编辑工具, 即动作面板和 ActionScript 文档窗口。使用这两种工具, 用户可以方便地编写代码。除此之外, 用户还可以使用代码片段面板, 快速存储和调用一些可用的代码片段。

1. 使用动作面板

动作面板是编写 ActionScript 脚本最基本的工具, 其可以为帧添加代码, 从而控制帧、各种对象的交互。可以执行菜单"窗口"→"动作"命令或者按快捷键〈F9〉来显示, 如图 8-2 所示, 动作面板的各个部分功能如下。

- 版本过滤: 对于不同的应用程序环境, 可以使用的语言是不同的, Flash CS6 支持 9 种语言, 分别为 ActionScript 1.0&2.0、ActionScript 3.0、Flash Lite 1.0 ActionScript、Flash Lite 1.1 ActionScript、Flash Lite 2.0 ActionScript、Flash Lite 2.1 ActionScript、Flash Lite 3.0 ActionScript、Flash Lite 3.1 ActionScript 和 Flash Lite 4.0 ActionScript。例如在为最新手机编写 Flash 程序的时候, 就不能使用 Flash 内置类了, 这时只要将 AS 版本过滤设置为"Flash Lite 4.0 ActionScript", 就可以将不符合要求的内容过滤掉。

- 动作工具箱: 列出了经过 AS 版本过滤之后的所有动作, 单击文件夹图标"🔳"可以将其展开或者折叠, 双击条目图标"🔳"可以将其添加到脚本窗口中, 用鼠标右键单击条目, 在弹出的快捷菜单中选择"查看帮助"命令, 可以在帮助面板中查看该条目的详细说明。

图 8-2 动作面板

- 脚本导航器：脚本语言支持的对象是可以相互嵌套的。在比较大的程序中，往往会有 4、5 层甚至上 10 层的对象嵌套。这样一来，在撰写脚本的时候，经常要去搞清楚对象之间的嵌套关系。使用脚本导航器，就可以一目了然地看清楚它们之间的嵌套关系，并且快速地选中对象。
- 功能菜单：单击"功能菜单"按钮可以打开面板的功能菜单，对面板外观和行为进行进一步的设置。
- 脚本窗口：这是用来编写代码的主要部分，用户可以直接输入脚本代码，在脚本窗口的正上方，有许多工具栏按钮，这些工具是在 ActionScript 命令编辑时经常用到的，其功能见表 8-1。

表 8-1　工具栏按钮功能表

按　钮	名　　称	功　　能
	将新项目添加到脚本中	单击该按钮，可在弹出的菜单中选择 ActionScript 类，将其插入到代码中
	查找	单击该按钮，可打开"查找和替换"对话框，检索代码中的字符或将其替换为其他字符
	插入目标路径	单击该按钮，可打开"插入目标路径"对话框，选择当前文档的动画元素，将其路径插入到代码中
	语法检查	单击该按钮，可以检查当前脚本中的语法错误
	自动套用格式	单击该按钮，可将用户指定的脚本书写格式套用到代码中
	显示代码提示	单击该按钮，可以在浮动框中显示最近使用的代码提示
	调试选项	单击该按钮，可切换下一个断点或删除所有的断点
	折叠成对大括号	单击该按钮，可将所有成对的大括号内的代码折叠起来
	折叠所选	单击该按钮，可将所选的代码折叠起来
	展开全部	单击该按钮，可将所有折叠的代码展开
	应用块注释	单击该按钮，可使用块注释将所选的代码注释起来

按　　钮	名　　称	功　　能
 应用行注释	应用行注释	单击该按钮，可使用行注释将所选的代码注释起来
删除注释	删除注释	单击该按钮，可取消所选代码的注释状态
显示/隐藏工具箱	显示/隐藏工具箱	单击该按钮，可切换动作工具箱窗格和脚本导航器窗格的显示或隐藏状态
代码片断	代码片段	单击该按钮，可以切换代码片段面板的显示或隐藏状态
显示/隐藏脚本助手	显示/隐藏脚本助手	单击该按钮，可以切换脚本助手窗格的显示或隐藏状态，在该窗格中可以查看当前代码的说明和定义各种参数，如图8-3所示

图 8-3　使用脚本助手

2．使用 ActionScript 脚本窗口

动作面板是编辑 ActionScript 代码的主要工具，但有些代码是在称为"脚本文件"的外部文件（.as）中保存的。

在 Flash 中执行"文件"→"新建文件"命令，在弹出的"新建文件"对话框中选择类型为"ActionScript 文件"，单击"确定"按钮创建一个脚本文件。在脚本文件编辑状态下没有时间轴，没有舞台，只有一个类似动作面板的文本编辑器，如图 8-4a 所示。脚本窗口是一个项目的代码编辑区，在这里可以实现定义变量、声明函数、自定义一个类等所有 ActionScript 3.0 所允许的语法。

在脚本窗口中输入相关 ActionScript 代码后，执行"文件"→"保存"命令，项目将被保存为*.as 格式的文件。

3．使用代码片断面板

代码片段面板是 Flash CS5 开始新增的一个面板，其作用是将 Flash 存储的一些可重用的代码存储和管理起来，随时供用户调用。在 Flash CS6 中执行"窗口"→"代码片段"命令，即可打开代码片段面板，如图 8-4b 所示。

在该面板中，显示了当前存储的代码片段的分类列表。单击分类的目录，即可查看该分类下的所有代码片段。除此之外，代码片段面板还提供了 3 个按钮，见表 8-2。

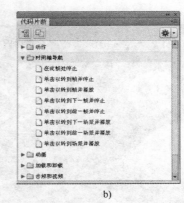

a)   b)

图 8-4 脚本窗口与代码片断面板

表 8-2 代码片断面板提供的按钮

按 钮	名 称	功 能
	添加到当前帧	单击该按钮，可将选中的代码片段添加到当前帧的脚本中
	复制到剪贴板	单击该按钮，可将选中的代码片段复制到剪贴板中
	选项	单击该按钮，可打开"选项"菜单命令

单击"选项"按钮后，用户可在弹出的菜单中选择如下 9 条代码片段的操作命令。

- 创建新代码片段：在当前选定的类型中创建一个新的代码片段。
- 编辑代码片段 XML：编辑所选的自定义代码片段。
- 删除代码片段：删除所选的代码片段。
- 刷新：更新代码片段列表。
- 重置为默认 XML：清除所有自定义代码片段，并恢复所有对内置代码片段的修改。
- 显示所有警告对话框：在使用代码片段时显示警告对话框。
- 导入代码片段 XML：导入已储存的代码片段。
- 导出代码片段 XML：导出当前选择的代码片段。
- 帮助：使用代码片段帮助。

Flash 使用 XML 格式的文档存储代码片段的各种内容，因此用户可将代码片段导出为 XML 格式文件，也可将外部的代码片段 XML 文件导入到 Flash 中。

8.1.3 案例精讲——功夫 Show

【案例：功夫 Show】操作步骤如下。

1）执行菜单"文件"→"打开"命令，在弹出的对话框中选择"配套光盘\【项目 8】 Action Script 3.0 入门\设计素材\[素材]功夫 Show.fla"。

2）选择图层"按钮"的第 1 帧，为了让动作脚本控制该帧的按钮，必须先给舞台上的按钮实例起一个名字，选中舞台上的按钮元件"开拍板"，在其属性面板中的"实例名称"文本框中填写"play_btn"，这就是按钮的实例名称，如图 8-5 所示。

图 8-5 命名按钮元件实例名称

注意：对于按钮对象的相关操作，要注意以下 3 个方面。

● 在 AS2.0 中，代码的绑定对象比较丰富，可以是帧、按钮或者影片剪辑，如果希望一个按钮会发出响应动作，就直接给按钮加上代码；如果希望一个影片剪辑会发出响应动作，就直接给影片剪辑加上代码。这样的好处是灵活实用，类似于设计师的思维方式。而在 AS3.0 中，代码只能添加在帧中，如果希望一个按钮会发出响应动作，就必须给按钮设置一个实例名称，然后在按钮所在的时间轴中，选中一个帧，在里面添加代码。这样的好处是代码便于统一管理，也提高了代码的工作效率和可维护性。

● AS3.0 对大小写敏感，也就是说，程序会严格区分大小写，把"play_btn"、"PLAY_btn"、"Playr_btn"等当作不同的控制对象，所以在编写脚本语言的时候，一定要注意字母的大小写。

● 对于这个实例中的按钮，可以起名叫"play"、"playbtn"、"btn"等，但是在这里使用了"play_btn"，它的名字使用了后缀"_btn"。在编写程序的时候，Flash 会据此认出它是一个按钮。当键入"."的时候，Flash 就会自动打开列表，可在里面进行选择，而不必进行烦琐的键入。如果按钮的名称是"play"或者"playbtn"等不带"_btn"后缀的，就没有这个触发功能了，这就是使用特定后缀的好处。

3）选择图层"按钮"的第 520 帧，选中舞台上的按钮元件"重新播放"的实例，在其属性面板中的"实例名称"文本框中填写"replay_btn"。

4）选择图层"AS3.0"的第 1 帧，执行"窗口"→"代码片段"命令，打开代码片段面板，在"时间轴导航"目录下，双击"在此帧处停止"项目，代码片段将被复制到动作面板中，具体的代码内容如下。

```
/* 在此帧处停止
Flash 时间轴将在插入此代码的帧处停止/暂停
也可用于停止/暂停影片剪辑的时间轴
*/

stop();
```

5）在舞台上选择按钮元件"开拍板"的实例，在代码片段面板中的"时间轴导航"目录下，双击"单击以转到此帧并播放"，具体的代码内容如下。

```
/*单击以转到帧并播放
单击指定的元件实例会将播放头移动到时间轴中的指定帧并继续从该帧回放
可在主时间轴或影片剪辑时间轴上使用
说明：

单击元件实例时，用希望播放头移动到的帧编号替换以下代码中的数字 5。
*/

play_btn.addEventListener(MouseEvent.CLICK, fl_ClickToGoToAndPlayFromFrame);

function fl_ClickToGoToAndPlayFromFrame(event:MouseEvent):void

{
        gotoAndPlay(5);
}
```

6）将第二段代码中的"gotoAndPlay(5);"修改为"gotoAndPlay(2);"，以满足控制动画播放的需要，以同样的方法在图层"AS3.0"的第 520 帧处添加代码片段，也可以将其中注释性的文字删除，修改后代码内容如下。

```
stop();

replay_btn.addEventListener(MouseEvent.CLICK, fl_ClickToGoToAndPlayFromFrame_2);
function fl_ClickToGoToAndPlayFromFrame_2(event:MouseEvent):void
{
gotoAndPlay(1);
}
```

7）按下快捷键〈Ctrl+S〉保存文件，然后执行"控制"→"测试影片"命令，或按下快捷键〈Ctrl+Enter〉，测试动画文件的效果，效果如图 8-1 所示。

8.2　任务 2——DIY 动作脚本

【任务背景】　虽然代码片断面板使用非常方便，但是并不能完成所有脚本代码的编写，所以必须对 ActionScript 3.0 的语法、数据类型、表达式与运算符、变量与常量以及程序控制结构等相关的基本知识有比较深入的了解。利用"配套光盘\【项目8】Action Script 3.0 入门\设计素材\[素材]工作日表情.fla"这个素材文件，制作动作脚本，案例的最终效果如图 8-6 所示。

图 8-6 【工作日表情】

【任务要求】　通过提供的素材，在动作面板中编写代码，根据当前的系统日期，显示出系统当前日期，并根据当前星期显示不同的工作日表情。

【案例效果】　配套光盘\【项目 8】ActionScript 3.0 入门\效果文件\工作日表情.swf

8.2.1　知识准备——ActionScript 3.0 的语法

ActionScript 有其自己的语法和标点元件来组织程序代码，例如，在我们使用的语言中，句号是用来表示一句话的结束，而在 ActionScript 中用分号表示语句的结束。本小节讲述的是在 ActionScript 中普遍使用的语法，还有一些 ActionScript 语句有一些特殊的要求，那就需要查看 ActionScript 参考手册了。

1．点

ActionScript 中的点语句是 Flash 5.0 版本中开始引入的，点语法使 ActionScript 看上去类似于 JavaScript，点用来表示对象的属性和方法，或者用来表示影片剪辑、变量、函数、对象的目标路径。点还被称作点操作符，因为它经常被用于发布命令和修改属性。

点语法的结构：点的左侧可以是动画中的对象、实例或时间轴，点的右侧可以是与左侧元素相关的属性、目标路径、变量或动作。下面是点语句中的 3 种不同的应用形式。

① myClip.visilble=0;　　② menuBar.menu1.item5;　　③_this.gotoAndPlay(5);

在第一种形式中，名为 myClip 的 Movie Clip 通过使用点语法将_visible 属性设置为 0，使得它变透明；第二种形式显示了变量 item5 的路径，它位于动画 menu1 中，menu1 又嵌套在动画 menuBar 中。第三种形式使用_this 参数命令，主时间轴跳转到第 5 帧并进行播放。

2．大括号

ActionScript 使用大括号符号"{ }"来组织脚本元素（这种符号也叫做波形符号），将同一个事件触发的一系列程序指令组织在一起。例如，在案例【功夫 Show】中按下开拍板按钮，大括号之间的语句将被执行。

```
play_btn.addEventListener(MouseEvent.CLICK, fl_ClickToGoToAndPlayFromFrame);
function fl_ClickToGoToAndPlayFromFrame(event:MouseEvent):void {
    gotoAndPlay(5);
}
```

3．分号

ActionScript 用分号来表示语句的结束。例如，在下面的语句中就使用分号作为结束标志。

```
gotoAndPlay( );
row=0;
```

如果在编写程序时忘记了使用分号，在绝大多数情况下，程序代码也能够得到正确的编译，不过正确地使用分号是一个良好的编程习惯。

4．括号

当用户自定义函数时，需要将函数的参数放在括号内，例如：

```
function myFunction(name,age) {
    ...
}
```

当用户调用函数时，又需要使用括号将参数传递给函数，例如：

```
myFunction("Jack","TsingHua",false);
```

可以使用括号来改变运算顺序，例如：

```
number = 16*(9 - 7);
```

也可以使用括号计算点左侧的表达式，例如：

```
onClipEvent (unload) {
        (new Color (that)).setRGB(0xddffcc);
}
```

如果不使用括号，则上面的程序代码需要修改为：

```
onClipEvent (unload) {
        myColor = new Color (that);
        myColor.setRGB(0xddffcc);
}
```

5．大、小写字母

在 ActionScript 中，只有关键字、类名、变量区分大小写（这 3 个概念在后面会详细介绍），其他字母大小写可以混用，但是遵守规则的书写约定可以使脚本代码更容易被区分，便于阅读。例如，在书写关键字时没有使用正确的大小写，脚本将会出现错误，语句如下。

① setProperty(ball,_xscale,scale);   ② setproperty(ball,_xscale,scale);

前一句是正确的，后一句中 property 中的 p 应是大写而没有大写，所以是错误的。在动作面板中启用彩色语法功能时，用正确的大小写书写的关键字用蓝色区别显示，因而很容易发现关键字的拼写错误。

6．注释

注释符号有两种，一种是注释块分隔符"/* */"，用于指示一行或多行脚本注释，出现在注释开始标签"/*"和注释结束标签"*/"之间的任何字符都被 ActionScript 解释程序解释为注释并忽略。例如：

trace(1);
/*   trace(2); */
trace(3);
	Var Total:Number; //定义桃子总数的变量
	Var N:Number = 5; //定义人数
	Total = N*5; //计算需要的桃子数量

另一种注释符号是注释分隔符"//"，它的作用是将分隔符到行末之间的内容标志为注释，以灰色显示，长度不受限制，也不会执行，同时形式简单且对应性很强，所以很常用。

7．关键字

关键字是 ActionScript 程序的基本构造单位，它是程序语言的保留字，不能被作为其他用途（不能作为自定义的变量、函数或对象名）。如果违反这个原则，将导致编译出错。
ActionScript 3.0 中的保留字分为 3 类，见表 8-3。

● 词汇关键字：经常在 ActionScript 3.0 自身语言中用到的词汇，共计 45 个。

● 语法关键字：不能单独使用，是配合其他关键字一起使用的，共计 10 个。

● 为将来预留的词：为以后可能会用到的一些关键词汇，共计 22 个，可以看到未来的 ActionScript 版本中可能会有哪些新的发展。

表 8-3 ActionScript 3.0 的关键字

词汇关键字						
as	break	case	catch	class	const	continue
default	delete	do	else	extends	false	finally
for	function	if	implements	import	in	instanceof
interface	internal	is	native	new	null	package
private	protected	public	return	super	switch	this
throw	to	true	try	typeof	use	var
void	while	with				

语法关键字						
each	get	set	namespace	include	dynamic	final
native	override	static				

为将来预留的词						
abstract	boolean	byte	cast	char	debugger	double
enum	export	float	goto	intrinsic	long	prototype
short	synchronized	throws	to	transient	type	virtual
volatile						

8.2.2 知识准备——ActionScript 3.0 中的常量和变量

通俗地说，常量和变量就是系统为程序在内存中开辟的一个个内存空间，或者理解为容器，程序可以向里面存放或者从中读取数据。由于 ActionScript 3.0 是强类型语言，程序需要明确地知道一个常量或变量的数据类型，针对不同的数据类型，系统会为它开辟不同大小的空间，以容纳相应的数据。

1．常量

常量就是在程序运行过程中始终保持不变的数据，一般分为字面常量和常量声明。

（1）字面常量：指在程序中直接书写数据的内容，例如数字式、字符串等：

    Trace("Hello World !")

（2）常量声明：是指使用 const 关键字定义一个标识符，程序中使用这个标识符代表某个常量值，这个标识符通常被称为常量名，其语法格式为：

    const CONNAME：int ;

CONNAME 是常量名（一般约定，自定义的常量名都使用大写字母表示，以区别于程序中的其他标识符），int 是常量的数据类型。一般在定义常量的同时进行常量的初始化操作，初始化以后在程序中就不能再更改其中的值，例如：   **const MYNAME: String="刘本军";**

定义常量名的一个明显的好处就是，如果在程序中多处使用了同一个常量值，当需要改变这个值的时候，只修改一下这个常量的初始值就可以了。如果使用了字面常量，就只能一个一个地修改了。ActionScript 3.0 中默认定义了很多常量，常用常量见表 8-4。

表 8-4 常用常量

常 量 名	含义/值	常 量 名	含义/值
Math.PI	圆周率	NaN	空值
True，false	逻辑真，逻辑假	undefined	没有定义
null	空对象	Key.BACKSPACE，Key.ENTER	空格键，回车键

2. 变量

程序中应用最多最灵活的是变量，变量也用来存储程序中使用的值，和常量的区别在于，变量中的值是可读可写的。为了在程序中准确地访问一个变量，需要为每个变量指定一个唯一的标识符——变量名。定义一个变量的语法格式为：

    var varName:DateType;

关键字 var 指出这条语句用来定义一个变量；varName 是自定义的变量名；冒号后面的 DataType 是这个变量的数据类型，它告诉系统为这个变量分配多大的内存空间。虽然指定数据类型不是必须的，但明确变量的数据类型可以使系统准确地为该变量分配内存空间，提高程序的运行效率。

变量可以存放任何数据类型，包括数字值（如 myNumber）、字符串值（如 myString）、逻辑值、对象或电影剪辑等。存储在变量中的信息类型也很丰富，包括：URL、地址、用户名、数学运算结果、事件发生的次数或按钮是否被单击等。变量可以创建、修改和更新，也可以被脚本检索使用。变量在使用中要注意以下 3 个方面。

（1）变量名的命名

通常情况下，构成变量名的字符只能包括 26 个英文字母（大小写均可）、数字、美元符号（$）和下划线，而且第一个字符必须为字母、下划线或美元符号。

例如，以下变量名是合法的：	下面的变量名是不合法的：
a1，_myName，obj_x，$meiyuan，NUM_2_$	**7c，myAge%，**obj**

变量名命名要注意以下 5 点。

- 变量名大小写敏感：和 C/C++语言一样，ActionScript 3.0 中定义的标识符是区分大小写的，例如变量 myname 和 myName 会被系统认为是完全不同的两个变量。
- 变量名不能使用 ActionScript 3.0 中的关键字：ActionScript 3.0 保留了一些有特殊含义的词组，它们在程序中有专门的意义，不能再用来作为变量或其他标识符，详见表 8-3。
- ActionScript 3.0 中可以使用汉字作为变量名：ActionScript 3.0 使用扩展的字符集，所以可以使用汉字变量名。
- 变量的名称中间不能有空格：如果想用两个单词以上的单字来命名变量，可以在名称中间加上下划线符号，例如 dog_year。
- 变量的名称最好能达到"见名知意"的效果，尽量使用有意义的名称，并且在其范围内一定是唯一的，而避免使用诸如 a_1、x、007 之类意义不明的名称。

（2）确定变量范围

所谓确定变量的范围，是指能够识别和引用该变量的区域，也就是变量在什么范围内是可以访问的，在 ActionScript 中有 3 种类型的变量区域。

● 局部（本地）变量：在自身代码块中有效的变量（在大括号内）。就是在声明它的语句块内（例如一个函数体）是可访问的变量，通常是为避免冲突和节省内存占用而使用。

● 时间轴变量：可以在使用目标路径指定的任何时间轴内有效。时间轴范围变量声明后，在声明它的整个层级（Level）的时间轴内它是可访问的。

● 全局变量：即使没有使用目标路径指定，也可以在任何时间轴内有效，它就是在整个影片中都可以访问的变量。注意：全局变量可以在整个影片中共享，局部变量只在它所在的代码块（大括号之间）中有效。

（3）声明和使用变量

使用变量前，最好使用 var 命令先加以声明。在声明变量的时候，一般要注意以下内容。

● 要声明常规变量，使用 Set Variable 动作或赋值运算符（=），这两种方法结果是一样的。

● 要声明本地变量，可以在函数主体内使用 var 语句。例如：

    var myString = "Flash CS6 ActionScript";

● 要声明全局变量，可以在变量名前面使用 _global 标识符。例如：

    _global. myName = "Global";

● 要测试变量的值，可以使用 trace 动作将变量的值发送到输出窗口。例如：trace(myString)就可以将变量 myString 的值发送到测试模式的输出窗口中，也可以在测试模式的调试器中检查和设置变量值。

● 如果要在表达式中使用变量，一般要声明该变量。例如：

    getURL（myWebSite）;
    myWebSite=" http://www.cmpedu.com/";

这段程序代码没有在使用变量 myWebSite 前声明它，虽然这不符合一般的思维习惯，但是在语法上却是允许的。不过为了使程序代码更具可读性，提倡在使用之前要先定义。

在脚本中，变量的值可以多次修改，例如：

    var x=21;
    var y=x;
    var x=76;

变量 x 首先被设置为 21，在第 2 行中，该值被复制到变量 y 中，在第 3 行中，变量 x 的值被修改为 76，但是变量 y 的值仍然保持为 21，这是因为变量 y 不是引用了变量 x 的值，而是接受了在第 2 行传递的实际值 76。

8.2.3 知识准备——ActionScript 3.0 的数据类型

计算机程序在处理用于不同方向运算的数据时，往往需要为其划分数据类型，从而减少判断数据处理方式的时间，提高程序的效率。作为一种强类型的脚本语言，ActionScript 将所有数据划分为基本数据类型和复合数据类型两大类。

1. 基本数据类型

基本数据类型顾名思义，是用于基本的数学运算和逻辑运算的数据。在 ActionScript 中，基本数据类型主要包括以下 5 种。

（1）整型（int）

整型变量用来表示整数值，即正整数、负整数和零。它占用 32 位（bit）内存空间，所以表示的数据范围是-2417483648（-2^{31}）~2147483647（$2^{31}-1$），在不含小数的数学运算中广泛使用。声明整型变量的语法为：

```
var varName:int;
```

在没有赋值之前，系统给整形变量一个默认值 0。

（2）无符号整型（uint）

无符号整型用来表示非负整数，即零和正整数。它也占用 32 位内存空间，由于不需要符号位，所以它可以表示的数据是 0~4294967295（$2^{32}-1$）。

声明无符号整型的语法格式为：

```
var varName:uint;
```

无符号整型变量的默认值是 0，它也常用在没有小数的数值运算中，但最常用的是用它的十六进制来表示颜色值。

```
var colorFill:uint = 0x00FF00;      //定义填充颜色为绿色
var colorLine:uint = 0xFF0000;      //定义边框颜色为红色
```

（3）数值型（Number）

数值型数据可以表示整数、无符号整数和浮点数，它占用 64 位内存空间，表示的数值范围更加广泛，声明一个数值型变量的语法为：

```
var varName:Number;
```

在 ActionScript 中，数值类型的数据是双精度浮点实数。可以使用数字运算符对数值型数据进行运算，也可以使用内置的 Math 对象的方法处理数值。例如，使用下面语句可以得到整数 121 的平方根。

```
Math.sqrt (121);
```

（4）布尔型（Boolean）

当一个数据的值只有两种可能——非此即彼时，适合使用布尔型。例如，性别只有男或女，线路状态只有开或关等。布尔型的变量只有两个值：真和假，ActionScript 3.0 中定义了两个常量来表示这两种不同的值：true 和 false。布尔型变量声明的语法为：

```
var varName:Boolean;
```

布尔型变量的默认值为 false，布尔值经常用在程序的条件判断语句中，如果条件为真就执行一段代码，否则执行另外一段代码。

```
var a:Number = 100.1;
var b:Number = 100;
trace("a>b is ",a>b);                          //true
trace("ABC > abc is", "ABC">"abc");            //false
```

（5）字符串（String）

字符串是由一系列的字母、数字、空格和标点元件组成的序列。在 ActionScript 中需要将字符串放在引号中。下面语句中的"Ra2"就是一个字符串：

```
Var a:String = "Ra2";
```

可以使用"+"运算符来连接两个字符串，在字符串中可以使用空格。例如，下面的语句在连接两个字符串后，在逗号的后面将产生一个空格（userName 是一个字符串变量）。在字符串中是区分字母大小写的。

```
Greeting = "Hello,"+ username;
```

如果在字符串中输入双引号、单引号或反斜杠等特殊字符，需要在这些特殊字符前插入反斜杠"\"，常用的转义字符见表 8-5。

表 8-5　常用转义字符

转 义 字 符	含　　义	转 义 字 符	含　　义	转 义 字 符	含　　义
\b	退格	\f	换页	\n	换行
\r	回车	\t	制表符	\"	双引号
\'	单引号	\\	反斜杠	\x**	2 位十六进制数指定的字符

新建 Flash（ActionScript3.0）文档，单击图层的第 1 帧并打开"动作"面板输入代码：

```
var a:String="我的名字是：\"刘本军\"。\n 我的职业是：\"教师\"";
trace(a);
```

测示影片可以看到，双引号和换行效果被正确地显示出来，如图 8-7 所示。

2．复合数据类型

复合数据类型顾名思义，是一个包含了多个基本数据类型的复杂类型，通常复合数据类型指的就是对象类型——Object。

从本质上说，Object 是 ActionScript 3.0 内建的一个类——对象类，它是 ActionScript 3.0 的基础，它是所有 ActionScript 3.0 中类的祖先，包括可以在舞台上显示的影片剪辑

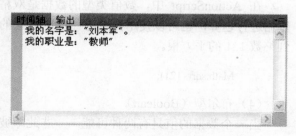

图 8-7　使用转义字符

以及各种用于绘图、计算等功能的类都是 Object 类的后代子孙。

作为一个复杂的数据类型，对象类型里面包含了多个基本数据类型变量。例如，一个影片剪辑实例，它可以看作是一个对象类型的变量，实例的属性就是此影片剪辑中定义的基本数据类型变量。程序中可以通过"."运算符访问一个影片剪辑实例的属性，例如：

```
mymc.x;                   //实例 mymc 的 x 坐标属性，是 Number 型
mymc.rotation;            //实例 mymc 的角度属性，是 Number 型
mymc.visible;             //实例 mymc 的可视属性，是 Boolean 型
mymc.blendMode;           //实例 mymc 的混合模式属性，是 String 型
```

程序中可以直接定义 Object 类型的变量，语法如下：

```
var objName: Object;
```

其中，objName 是 Object 类型变量名，其默认值为 null。可以新建 Flash（ActionScript3.0）文档，单击图层的第 1 帧并打开"动作"面板输入代码，测试 Object 对象的声明和使用。

```
//定义两个对象
var myObj1:Object = new Object();
var myObj2:Object = {myHeight:178, myAge:32, myName:"刘本军"};
//添加属性
myObj1.msg="个人信息";
//显示
trace(myObj1.msg,"\n",myObj2.myName,myObj2.myHeight,myObj2.myAge);
```

ActionScript 3.0 定义了几个用于特殊场合的数据类型，它们分别是 Null、*和 void 类型。

（1）Null 类型，表示空的意思，这种类型只包括一个值——null，程序中不能使用 Null 作为数据类型去定义一个变量，它是 String 类型或 Object 类型的变量的默认值，当声明一个 String 类型的变量或 Object 类型的对象后，初始化之前，它们不包含任何数据，只有 null。

（2）特殊类型*表示无类型，即不确定是哪种类型，当声明一个变量的时候如果无法确定其数据类型或为了避免编译时类型检查，可以指定变量为*类型。

（3）void 类型，表示无值型，这种类型只包含一个值——undefined，即未定义，和空值 null 相比较，空值也算是一个特殊的值，而 void 类型表示什么值也没有，没有定义的意思，经常表示函数定义中返回值的类型，表示函数中不能包含 return 语句，不返回任何类型的数据。注意：在之前的 AS 版本中，undefined 是作为 Object 类型的默认值，而在 ActionScript 3.0 中，Object 的默认值为 null。

8.2.4 知识准备——运算符与表达式

运算符本质上说是一个特殊的函数，它可以操作一个或者多个数据（操作数），并且返回一个值。表达式是指由运算符和用运算符组织起来的操作数组成的，符合 ActionScript 3.0 语法规则的式子。操作数可以是常量、变量、函数或者是另外一个表达式。

1. 算术运算符和算术表达式

执行算术运算的运算符包括用于常规的加、减、乘、除四则运算，以及求模和增量、减量等运算的运算符，具体的符号及其说明见表 8-6。

表 8-6　常用算术运算符

运　算　符	含　　义	表达式举例
+	加法运算	a+b，3+5，sin(a)+0.5
-	二元：减法，一元：减法	7-2，mc.x-100，-8
*	乘法	5*6，a*b，6*cos(2)
/	除法	-5 / 2（值为-2.5），myNum/a
%	模取（求相除后的余数）	6%4（值为 2），9%3（值为 0）
++	递增（有前后之分）	mc.x++，++num；操作数是变量
--	递减（有前后之分）	mc.rotation--，--num；操作数是变量

2．赋值运算符和赋值表达式

赋值运算符是二元运算符，它用操作符右侧操作数的值更新左侧操作数的值，因此在赋值表达式中，左面的操作数必须是一个变量。赋值运算符分为两种类型。

（1）基本赋值运算符：基本赋值运算符为"＝"，它与通常意义上的"等于"是完全不同的两个概念。它将操作数的值送到左侧的变量中，如果两个操作数的类型不同，则会引发类型转换。例如：

```
var num:number = -123.456;      // 初始化赋值
n = 5 ;                         // 赋常量
a = b*c+a;                      // 表达式赋值
num = sin(a);                   // 赋函数值
```

（2）复合赋值运算符：所谓的复合赋值其实就是先运算再赋值，是两个动作的结合。常用的复合赋值运算符及相关说明见表 8-7。

表 8-7　常用复合赋值运算符及相关说明

运　算　符	含　　义	表达式举例	运　算　符	含　　义	表达式举例
+=	相加再赋值	myMc.rotation+=10	/=	相除再赋值	n/=m
-=	相减再赋值	Num-=1	%=	求模再赋值	n%=2
*=	相乘再赋值	N*=f(n-1)			

既然是两个动作，那么一个复合赋值表达式就可以分解成两个简单的表达式。使用复合赋值运算可以使代码简洁，但会使可读性下降。例如，下面代码的第三行使用了复合赋值运算。

```
var a:unit;
var b:Number=5.5;
trace(a=b+=2);                  // b+=2, a=b ,trace(a);
```

3．关系运算符和关系表达式：

关系运算也被称为比较运算，即比较两个操作数的大小关系。关系表达式根据比较的结果返回一个布尔值：true 或 false。关系运算主要用于分支判断语句，通过计算关系表达式的值确定程序的转向。关系运算符及其简单介绍见表 8-8。

表 8-8 关系运算符和关系表达式

运 算 符	含 义	表达式举例	运 算 符	含 义	表达式举例
==	等于	2==2 a==b 5==8	>=	大于或等于	8>=9 mc.x>mc.y
!=	不等于	5!=6 a!=b num!=sina(a)	<	小于	2<9 a<b-1
>	大于	8>3 a>b+1 mc1.x>mc2.x	<=	小于或等于	3<=3 a<=a+1

4. 逻辑运算符和逻辑表达式

逻辑运算符用于逻辑运算，操作数是布尔型数据，常用于判断语句，一般都是针对关系表达式进行逻辑判断，最终得到一个布尔值。常见的逻辑运算符及其简单介绍见表8-9。

表 8-9 逻辑运算符和逻辑表达式

运 算 符	含 义	表达式举例	运 算 符	含 义	表达式举例
&&	逻辑与	a>5&&a<10	!	逻辑非	！（a>b）
||	逻辑或	a<0||a>10			

5. 运算符的优先级

当一个表达式有多个运算符的时候，需要考虑运算的先后顺序问题。除了赋值运算和判断运算（?:）以外，一般的计算顺序是：同一级别的运算符从左到右进行计算，优先级高的运算符先计算。详细的优先级从高到低的排列的顺序，见表8-10。

表 8-10 运算符优先级

优先级别	运 算 符
1	中括号"[]"、大括号"{}"、小括号"（）"、new、点"."、冒号"："
2	递增"++"、递减"--"
3	逻辑非"！"、按位取反"~"、delete、typeof
4	乘号"*"、除号"/"、求余"%"
5	加号"+"、减号"-"
6	按位左移"<<"、按位右移">>"、按位无符号右移">>>"
7	大于">"、小于"<"、大于等于">="、小于等于"<="、as、in、instanceof、is
8	等于"=="、不等于"！="、全等于"==="、全不等于"！=="
9	按位与"&"
10	按位异或"^"
11	按位或"|"
12	逻辑与"&&"
13	逻辑或"||"
14	条件运算符"？："
15	赋值"="、运算赋值（包括加法赋值"+="、减法赋值"-="、乘法赋值"*="等）
16	逗号"，"

8.2.5 知识准备——程序控制流程

众所周知，Flash 中动画依靠的是时间轴，在没有脚本的情况下，动画会依照时间轴从第一帧不停地播放到最后一帧，然后重复播放或者停止。为了能更好地控制动画，就必须使

213

用脚本语句。而要想使动画具有逻辑判断的功能，则要使用流程控制语句。

一般情况下，Flash 执行动作脚本从第一条语句开始，然后按顺序执行，直至达到最后一条语句。这种按照语句排列方式逐句执行的方式，称为顺序结构。顺序结构是程序中使用最多的程序结构，但用顺序结构只能编写一些简单的动作脚本，解决一些简单的问题。

在实际应用中，往往有一些需要根据条件来判断结果的问题，条件成立是一种结果，条件不成立又是一种结果。像这样复杂问题的解决就必须用程序的控制结构，控制结构在程序设计中占有相当重要的地位，通过控制结构可以控制动作脚本的流向，完成不同的任务。

1．选择结构

选择结构在程序中以条件判断来表现，根据条件判断结果执行不同的动作。选择结构包括两个类型，即 if 型和 switch 型，相关语句介绍如下。

（1）if 语句

```
if(条件表达式){
//条件成立的情况下，执行{}中的语句，否则跳过{}执行后面的语句
}
```

例如：var a:unit=12;
　　　　if (a%2==0)
　　　　trace(a,"是偶数。");

在条件表达式中，取模运算符"%"的优先级高于"=="，所以先计算"a%2"，然后判断它的值是否等于 0。当条件为真时，执行 trace()语句输出相关信息，由于需要执行的代码只有一行，所以可以不用花括号，如果需要执行的代码只有一个语句段，必须要把所有需要执行的语句都放在一对花括号内。

（2）if- else 语句

if- else 语句在简单 if 语句的基础上增加了一个程序分支，这种语句的一般形式为：

```
if(条件表达式)
{①
... }//条件成立，执行①内的语句
Else      {②
... }//条件不成立，执行②内的语句
```

例如：var a:unit=12;
　　　　if (a%2==0)
　　　trace(a,"是偶数。");
　　　　else
　　　trace(a,"是奇数。");

使用 if- else 语句可以对条件表达式的真和假两种情况分别处理，使程序产生两个不同的分支，还可以使用 if 语句嵌套，实现多重判断。

（3）switch...case 语句

switch 语句一般称为多路开关语句，它通过判断一个表达式的值，让程序从一组入口中选择运行的语句，它的语法格式为：

```
switch (表达式)
{
Case 表达式 1：语句 1；break;
Case 表达式 2：语句 2；break;
... //根据 switch 的表达式执行相应的 case 语句，利用 break 跳出分支，若没有相匹配的表达式则
执行 default 语句组
Case 表达式 n：语句 n；break;
Default 语句组;
}
```

例如，下面语句显示当前日期为星期几：

```
var SomeDate:Date = new Date();
var dayNum:uint = SomeDate.getDay();
switch(dayNum)
{   Case 0:      trace("Sunday");        break;
    Case 1:      trace("Monday");        break;
    Case 2:      trace("Tuesday");       break;
    Case 3:      trace("Wednesday");     break;
    Case 4:      trace("Thursday");      break;
    Case 5:      trace("Friday");        break;
    Case 6:      trace("Saturday");      break;
    default:     trace("Out of range "); break;    }
```

someDate 是 Date 类的一个对象，它保存了当前的日期和时间信息，接下来用这个对象的 getDay()方法得到当前日期值，返回一个星期中的某一天，返回值是从 0～6 的整数，依次对应星期日～星期六，然后程序定义了一个 uint 类型变量 dayNum 保存这个值。

2．循环结构

如果要多次执行相同的语句，可以利用循环语句简化程序。在 Flash 中有 3 种循环语句。

（1）for 语句

for 语句通常用于循环次数固定的情况，它的基本形式为：

```
for（初始表达式；条件表达式；递增表达式）
{
      //循环执行的程序段--循环体
}
```

下面是一个用 for 语句编写的简单程序，计算 1+2+3+....+98+99+100 的值。

```
var s=0;
for (i=1;i<=100;i++)
{   s=s+i;
}   h="s="+s+"";
trace (h);
```

（2）for in 语句

这个语句，仅仅和数组以及对象数据类型一起使用。使用此语句可以在不知道数据里面

有多少个元素或元素一直在变化的情况下遍历所有的数组元素。

```
for (变量名 in 数组名或对象数据类型)
{    //程序段，可以用变量作为下标引用数组元素，或用变量作为属性名引用属性值
}
```

例如，下面的语句将数值 myArr 中的元素显示出来：

```
var myArr:Array = [1,2,3,4,5,6,7,8,9,10];
for(var i:String in myArr) {
    trace(myArr[i]);                    //直接用变量 i 作为数值元素的下标    }
```

（3）while 语句

while 循环在条件成立的时候，一直循环到条件不成立。

```
while(条件表达式)
{    ...
}//条件为真时，执行{}中的语句，在循环过程中，也可以使用 break 语句跳出循环
```

例如，下面的语句用来计算 1～10 范围内所有自然数的乘积：

```
var i:uint=1，mul:uint=1;
while (i<=10) {
    mul*=i;
    i++;
}    trace(mul);
```

3．跳转流程

除了选择流程和循环流程外，在 ActionScript 中，用户还可以通过一些特殊的语句控制程序在执行代码时跳转到其他的位置，从而实现更复杂的流程控制。这种程序流程被称作跳转流程，执行这一流程的语句被称作跳转语句。ActionScript 提供了 3 种跳转语句。

（1）break 语句

执行 break 语句会退出当前的循环或语句，并继续执行后面的语句。在之前介绍的switch…case 语句中，就是使用了 break 语句退出已遍历的执行分支。在 while…、for…、for…in 和 do…while 等循环语句中也有使用 break 语句。例如，使用 break 语句控制 while 循环，计算 1～100 所有整数的和，如下所示。

```
var i:int = 1 ,sum: int;
while (true) {
    sum =sum + i ;
    if ( i >= 100) {
        break;
    }
    i ++;
}trace(sum);    //输出结果 5050
```

（2）continue 语句

continue 语句与 break 语句不同，在循环语句中，continue 语句可终止执行当前循环，自

216

动跳入下一次循环。区别是 continue 语句只结束本次循环，而不是停止整个循环的执行，break 语句则是结束整个循环，不再进行条件判断。例如，使用 continue 语句控制简单的 while 循环，求出 1～100 所有奇数的和，如下所示。

```
var i:int = 1 ,sum: int;
while ( I < 100) {
  i ++;
  if ( i % 2 == 0 ) {
  continue;
}
sum =sum + i ;
}
}trace(sum);     //输出结果 2500
```

（3）label 语句

严格意义上讲，label 语句并非直接进行跳转流程的语句，其作用是标识某个语句行，用于为 break 语句或 continue 语句提供一个目标，特别适合于跳出嵌套循环，可以使代码清晰，节省额外的变量。例如，通过嵌套循环输出 80 以内的所有整数，如下所示。

```
Loop : for ( var i : int = 0; i <10 ; i++ )
  for ( var j:int = 0 ; j <10 ; j ++) {
  if ( i == 8 && j == 0) {
   break Loop ;
   }
  trace( i*10 +j );
  }
}
```

在上面的示例中，如果 break 语句未使用 Loop 标签，则程序将仅跳过本次循环的剩余部分，并且继续输出从 90 到 99 的整数。然而，因为使用了 Loop 标签，break 语句将跳出整个嵌套循环，最后输出的数字是 79。

8.2.6 案例精讲——工作日表情

【案例：工作日表情】操作步骤如下。

1）执行菜单"文件"→"打开"命令，打开素材文件"配套光盘\【项目 8】Action Script 3.0 入门\素材\[素材] 工作日表情.fla"，如图 8-8 所示，素材中共有 5 个图层，图层"主题漫画"用于放置主题背景图片；图层"星期图片"共有 7 个帧，第 1 帧至第 7 帧分别是星期一至星期天每一天的动漫图片；图层"星期文字"共有 7 个帧，第 1 帧到第 7 帧分别是星期一至星期天每一天的图片说明文字；图层"日期"中有两个对象，一个是静态文本"今天是："4 个文字，另一个是动态文本，用来显示系统当前的日期；图层"AS3.0"准备用于输入脚本。

2）选择图层"日期"的第 1 帧，为了让动态文本被脚本语言调用，必须先给舞台上的动态文本起一个名字，选中舞台上的动态文本，在其属性面板中的"实例名称"文本框中输入"date_txt"。

图 8-8 [素材]工作日表情

注意： 在 AS 2.0 的时代，还可以通过属性面板上的"变量"选项来设置文本对应的变量，通过改变变量来改变文本的内容。但是，在 AS 3.0 中这个选项不再有效，统一成通过实例名称"text"属性来控制，这是 AS 3.0 和 AS 2.0 的一个重要区别。

3）选择图层"AS 3.0"的第 1 帧，执行"窗口"→"动作"命令，打开动作面板，在脚本窗口中输入动作脚本，具体的代码内容如下。

```
var my_date = new Date();          //此处定义一个日期对象"my_date"
var yyyy = my_date.getFullYear();  //取得日期对象完整年份并存入变量"yyyy"中
var mm = my_date.getMonth() + 1;   //取得日期对象月份的值并存入变量"mm"中
var dd = my_date.getDate();        //取得日期对象日期的值并存入变量"dd"中
var weekname = new Array("日","一","二","三","四","五","六");
                                   //此处定义一个数组对象"weekname"，用来存放星期 N
var week = weekname[my_date.getDay()];
                                   //取得数组对象中星期 N 的值并存入变量"week"中
date_txt.text = yyyy + "年" + mm + "月" + dd + "日          [ 星期" + week + " ]";
                                   //将当前系统时间各个值赋给动态文本对象"data_txt"
switch (my_date.getDay())
{
    case 0 :
    this.gotoAndStop(7);
    break;
    case 1 :
    this.gotoAndStop(1);
    break;
    case 2 :
    this.gotoAndStop(2);
```

```
                break;
                case 3 :
                this.gotoAndStop(3);
                break;
                case 4 :
                this.gotoAndStop(4);
                break;
                case 5 :
                this.gotoAndStop(5);
                break;
                case 6 :
                this.gotoAndStop(6);
                break;
            }
```

4）按下快捷键〈Ctrl+S〉保存文件，然后执行"控制"→"测试影片"命令，或按下快捷键〈Ctrl+Enter〉，测试动画文件的效果，效果如图8-6所示。

8.3   任务3——函数的使用

【任务背景】 利用事件监听函数 addEvent
Listener（）来完成对不同鼠标动作的控制，
并能分别控制主时间轴与影片剪辑时间轴。利
用"配套光盘\【项目8】Action Script 3.0入门\设
计素材\[素材]亲爱的小孩.fla"素材文件，通
过在时间轴上添加脚本代码，控制影片剪辑元
件的动画效果，如图8-9所示。

图8-9 【亲爱的小孩】

【任务要求】 通过提供的素材，使用函
数来控制鼠标动作，小孩在鼠标按下时才能行走，在鼠标经过小孩上方时会停下，利用鼠标
滚轮滚动时，小孩会停止走动。

【案例效果】 配套光盘\【项目8】初识 ActionScript 3.0\效果文件\亲爱的小孩.swf

8.3.1   知识准备——函数的概念

一般来讲，函数是指在程序中可以重复使用的代码块。它通过参数接收外部数据，也可
以对外返回一个值。使用函数除了可以实现将重复使用的代码集中编写，以提高编码效率
外，还可以使程序脉络清晰、提高可读性。

1. 自定义函数

虽然 ActionScript 3.0 为开发者提供了丰富的内置函数，但实际应用中还会根据需要编制
大量的自定义函数。ActionScript 3.0 对自定义函数具有良好的支持，增加了类型检查的能力。

在 ActionScript 3.0 中可通过两种方法定义函数，使用函数语句和使用函数表述式。

（1）函数语句：是在严格模式下定义函数的首选方法，函数语句以 function 关键字开
头，后跟函数名、用小括号括起来的逗号分隔参数列表、用大括号括起来的函数体。

函数语句的语法结构及举例如下：

语法结构：	示例：

function 函数名（参数）
{
    函数体，调用函数时要执行的代码；
}
	function tomorrow(Param0:String)
	{
	  trace(Param0);
	} tomorrow("hi"); //输出"hi"

（2）函数表达式：声明函数的第二种方法就是结合使用赋值语句和函数表达式，函数表达式有时也称为匿名函数。这是一种较为繁杂的方法，在早期的 ActionScript 版本中广为使用。带有函数表达式的赋值语句以 var 关键字开头，后跟函数名、冒号运算符、指示数据类型的 Function 类、赋值运算符、function 关键字、用小括号括起来的逗号分隔参数列表、用大括号括起来的函数体。它的语法结构及举例如下。

语法结构：	示例：

function 函数名 Function=function (参数)
{
    函数体，调用函数时要执行的代码；
}
	function=function (Pa:String)
	{
	trace(Pa);
	} tomorrow("hi"); //输出"hi"

可以根据自己的编程风格（偏于静态或偏于动态）来选择相应的方法。如果倾向于采用静态或严格模式的编程，则应使用函数语句来定义函数，此方式简洁明了，代码简便易读。而函数表达式需要同时使用 var 和 function 关键字，容易混乱，更多地用在动态编程或标准模式编程中，除非在特殊的环境下必须要用函数表达式的形式。

2．函数的参数

可以向函数传入数据供函数体处理、使用，这些数据就是函数的参数。参数是一个函数的对外接口，分为形参和实参。在定义函数时，参数列表中的变量就称为函数的形式参数，简称形参。例如，下面定义了一个有参函数，在这个函数 myFun 中有 3 个形参，依次是 x、y 和 s。

    function myFun (x:uint，y:Number, s:String)   { …… }

当调用这个函数时，可能使用下面的参数：

    myFun(5, Math.sin(a)，meStr ;)

在调用一个函数时，参数列表中的内容就称为实际参数，简称为实参。这行代码中函数调用的实参对应也有 3 个，依次是 5、Math.sin(a)、meStr。

实参是实际调用函数时用到的参数，而形参是函数定义中用来接收实参的变量。实参可以是常量、变量、表达式或对象等，但是当实际调用发生时，所有这些实参必须能够得到确切的值。在函数定义中，形参通常没有确定的值，但在函数调用过程中会发生数据的传递，即实参中的值会被传递给形参。根据形参是否会改变实参的内容，参数的传递分为两种方式。

（1）数值传递：数值传递指的是从实参向形参传递数据时，传递到形参中的内容是实参的一份拷贝，在函数中操作的是拷贝的内容，不会改变实参的内容。

（2）地址传递：和数值传递不同的是，在地址传送方式中，传递到形参的内容实际上是实参的引用，其间没有发生数据的复制，而是直接指向保存实参的内存区域。在这种方式下，传递到形参的内容就相当于实参的别名，如果函数体内更改了形参的内容，对应的实参也会发生变化，因为它们指向的都是同一个内容。

注意：本质上说 ActionScript 3.0 中都是采用地址传递的方式向形式参数传送数值的，因为 ActionScript 3.0 中所有的量都是对象。只不过由于基本数据类型的特殊性，使得这些类型在参数传递时和数值传递效果一样。

3．函数返回值

使用要返回表达式或字面值的 return 语句，可以从函数中返回值。但 return 语句会终止该函数，因此不会执行位于 return 语句后面的任何语句。另外，在严格模式下编程，如果选择了指定返回类型，则必须返回相应类型的值。例如：

```
function myNum(Num1:int):int {          //自定义函数
    return(Num1 *5)                      //return 语句
    trace("return 语句后的语句")          //注意该语句不会执行
} trace("函数的返加值是："+myNum(3))      //在"输出"面板中显示输出信息
```

8.3.2　知识准备——常用全局函数

ActionScript 3.0 为开发人员提供了大量的内置函数，它们除了一小部分游离在类外被定义外，绝大多数都是以类方法的形式定义的。由于 ActionScript 3.0 有着丰富而层次分明的类，定义在这些类中的函数可以帮助开发者完成各方面的任务，同时 ActionScript 3.0 提供了若干个常用的全局函数，这些函数可以在程序的任何位置使用。

1．动画影片播放函数

这是 Flash 用户最熟悉的一系列函数，这些函数用于控制时间轴或影片剪辑对象中时间轴上播放头的动作。

（1）gotoAndPlay()

形式：gotoAndPlay（scene，frame）；

作用：跳转并播放，跳转到指定场景的指定帧，并从该帧开始播放，如果没有指定场景，则将跳转到当前场景的指定帧。

参数：scene，跳转至场景的名称或编号；frame，跳转至帧的名称或帧数。

例如，动画跳转到当前场景的第 16 帧并且开始播放：**gotoAndPlay（16）；**

（2）gotoAndStop()

形式：gotoAndStop（scene,frame）；

作用：跳转并停止播放，跳转到指定场景的指定帧并从该帧停止播放，如果没有指定场景，则将跳转到当前场景的指定帧。

参数：scene，跳转至场景的名称或编号；frame，跳转至帧的名称或数字。

例如：动画跳转到场景 2 的第 1 帧并停止播放：gotoAndStop（"场景 2"，1）；

（3）nextFrame()

作用：跳至下一帧并停止播放。

该命令无参数，直接使用，例如：**nextFrame();**

（4）prevframe()

作用：跳至前一帧并停止播放。

该命令无参数，直接使用，例如：prveFrame();

（5）nextScene()

作用：跳至下一个场景的第 1 帧并停止播放。如果目前的场景是最后一个场景，则会跳至第 1 个场景的第 1 帧。

该命令无参数，直接使用，例如：nextScene();

（6）prevScene()

作用：跳至前一个场景并停止播放。如果目前的场景是第 1 个场景，则会跳至最后一个场景的第 1 帧。

该命令无参数，直接使用，例如：prevScene();

（7）play()

作用：可以指定动画继续播放。

在播放电影时，除非另外指定，否则从第 1 帧播放。如果动画播放进程被 gotoAndStop 语句停止，则必须使用 play 语句才能重新播放。该命令无参数，直接使用，例如：**play()**;

（8）stop()

作用：停止当前播放的电影，该动作最常见的运用是使用按钮控制电影剪辑。

例如，如果需要某个动画在播放完毕后停止而不是循环播放，则可以在动画的最后一帧附加 stop（停止播放电影）动作。这样，当动画播放到最后一帧时，播放将立即停止。该命令无参数，直接使用，例如：stop();

（9）stopAll()

作用：使当前播放的所有声音停止播放，但是不停止动画的播放。要说明一点是，被设置的流式声音将会继续播放。该命令无参数，直接使用，注意：调用该函数必须同时指定"SoundMixer"类别，例如：SoundMixer.stopAll();

2．外部文件控制函数

为动画影片与帧动态加载外部文件或与外部文件进行信息交换的处理。

（1）fscommand()

fscommand 命令可以实现对影片浏览器，也就是 Flash Player 的控制。只有当 Flash Player 在独立模式下执行时，fscommand()命令所传递的命令才有效，如果是在另一个应用程序的环境下（浏览器的外挂程序）执行，fscommand()命令所传递的命令将无效。

fscommand 命令的语法格式如下：

fscommand（命令，参数）;

fscommand 命令中包含两个参数项，一个是可以执行的命令，另一个是执行命令的参数，表 8-11 所示是 fscommand 命令可以执行的命令和参数。

表 8-11　fscommand 命令可以执行的命令和参数

命　　令	参　　数	功　能　说　明
quit	没有参数	关闭影片播放器
fullscreen	true/false	用于控制是否让影片播放器成为全屏播放模式。true 为是，false 为不是

命　令	参　数	功 能 说 明
allowscale	true/false	是否可以自动缩放，true：可以配合窗口大小缩放动画内容对象，false:对象以原动画内容的大小显示
showmenu	true/false	true 代表当用户在影片画面上单击鼠标右键时，可以弹出全部命令的右键菜单，false 则表示命令菜单里只显示"About Shockwave"信息
exec	应用程序的路径	从 Flash 播放器执行其他应用软件
trapallkeys	true/false	用于控制播放器禁用快捷键的功能，true 为是，false 为不是。这个命令通常用在 Flash 以全屏幕播放的时候，避免用户按下〈Esc〉键，解除全屏幕播放

（2）navigateToURL()

形式：navigateToURL（URL，目标）；

作用：将指定的 URL 的文件加载到浏览器窗口中，或是将变量传递到指定的 URL 的应用程序中，其中目标参数见表 8-12。

表 8-12　navigateToURL 的目标参数

值（字符串）	功 能 说 明
_self	将 URL 目标显示在与浏览器已有网页文件相同的框架中
_blank	将 URL 目标显示在一个浏览器的新窗口中，该窗口没有识别名称，是默认值
_top	将 URL 目标显示在浏览器最顶层的框架中，如果已有显示页面位于没有框架架构的窗口中，则效果等同于"_self"
_parent	将 URL 目标显示在已有浏览器网页文件的父框架中

例如：

① 在新打开的浏览器窗口中打开指定的网站：

navigateToURL (new URLRequest("http://www.cmpbook.com/"),"_blank");

② 打开电子邮件来发送邮件：

navigateToURL (new URLRequest("liubj7681@hotmail.com"));

③ 执行关闭浏览器窗口的 JavaSvript 语句：

navigateToURL (new URLRequest("javascript:windows.closs()"));

3．事件监听函数

在利用 Flash 设计交互程序时，事件是其中最基础的一个概念。所谓事件，就是动画中程序根据软、硬件或者系统发生的事情，确定执行哪些指令以及如何执行的机制。为了能够让事件目标对事件做出响应，需要在事件目标上注册事件监听函数。

形式：addEventListener（事件类型，处理类型）；

作用：为对象建立事件监听器，其中"事件类型"参数可以是字符串值，用于设置监听器要监听的是哪一个事件，"处理函数"参数是一个函数名称，也就是监听器监听到特定事件发生时所要调用的函数对象。

```
my_mc.addEventListener("click",mouseClick);
function mouseClick(me:MouseEvent)
{
```

```
                    trace("您按了鼠标按钮！");
        }
```

在上例中，当在影片片段上单击鼠标按钮时，就会调用 mouseClick 函数进行事件处理，本例是在输出对话框中显示"您按了鼠标按钮！"这段文字。

在 ActionScript 3.0 中，任何对象都可以通过监听器的设置来监控对于对象的鼠标操作，与鼠标相关的操作事件属于 MouseEvent 类，与键盘相关的操作事件属于 KeyboardEvent 类，具体参见表 8-13。

表 8-13　常用的鼠标和键盘事件（MouseEvent 和 KeyboardEven）

事件名称	参照值	说明
CLICK	字符串：click	当对象发生单击鼠标按键的动作时
DOUBLE_CLICK	字符串：doubleClick	当对象发生双击鼠标按键的动作时
MOUSE_DOWN	字符串：mouseDown	当对象发生按下鼠标按键的动作时
MOUSE_MOVE	字符串：mouseMove	当鼠标指针在对象范围内移动时
MOUSE_OUT	字符串：mouseOut	当鼠标指针移开对象的范围时
MOUSE_OVER	字符串：mouseOver	当鼠标指针移入对象的范围时
MOUSE_UP	字符串：mouseUP	当对象发生放开鼠标按键的动作时
MOUSE_WHEEL	字符串：mouseWheel	当对象发生鼠标滚轮滚动的动作时
KEY_DOWN	字符串：keyDown	当对象发生按下键盘按键的动作时
KEY_UP	字符串：keyUp	当对象发生放开键盘按键的动作时

4．其他常用函数

（1）trace()

形式：trace（表达式、变量、值）

作用：显示输出命令 trace()可以在 SWF 文件中记录程序备注，或在输出对话框中将运算结果、变量值显示出来。该命令最主要的目的是便于在编写程序时进行查错，当正式发布后 trace 命令即使存在，也不会被执行。可以使用"发布设置"对话框中的"忽略追踪动作"命令，让 trace 命令从已导出的 SWF 文件中自动删除。

例如，在输出对话框中输出字符串"Y 坐标"与当前鼠标光标的 Y 坐标值：

```
        trace("Y 坐标："+mouseY);
```

在输出对话框中输出比较表达式"3>2"的比较结果"true"：

trace(3>2);

（2）Date()

这个全局函数可以返回一个字符串，其中包括当前的日期和时间，例如，下面的代码可以得到表示当前时间信息的字符串：

```
        trace( Date () );        //    Thu Feb 7 20:04:02 GMT+0800 2013
```

以上列举仅是 ActionScript 3.0 中的部分常用全局函数，可以参考 ActionScript 3.0 手册对函数进行进一步的了解。

8.3.3 案例精讲——亲爱的小孩

【案例：亲爱的小孩】操作步骤如下。

1）执行菜单"文件"→"打开"命令，在弹出的对话框中选择"配套光盘\【项目8】初识 Action Script 3.0\素材\[素材]亲爱的小孩.fla"。

2）选择图层"行走"的第 1 帧，为了让动作脚本控制影片剪辑元件，必须先给舞台上的影片剪辑实例起一个名字，选中舞台上的影片剪辑元件"主角"，打开"属性"面板，在面板左边的"实例名称"文本框中填写"boy_mc"，这就是按钮的实例名称。

3）插入新的图层并命名为"AS"，选择该层的第 1 帧，选择菜单栏中的"窗口"→"动作"命令，打开动作面板，在脚本窗口中输入动作脚本，内容如下。

```
//主时间轴停止，否则动画会按照时间轴的顺序执行
this.stop();
//影片剪辑元件有自己的时间轴，主时间轴虽然停止了，但是它也会按照自己的时间轴顺序执
行，所以也必须将其停止
boy_mc.stop();
//对影片剪辑元件建立鼠标单击事件监听器
//1. 单击鼠标事件（使用字符串参照值形式"click"）
boy_mc.addEventListener("click",mymouseClick);
function mymouseClick(me:MouseEvent) {
this.play();
boy_mc.play();    }
//2. 移入鼠标上方事件（使用事件名称 MOUSE_OVER）
boy_mc.addEventListener(MouseEvent.MOUSE_OVER,mymouseOver);
function mymouseOver(me:MouseEvent) {
this.stop();
boy_mc.play();    }
//3. 鼠标滚轮滚动事件（使用事件名称 MOUSE_WHEEL）
boy_mc.addEventListener(MouseEvent.MOUSE_WHEEL,mymouseWheel);
function mymouseWheel(me:MouseEvent) {
this.play();
boy_mc.stop();    }
```

4）按下快捷键〈Ctrl+S〉保存文件，然后执行"控制"→"测试影片"命令，或按下快捷键〈Ctrl+Enter〉，测试动画文件的效果，效果如图 8-9 所示。

显示列表是 ActionScript 3.0 中新提出的一个概念，它用于组织出现在舞台上的所有可视对象。使用显示列表可以方便地向舞台上添加、移除显示对象以及调整对象的显示层次。一个影片中可能会有很多需要在舞台上显示的对象，这些对象可以在设计时静态向舞台或元件中添加，也可以在程序中使用代码动态添加。在显示列表中操作某一个对象时，经常会遇到 stage、root、this 和 parent 这几个概念，它们是在显示列表中（显示列表是 ActionScript 3.0 中新提出的一个概念，它用于组织出现在舞台上的所有可视对象）访问可视对象的常用工具，其中 this 是 ActionScript 3.0 中保留的关键字，而另外三个则是每个可视对象都具有的属性。

- stage: 是指舞台对象, 是显示列表的顶级容器, 可以使用 mc1.stage 的形式访问舞台对象。
- root: 是影片 (*.swf) 的根, 通常指一个影片文件的主时间轴, 使用 mc1.root 可以访问影片文件的根对象。一个影片只能有一个舞台, 直接放在舞台上的容器对象称为影片文件 (*.swf) 的根 (图中 Stage 的下一层对象), ActionScript 3.0 中用关键字 root 表示影片的根, 现在可以暂时理解根就是主时间轴, 每个 swf 文件只能有一个根 (主时间轴), 所以显示列表前两个层次都只有一个对象。无论是设计时向舞台上添加的实例, 还是用代码动态创建并显示的对象, 在显示列表中都处于第 2 层以下, 包含在主时间轴即根里面。在这些层次上, 可以向显示列表添加多个普通对象或者容器对象。
- this 指当前所在的对象, 例如代码出现在主时间轴的关键帧中, 那么 this==root。如果在一个自定义的类中使用了 this, 那么这里的 this 指的是由这个类创建的对象。
- parent 是当前对象的上一级容器对象, 例如在主场景时间轴中, 下面的代码输出的信息指出, this.parent 就是舞台。

```
trace(this.parent);   //[object stage]
```

8.4 项目实训——圆柱体的体积

8.4.1 实训目标

Flash 的"交互"实际上是指人和程序之间的数据输入和输出过程。输入的内容, 可以是触发事件, 例如鼠标单击按钮; 也可以是各种数据, 例如输入字符串、数字等, 这就需要用到"输入文本"; 而输出的数据, 则可以使用"动态文本"进行显示。本实训主要是区别静态文本与输入文本和动态文本这两种文本的不同, 以及在动作脚本语言中如何调用输入文本与动态文本。

8.4.2 实训要求

利用 Flash CS6 的文本工具, 在舞台上设置按钮和文字, 输入圆柱体的半径和高度后, 单击按钮后能够得到圆柱体的体积数据, 效果如图 8-10 所示。"配套光盘\【项目 8】Action Script 3.0 入门\设计素材\[素材]圆柱体的体积.fla"为素材文件, "FLA 源文件"文件夹下有样例文件"圆柱体的体积.fla", 仅供参考。

图 8-10 【圆柱体的体积】

8.4.3 实训步骤

1) 执行菜单"文件"→"打开"命令, 在弹出的对话框中选择"配套光盘\项目 8 初识 Action Script 3.0\素材\[素材]圆柱体的体积.fla", 如图 8-11a 所示。

2）插入新的图层并命名为"计算"，然后选择"文本"工具在舞台上创建一个文本，打开其"属性"面板，将文本的类型设置为"输入文本"，"字体"设置为幼园，"大小"设置为 48，并将文本的实例名称设置为"r_txt"。此外，还要在两处进行设置：①启用"在文本周围显示边框"选项，使得输入文本的边框的颜色显示出来，便于进行输入；②显示边框之后，输入文本的背景就变成了白色，这时就要将文本的颜色设置为黑色，这样看得比较清楚。

图 8-11　源素材与界面设计

3）同样添加第二个输入文本，第二个输入文本的设置与第一个输入文本基本一致，只是实例名称不同，它的实例名称为"h_txt"。

4）添加一个动态文本，该文本的实例名称为"v_txt"，用来显示计算的结果。

5）选择菜单"窗口"→"公用库"→"按钮"命令，打开按钮公用库，在其中拖放一个按钮到舞台上，并将按钮上的文字修改为"计算"，如图 8-11b 所示，再选中这个按钮，打开"属性"面板，设置其实例名称为"my_btn"。

6）选择"计算"层的第 1 帧，选择菜单栏中的"窗口"→"动作"命令，打开"动作"面板，在脚本窗口中输入动作脚本，内容如下。

```
//为按钮添加事件侦听器，侦听鼠标的单击事件
count_btn.addEventListener(MouseEvent.CLICK,count);
//定义响应事件"count"
function count(event:Event) {
var r = parseFloat(r_txt.text);
var h = parseFloat(h_txt.text);
var v = Math.PI*r*r*h;
v_txt.text = String(Math.round(v*1000)/1000);     }
```

7）按下快捷键〈Ctrl+S〉保存文件，然后执行"控制"→"测试影片"命令，或按下快捷键〈Ctrl+Enter〉，测试动画文件的效果，如图 8-10 所示。

①变量"r"和"h"用于记录圆柱体的半径和高，特别要注意的是"parseFloat"函数，从动态文本读取数据的时候，得到的是一个字符串，不能拿来直接进行数学运算，而"parseFloat"

8.5 技能知识点考核

一、填空题

（1）_____是用于标识某个变量、属性、对象、函数或方法的名称。

（2）由于字符串以引号作为开始和结束标记，所以要想在一个字符串中包括一个单引号或双引号，必须在其前面加上一个转义字符_____。

（3）在 ActionScript 中提供了 3 个可用来控制程序流的基本条件语句，分别是_____、_____、_____。

（4）在 Flash 中一般按照语句的先后顺序执行程序，_____和_____可以改变程序的执行顺序。

二、选择题（1～3 单选，4 多选）

（1）在 ActionScript 中，（   ）是区分大小写的，而其他代码不区分大小写。

    A．变量   B．常量   C．关键字   D．函数

（2）以下变量名不是合法的是（   ）。

    A．_myName   B．myAge%   C．$meiyuan   D．NUM_2_$

（3）大括号{}和括号()语法也是 ActionScript 沿用 C 语言的语法规范之一，使用（   ）将程序划分为一个个的块，每个块完成特定的功能。

    A．大括号   B．小括号   C．点   D．等于

（4）在"动作"面板中，可以为下列哪些对象添加 AS 脚本（   ）。

    A．影片剪辑   B．按钮   C．帧   D．位图

三、简答题

（1）Flash CS6 的动作面板由几部分组成，各部分都有什么作用？

（2）什么是变量，如何定义变量？

（3）什么是数据类型，ActionScript 有几种基本数据类型？

（4）if 语句是否允许嵌套，如果允许，那么嵌套时该注意什么？

8.6 独立实践任务

1.【任务要求】根据本项目所学习的知识，利用素材（配套光盘\项目 8Action Script 3.0 入门\设计素材\[素材]电影胶卷效果.fla），制作一个电影胶卷效果的动画，如图 8-12 所示。在时间轴上添加动作脚本命令，监听鼠标的两个动作，当鼠标光标移入图片上方时，处于胶卷里的图片停止放映；当鼠标移出图片上方时，处于胶卷里的图片又开始放映。

图 8-12 【电影胶卷效果】

部分代码提示：

```
function a_OverHandler(event:MouseEvent):void {
    this.stop();
}
a.addEventListener(MouseEvent.MOUSE_OVER, a_OverHandler);
function a_OutHandler(event:MouseEvent):void {
    this.play();
}
```

2. 【任务要求】根据本项目所学习的知识，利用素材（配套光盘\项目 8Action Script 3.0 入门\设计素材\奥运 LOGO.png 和闭幕.jpg），制作奥运计时的效果，如图 8-13 所示。在时间轴上添加动作脚本命令，动画播放时，显示当前时间，并判断在文本中。

图 8-13 【奥运计时】

部分代码提示：

```
var Olympic:Date=new Date(2008,7,8);
const dayArr:Array=["日","一","二","三","四","五","六"];
const ONEDAY:uint=24*60*60*1000;
var restNum:Number=Olympic.getTime()-current.getTime()+ONEDAY;
var passNum:Number=current.getTime()-Olympic.getTime();
if (Olympic.getTime()>current.getTime()){
msg_txt.text="距离北京奥运会开幕还有"+"\r"+"\r"+String(int(restNum/ONEDAY))+"天";
    gotoAndStop(1);
}else {
msg_txt.text="北京奥运会已胜利闭幕"+"\r"+"\r"+String(int(passNum/ONEDAY))+"天";
    gotoAndStop(2);
}
```

项目 9   ActionScript 3.0 进阶

 项目概述

ActionScript 3.0 较之前的版本，可以说是真正实现了面向对象的编程思想，其中类是最重要的概念。本项目将通过大量的案例来介绍 ActionScript 3.0 中类的相关知识，包括常用类的使用以及自定义类的编写，使得我们可以设计出更加神奇、复杂、丰富和有趣的动画。

 知识目标

- 了解 ActionScript 3.0 类的架构并理解使用类的原因
- 熟悉 ActionScript 3.0 中常用类的使用
- 掌握 ActionScript 3.0 元件类、动态类和类包的使用

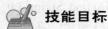 **技能目标**

- 能熟练创建类的对象，使用对象属性和方法，特别是常用类的使用
- 能掌握自定义类的编写，包括定义类中的属性以及定义并实现类中的方法

9.1   任务 1——常用类的使用

【任务背景】 影片剪辑元件对象（MovieClip 类）属性很多，本案例主要是通过设置影片剪辑对象的 width、height、y 等属性值来完成动画的设计。使用绝对尺寸控制的方法，动态改变影片剪辑对象的大小和垂直位置，配合影片剪辑元件的帧播放功能产生人物由远到近、由大到大的运动效果，如图 9-1 所示。

图 9-1 【轻轻地我走来】

【任务要求】 通过提供的素材，编写动作脚本对影片剪辑对象的属性值进行修改调整，

掌握 MovieClip 类相关属性值的使用方法。

【案例效果】 配套光盘\【项目 9】ActionScript3.0 进阶\效果文件\轻轻地我走来.swf

9.1.1 知识储备——类和对象的基本概念

类简单地说就是指一个对象的类型，通常一个类有两项内容与之相关，属性（数据或信息）和行为（动作，或是它可以做的事情）。属性本质上是存放与类相关的信息的变量，行为相当于是函数，而当一个函数是一个类的一部分时，通常称它为一个方法。通过元件与实例的关系来看类，就更容易理解：类就是模板，而对象（也可以理解为实例）是指定类的表现个体。类是抽象化的概念，是不具体的，通常不能直接用于程序，而由类生成的对象是具体的实体，是程序运行中参与实际操作的基本元素。

ActionScript 3.0 中内置了种类繁多的类，例如常用的 MovieClip 类，其中包含了作为一个影片剪辑必须有的属性：如坐标 x 和 y、高度 height、宽度 width、透明度 alpha 等，还包含了影片剪辑可以有的行为，如 play()、stop()等。但是，MovieClip 类是定义了抽象的数据结构和行为的集合，它没有任何具体的属性值，如实际高度或宽度等，只有根据 MovieClip 类生成的对象才有实际的属性，才能在舞台上真正地显示出来。

ActionScript 3.0 为开发人员提供了许许多多的类，它们结构严谨、层次分明，可以在各种不同领域的程序中应用。要查看 Flash 的内置类，执行菜单"窗口"→"动作"命令，或者按键盘上的〈F9〉键打开动作面板，如图 9-2 所示，单击有""标记的条目可以展开或者折叠它们。

图 9-2 查看 Flash 中的类

在 ActionScript 3.0 中将所有的内建类大致分成了 3 个部分：首先是顶级类，其中包含了诸如 int、Number、String、Array、Object、Boolean、XML 等最基本的类和一些全局函数。更多的类被分别包含在两个包 fl 和 flash 中，每个包都细分为多个不同类别的包，列表中的每一个包都包含了功能相近的一组类。其中 fl 包里面包含的主要是 ActionScript 3.0 的各种组件类，将在下一个项目中学习。而在程序中应用最多、最广泛的类都包含在 flash 包中，例如前面案例中经常用到的 MovieClip 类包含在 flash.display 包中，各种事件的类包含在 flash.events 包中，与滤镜相关的类包含在 flash.filter 中，与媒体设备相关的类包含在

flash.media 中，与文本相关的类包含在 flash.text 包中。

在程序中要使用一个定义好的类是从创建这个类的对象开始的，当创建了类的对象以后，就可以访问对象的属性、调用对象的方法，实现程序最终要达到的目的。

1．创建类的对象

虽然早在 ActionScript 2.0 中就可以通过使用 class 和 extends 等关键字创建类，但是在 ActionScript 3.0 中有相当一部分改变了。正确的类定义语法中要求 class 关键字后跟类名，类体要放在大括号（{}）内，且放在类名后面，例如：

```
//创建一个名为 MyClass 的类，其中包含名为 visible 的变量
Public class MyClass
{    var visible:Boolean=false    }
```

因为对象是类的实体，因此建立对象的动作称为"实例化"。在 ActionScript 3.0 中类的实体对象创建有 3 种形式。

（1）通过"new"函数生成类的实例对象，例如：

```
var myButton : SimpleButton = new SimpleButton();
```

定义了一个可以包含按钮对象的变量 myButton，通过 new 函数建立按钮对象并将其指定给变量 myButton，这时 myButton 就是按钮类的实体对象。

（2）由其他实体对象的属性或方法返回值生成对象，例如：

```
var myGraphics = my_Mc.graphics；
```

声音变量 myGraphics，通过影片片段 my_Mc 的 graphics 属性返回 Graphics 对象并将其指定给变量 myGraphics，这时 myGraphics 就是 Graphics 类的实体对象。

（3）自然生成实体对象，例如 Math 类，无需建立实体对象就能使用其相关的对象的方法：

```
var area: Number = Math.PI*radius*radius；
```

2．使用属性和方法

将类实例化为对象后，每个对象都包含类中定义的属性和方法，可以通过"."操作符对各自的属性和方法进行访问，如图 9-3 所示。

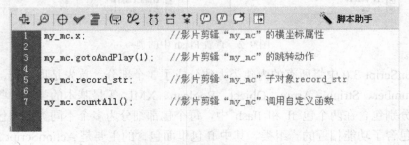

图 9-3　使用属性和方法

- "x"显现蓝色，不带有括号，表示它是一个内置的属性。
- "gotoAndPlay"呈现蓝色，带有括号，表示它是一个内置的动作。

- "record_str" 呈现黑色，不带有括号，表示它是一个自己定义的属性或者子对象。
- "countAll" 呈现黑色，带有括号，表示它是一个自己定义的函数。

由于 ActionScript 3.0 中提供了极为丰富的类，每个类中可能会包含众多的属性、方法及其他相关特性，开发者不可能全部掌握也没有必要完全掌握所有的内容。Flash CS6 提供了帮助面板，其中包括了 ActionScript 3.0 的理论基础、范例，更重要的是它包含了所有内置类的详细信息，例如每个类的继承关系、属性、方法，是否有关联的事件等，如图 9-4 所示。

图 9-4　使用联机帮助

9.1.2　案例精讲——MovieClip 类与【轻轻地我走来】

MovieClip，即影片剪辑，是使用 Flash 创作工具创建动画内容的一个重要元素。只要在 Flash 动画设计中创建影片剪辑元件，Flash 就会将该元件添加到该 Flash 文档库中。默认情况下，此元件会成为 MovieClip 类的一个实例，因此具有 MovieClip 类的属性和方法。MovieClip 类的方法提供的功能与定位影片剪辑的动作所提供的功能相同，还有一些其他方法在动作面板中的动作工具箱中没有等效动作。

影片剪辑元件是 Flash 中最重要的一种元件，对影片剪辑属性的控制是 ActionScript 最重要的功能之一。从根本上说，Flash 的许多复杂动画效果和交互功能都与影片剪辑属性控制的运用密不可分，运用动作脚本语句可以对其坐标位置、透明度、大小、旋转角度等属性进行修改调整。

1. 影片剪辑元件的基本属性

在 Flash CS6 中，影片剪辑元件的属性多达三十多个，在这里仅介绍部分常用的、最具代表性的属性，通过调整影片剪辑的各种属性可以改变影片剪辑的位置和显示状态。

（1）坐标

Flash 场景中的每个对象都有它的坐标，坐标值以像素为单位。Flash 场景的左上角为坐标原点，它的坐标位置为（0,0），前一个表示水平坐标，后一个表示垂直坐标。Flash 默认的场景大小为 550×400 像素，即场景右下角的坐标为（550、400），场景中的每一点分别用 x 和 y 表示 x 坐标值属性和 y 坐标值属性。如果影片剪辑在其他影片剪辑的时间轴中，则以其中心位置为（0，0），向右和向下为正，并逐渐增加，向左和向上为负，并逐渐减小。

例如，要在主时间轴上表示场景中的影片剪辑 myMC 的位置属性，可以使用下面的方法。

① myMC.x   ② x;   ③ this.x;
 myMC.y   y;   this.y;

通过更改 x 和 y 属性可以在影片播放时改变影片剪辑的位置。例如，为影片剪辑编写如下的事件处理函数，在每次 enterFrame 事件中向右移动 2 个像素、向下移动 1 个像素的位置。

```
stage.addEventListener(Event.ENTER_FRAME,moveBall);
function moveBall(event:Event){
    my_mc.x +=2;
    my_mc.y += 1;      }
```

（2）绝对尺寸控制

尺寸控制有两种方法：一种是"绝对尺寸控制"，就是设定对象的高度和宽度是多少像素，另一种是"相对尺寸控制"，就是设定对象的高度和宽度是原来的多少倍。绝对尺寸控制一般使用属性"width"设置影片剪辑元件的绝对宽度，"height"设置影片剪辑的绝对高度，单位都是像素，并且值都不能为负。具体的使用方法参见【案例：轻轻的我走来】。

【案例：轻轻地我走来】操作步骤如下。

1）执行菜单"文件"→"打开"命令，在弹出的对话框中选择"配套光盘\【项目 9】Action Script 3.0 进阶\设计素材\[素材] 轻轻地我走来.fla"，如图 9-5 所示。

图 9-5 [素材]轻轻地我走来

2）选择舞台上影片剪辑元件"小女孩"的实例，为了让动作脚本控制它，必须先给舞台上的实例起一个名字，打开"属性"面板，在面板左边的"实例名称"文本框中输入"girl_mc"。

3）单击时间轴中的第 1 帧，选择菜单栏中的"窗口"→"动作"命令，打开动作面板，在脚本窗口中输入动作脚本，内容如下。

```
var moveL=this.height-girl_mc.height;
this.addEventListener("enterFrame",moveGirl);
function moveGirl(me:Event){
        if (girl_mc.y<moveL){
                girl_mc.height += (girl_mc.height/100);
                girl_mc.width += (girl_mc.width/100);
                girl_mc.y += (girl_mc.height/100);    }
        else{      girl_mc.stop();    }
}
```

4）按下快捷键〈Ctrl+S〉保存文件，然后执行"控制"→"测试影片"命令，或按下快捷键〈Ctrl+Enter〉，测试动画文件的效果，效果如图9-1所示。

（3）相对尺寸控制

相对尺寸控制是指在影片剪辑的水平和垂直方向上进行缩放的倍数，属性"scaleX"和"scaleY"的值代表了相对于库中原影片剪辑的横向尺寸width和纵向尺寸height的百分比，而与场景中影片剪辑实例的尺寸无关。

scaleX、scaleY属性值为数值，属性值为1即缩放比率为100%（原始大小）。影片剪辑元件缩放局部坐标系统会影响以完整像素为单位所定义的x和y属性设置。例如，如果将父影片剪辑元件缩放50%，则设置x属性会将影片剪辑中的对象移动缩放比例为100%时影片的一半像素数目。影片剪辑元件缩放默认的注册点坐标位置是（0,0）。

具体的使用方法参见【案例：我长大了】，如图9-6所示。为节省篇幅，在此仅给出相关代码和注释，操作步骤可以参考【案例：轻轻地我走来】。

a)

b)

图9-6　源素材文件和案例效果

```
e_mc.addEventListener("mouseOver",bigMc);           //*监听影片剪辑对象"e_mc"（大象）
t_mc.addEventListener("mouseOver",bigMc);           //*监听影片剪辑对象"t_mc"（老虎）
m_mc.addEventListener("mouseOver",bigMc);           //*监听影片剪辑对象"m_mc"（松鼠）
function bigMc(me:MouseEvent){
        me.target.scaleX = 2;
        me.target.scaleY = 2;
        me.target.play();    }
e_mc.addEventListener("click",smMc);
t_mc.addEventListener("click",smMc);
```

```
m_mc.addEventListener("click",smMc);
function smMc(me:MouseEvent){
    me.target.scaleX = 1;
    me.target.scaleY = 1;        }
```

（4）鼠标位置

利用影片剪辑元件的属性，不但可以获得坐标位置，还可以获得鼠标位置，即鼠标光标在影片中的坐标位置。表示鼠标光标的坐标属性的关键字是 mouseX 和 mouseY，其中，mouseX 代表光标的水平坐标位置，mouseY 代表光标的垂直坐标位置。需要说明的是，如果这两个关键字用在主时间轴中，则它们表示鼠标光标相对于主场景的坐标位置；如果这两个关键字用在影片剪辑中，则它们表示鼠标光标相对于该影片剪辑的坐标位置。

mouseX 和 mouseY 属性都是从对象的坐标原点开始计算的，即在主时间轴中代表光标与左上角之间的距离；在影片剪辑中代表光标与影片剪辑中心之间的距离。Flash 不能获得超出影片播放边界的鼠标位置，这里的边界并不是指影片中设置的场景大小。如将场景大小设置为550×400 像素，在正常播放时能获得的鼠标位置即在(0,0)~(550,400)之间；如果缩放播放窗口，将视当前播放窗口的大小而定；如果进行全屏播放，则与显示器的像素尺寸有关。

（5）旋转方向

rotation 属性代表影片剪辑的旋转方向，它是一个角度值，介于-180°~180°之间，可以是整数和浮点数，如果将它的值设置在这个范围之外，系统会自动将其转换为这个范围内的值。例如，将 rotation 的值设置为 181°，系统会将它转换为-179°；将 rotation 的值设置为-181°，系统会将它转换为 179°。不用担心 rotation 会超出它的范围，系统会自动将它的值转换到-180°~180°之间，并不会影响到影片剪辑转动的连贯性。

具体的使用方法参见【案例：宇航员特训】，如图 9-7 所示，相关的代码和注释如下。

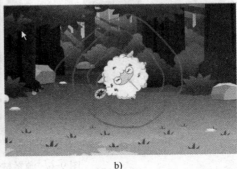

a)   b)

图 9-7　源素材文件和案例效果

```
maxSpeed = 60;
this.addEventListener("enterFrame",goRot);
function goRot(me:Event){
var difX =Math.abs(this.mouseX - this.x);        // Math.abs()返回指定数字的绝对值
var difY =Math.abs(this.mouseY - this.y);
var num = difX + difY;
    num = Math.round(num/10);
    // Math.round()将参数的值向上或向下舍入为最接近的整数并返回该值
```

```
        var speed = maxSpeed - num;
        sheep_mc.rotation += speed;    }
```

（6）可见性

visible 属性即可见性，使用布尔值，即为 true（1），或者为 false（0）。为 true 表示影片剪辑可见，即显示影片剪辑；为 false 表示影片剪辑不可见，即隐藏影片剪辑。例如，要隐藏影片剪辑 myMC：myMC. visible = false;

具体的使用方法参见【案例：超人】，如图 9-8 所示。注意先将影片剪辑元件 super_mc 默认隐藏，在文字字段中 count_txt 显示倒数计时秒数，当计数结束时，改变影片剪辑 super_mc 的 visible 属性值为 true，使其显示，并将文字字段 count_txt 的 visible 属性值设为 false，使其隐藏，相关的代码和注释如下。

a)
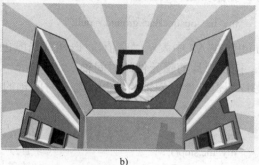
b)

图 9-8　源素材文件和案例效果

```
super_mc.visible = false;
myTime = getTimer();                          // getTimer()是取得从 SWF 文件开始播放所经过的时间
this.addEventListener("enterFrame",showman);
function showman(me:Event){
        nowTime = getTimer();
        var sec = Math.floor((nowTime-myTime)/1000);          //将表达式所返回的时间毫秒数，以无
条件舍弃小数部分的方式换算成秒数，然后存入变量"sec"
        count_txt.text = 10-sec;
        if (sec>=10){        super_mc.visible = true;
                        count_txt.visible = false;        }
}
```

（7）透明度

alpha（透明度）是区别于 visible 的另一个属性，alpha 决定了影片剪辑的透明程度，它的范围在 0~1 之间，0 代表完全透明，1 表示不透明。例如，要将影片剪辑 myMC 的透明度设为 50%：myMC._alpha = 0.5;

alpha 属性代表了第 4 种颜色通道，即所谓的 alpha 通道。前 3 种颜色通道分别为 red（红）、green（绿）、blue（蓝），也就是常说的三原色通道，通常也简称为 R、G、B 通道。前 3 种颜色通道决定像素的颜色成分，alpha 通道决定像素的透明程度。在计算机中，每种颜色通道都用 8 bit（位）来存储，所以如果一幅图像是 32 位的，那么它就拥有所有这 4 个通道；如果一幅图像是 24 位的，则它就只有 R、G、B 这 3 个通道。

可以在脚本中设置按钮的 alpha 属性，特别要注意的是，将按钮的 alpha 属性设置为 0，虽然按钮不可见，但是它的热区同样存在，仍然可以对它进行单击等操作；如果要将按钮变为不可用，可以将其 visible 属性设置为 false。

（8）指定背景颜色

属性"opaqueBackground"用于控制影片剪辑元件的背景颜色，例如：

     my_mc. opaqueBackground = 0xccccff;

此行语句可以让影片剪辑元件出现浅蓝色背景，属性的取值是一个数字，在这里写的时候以"0x"开头，表示这个数字是以十六进制的形式表达的，其中的"0"是阿拉伯数字"零"，"x"是小写的英文字母，后面的六位数，每两位一组，表示背景色的红色、绿色和蓝色成分。如果要去掉背景色，可以使用下面语句。

     my_mc. opaqueBackground = null;

"null"在 AS 中表示"空值"，既然背景颜色是空值，那么就不会出现背景颜色。

2．控制影片剪辑元件的时间轴

影片剪辑元件时间轴的控制，与主时间轴的控制基本一致，包括播放、暂停、跳转等，例如：

```
my_mc.play();                                //播放
my_mc.stop();                                //暂停
my_mc.prevFrame();                           //转到上一帧并暂停
my_mc.nextFrame();                           //转到下一帧并暂停
my_mc.gotoAndPlay(n);                        //跳转到第 n 帧，继续播放
my_mc.gotoAndStop(n);                        //跳转到第 n 帧并暂停
```

对于影片剪辑元件，还有以下 3 个用来监视时间轴进程的只读属性。

（1）currentFrame

通过 currentFrame 属性可取得在影片剪辑时间轴上播放头所在的帧编号，在做相对跳转的时候很有用，例如使用"快进"按钮的时候，希望每次单击按钮，可以让影片剪辑的播放头向前跳 20 帧，可以使用以下语句。

     my_mc.gotoAndPlay(my_mc.currentFrame +20);

（2）framesLoaded

framesLoaded 属性会返回从 SWF 文件中加载的帧数目，该属性十分有用，在还没有完成某个 SWF 文件中指定帧的加载动作之前，可以显示一个消息，告诉用户该 SWF 文件正在加载中。例如：msg_txt.text = this.frameFrames;

（3）totalFrames

totalFrames 属性会返回在影片剪辑实体对象中的帧总数，该属性常与 framesLoaded 属性结合使用，可以告诉用户目前 SWF 文件的加载进度百分值（framesLoaded/ totalFrames *100）。

对于刚才的"快进"按钮，存在一个小问题，如果在加载了 100 帧的时候播放到了第 90 帧，那么向前跳 20 帧，就要跳到 110 帧，由于此时第 110 帧还不存在，所以将执行失

败，可以将代码完善如下：

```
var t =   my_mc.currentFrame +20;
if ( t < my_mc.framesLoaded ) {
    my_mc.gotoAndPlay(t);
}    else    {
    My_mc.gotoAndplay(my_mc.framesLoaded);
}
```

具体的使用方法参见【案例：台历】，如图9-9所示，相关的代码和注释如下。

a)   b)

图9-9　源素材文件和案例效果

```
var totalNum = pic_mc.totalFrames;
pic_mc.addEventListener("enterFrame",getFrame);
function getFrame(me:Event){
var curFrame = pic_mc.currentFrame;
msg_txt.text = curFrame +"  月"+ " / " +"  共"+ totalNum + "  月";        }
```

3. 复制与删除影片剪辑

在舞台上编辑影片剪辑元件的时候，可以执行菜单"编辑"→"复制"命令和"编辑"→"粘贴"命令，或者使用键盘上的〈Ctrl+C〉和〈Ctrl+V〉键来复制影片剪辑元件实例。但是，有些时候就必须使用动作脚本来复制，例如遇到下面两种情况之一。

- 不知道具体要复制多少个。有时候动画会根据不同的环境条件，复制数量不同的影片剪辑元件，例如一月复制一个，二月复制两个等，这是设计人员无法事先确定的。
- 要复制的数量非常多。例如在一个影片中，要制作出繁星点点、满天雪花、倾盆大雨等特效，如果让设计人员复制出几十万个影片剪辑，这是很困难的事情。

这时就要使用动作脚本来复制影片剪辑实例了，当然，与影片剪辑元件的复制相对应，也可以使用动作脚本来删除影片剪辑实例。

（1）复制影片剪辑

在 ActionScript 2.0 中使用 duplicateMovieClip 方法来复制影片剪辑实例，在 ActionScript 3.0 中已取消这个方法，也就是无法直接附加对象到动画片段中，而必须先构造要复制对象的实例，然后再使用 addChild 或 addChildAt 复制该对象的实例。

addChild()命令的语法结构为：

影片剪辑对象. addChild（对象）

addChild 可以将指定的对象加入到影片剪辑对象中，不限定加入的是何种对象。其中（对象）为对象的变量名称，也就是使用 new 函数所创建的实体对象。例如：

myObj = new Object();
my_mc.addChild(myObj);
//新建对象"myObj"并复制影片剪辑"my_mc"

addChildAt()命令的语法结构为：

影片剪辑对象. addChildAt（对象，迭放次序）

addChildAt 可以将指定的对象加入到影片剪辑对象中，并且可指定加入对象的叠放次序。其中（迭放次序）为整数，为附加对象时对象所要放置的层次。

myObj = new Object();   //新建对象"myObj"
my_mc.addChildAt(myObj,3);   //复制影片剪辑"my_mc"到第 3 层中

（2）删除影片剪辑

使用 removeChild 或 removeChildAt 可以删除影片剪辑对象。

removeChild()命令的语法结构为：

影片剪辑对象. removeChild（对象）

removeChild 可将已复制到影片剪辑中的对象删除，例如：

my_mc. removeChild(myObj);   //删除影片剪辑"my_mc"中的子对象"myObj"

removeChildAt()命令的语法结构为：

影片剪辑对象. removeChildAt（迭放次序）

removeChildAt 可将指定迭放次序的复制影片剪辑对象删除，例如：

my_mc. removeChildAt(3);   //删除影片剪辑"my_mc" 中的迭放次序为 3 的子对象

以【案例：蜻蜓】来学习复制和删除影片剪辑的命令。

【案例：蜻蜓】操作步骤如下。

1）执行菜单"文件"→"打开"命令，在弹出的对话框中选择"配套光盘\【项目 9】Action Script 3.0 进阶\设计素材\[素材]蜻蜓.fla"，如图 9-10 所示。

图 9-10   [素材] 蜻蜓

2）打开"库"面板，用鼠标右键单击其中的元件"蜻蜓"，在弹出的菜单中选择"链接"命令，打开如图 9-11 所示的"链接属性"对话框，选中"为 ActionScript 导出"选项，将"类"设置为"my_mc"。

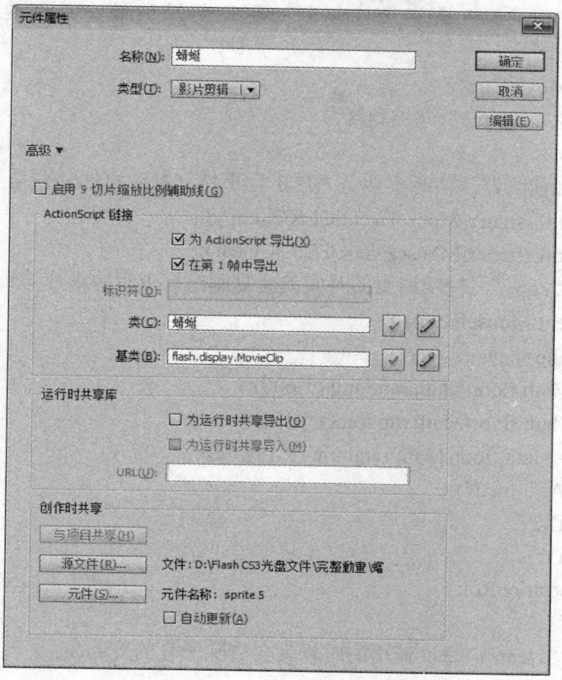

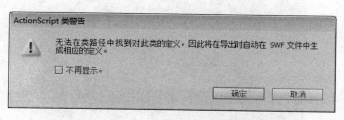

图 9-11　"元件属性"对话框

注意："基类"和"类"两者的关系是，"基类"是 Flash 本身已定义的，而"类"是用户自己定义的，并且"类"是以"基类"为基础来工作的。将影片剪辑元件定义成一个类后，要复制影片剪辑元件就可以直接以 new 函数创建出影片剪辑的实例。

3）设置完毕，单击"确定"按钮完成设置。这时将弹出如图 9-12 所示的警告对话框，因为这个类是刚刚建立的，并没有存在于 Flash 的类路径中，不必理会它，单击"确定"完成链接。

图 9-12　"ActionScript 类警告"对话框

4）选择舞台上按钮元件"复制"的实例，为了让动作脚本控制它，必须先给舞台上的实例起一个名字，打开"属性"面板，在面板左边的"实例名称"文本框中输入"copy_btn"。同样将舞台上的按钮元件"清除"的实例名称设置为"clear_btn"。

5）插入新的图层并命名为"AS"，单击该层的第 1 帧，选择菜单栏中的"窗口"→"动作"命令，打开动作面板，在脚本窗口中输入动作脚本，内容如下。

```
var N:int=0;
//初始化变量，用"N"来记录已复制的影片剪辑数量，并创建一个新的影片剪辑对象
"fly_mc"，用来放置复制品
var fly_mc=new MovieClip();
//将影片剪辑对象"fly_mc"添加到舞台
addChild(fly_mc);
//为两个按钮添加侦听器，侦听事件是"单击"事件，响应事件分别是"copy"和"clear"
copy_btn.addEventListener(MouseEvent.CLICK,copy);
clear_btn.addEventListener(MouseEvent.CLICK,clear);
//定义响应事件"copy"，每次调用的时候就会复制出一个新的影片剪辑
function copy(event:MouseEvent) {
var t_mc:MovieClip=new my_mc();
var positionX = Math.floor(Math.random() * 600);
var positionY = Math.floor(Math.random() * 350);
var positionRot = Math.floor(Math.random() * 18) * 20;
fly_mc.addChildAt(t_mc,N);
t_mc.x = positionX;
t_mc.y = positionY;
t_mc.rotation = positionRot;
N++;    }
//定义响应事件"clear"，每次调用的时候就会清除所有的复制品
function clear(event:MouseEvent) {
for (var i:int=0; i<N; i++) {
        fly_mc.removeChildAt(0);    }
N=0;    }
}
```

6）按下快捷键〈Ctrl+S〉保存文件，然后执行"控制"→"测试影片"命令，或按下快捷键〈Ctrl+Enter〉，测试动画文件的效果，效果如图 9-13 所示。

图 9-13 【案例：蜻蜓】效果

4．拖曳影片剪辑

在 Flash 动画中，鼠标拖曳是使用比较多的特效形式，制作鼠标跟随特效以及用鼠标拖

动动画中的物体等，一般要使用命令："startDrag()"拖曳影片、"stopDrag()"停止拖曳影片以及"dropTarget()"取得拖曳影片剪辑对象下方的影片剪辑对象。

（1）startDrag()

startDrag()命令的语法结构为：

影片剪辑对象. startDrag（锁定中心，拖曳区域）

startDrag 方法可以让用户拖曳指定的影片剪辑对象，直到 stopDrag()被调用后，或是直到其他影片剪辑对象可以拖曳为止，注意一次只能有一个影片剪辑对象为可拖曳状态。锁定中心为布尔值，指定可拖曳的影片剪辑对象要锁定于鼠标指针的中央（true）或是锁定在用户第一次按下影片剪辑对象的位置（false），拖曳区域为矩形区域，指定影片剪辑对象拖曳的限制矩形区域。例如：

```
my_mc.startDrag();          //将影片剪辑对象"my_mc"进行拖曳动作
this.startDrag(true);       //将当前影片剪辑对象锁定中心点，并开始拖曳
```

（2）stopDrag()

startDrag()命令无参数，它可结束 startDrag 方法的调用，让用户拖曳的指定影片剪辑对象停止拖曳状态。例如，停止影片剪辑对象"my_mc"的拖曳动作：

```
my_mc. startDrag();
```

以【案例：狮子王】来学习拖曳影片剪辑的命令，如图 9-14 所示，相关的代码如下。

a)   b)

图 9-14　源素材文件和案例效果

```
//跟踪鼠标的位置
addEventListener("mouseMove",mouse_move);
function mouse_move(me:MouseEvent){
x_txt.text = mouseX;
y_txt.text = mouseY;     }
//影片剪辑对象可拖曳
this.parent.addEventListener(MouseEvent.MOUSE_DOWN,yes);
function yes(event:MouseEvent) {
my_mc.startDrag(true);     }
//停止拖曳影片剪辑对象
this.addEventListener(MouseEvent.MOUSE_UP,no);
function no(event:MouseEvent) {
```

my_mc.stopDrag();   }

（3）dropTarget

dropTarget 命令无参数，是返回影片剪辑对象停止拖曳时位于其下方的影片剪辑对象，或是拖曳过程中位于其下方最后一个接触到的影片剪辑对象， 例如：

　　myobject = my_mc.dropTarget;　　　　　　//取得当前影片剪辑对象"my_mc"在拖曳过程中位于其下方的影片剪辑对象，并指定给变量"myobject"

以【案例：巧虎的放大镜】来学习这个命令，如图9-15所示，相关的代码和注释如下。

　　　　　　　　　a)　　　　　　　　　　　　　　　　　　　　　b)

图9-15　源素材文件和案例效果

```
zoom_mc.buttonMode = true;
//buttonMode值为布尔值true或false，将影片剪辑对象设置成按钮模式，让其具有按钮的特性
myX=zoom_mc.x;
myY=zoom_mc.y;
//影片剪辑对象可拖曳与停止拖曳影片剪辑对象
zoom_mc.addEventListener("mouseDown",pickZoom);
function pickZoom(me:MouseEvent){
    zoom_mc.startDrag();    }
zoom_mc.addEventListener("mouseUp",putZoom);
function putZoom(me:MouseEvent){
    zoom_mc.stopDrag();
    if(zoom_mc.dropTarget.name!="instance1"){
```
//对于 AS3 中的当前显示对象，系统会自动为它们命名实例名：instance1，如果当前鼠标停止拖曳时位于其下方的影片剪辑对象不是当前显示的对象（实际上就是"放大镜"元件），就执行下面的语句
```
    zoom_mc.dropTarget.scaleX *=1.1;
    zoom_mc.dropTarget.scaleY *=1.1;        }
zoom_mc.x=myX;
zoom_mc.y=myY;        }
```

9.1.3　案例精讲——MouseEven 类与【看图识字】

在上一个项目中学习了鼠标事件的处理，掌握了"Mouse"类是基类，不需要使用构造函数就可以使用，同时任何对象都可以通过侦听器的设置来监控对象的鼠标操作，与鼠标相

关的操作事件都属于 MouseEvent 类。

本节学习鼠标的控制，利用"hide()"和"show()"来隐藏和显示 SWF 文件中的鼠标指针。默认情况下鼠标指针是可见的，但是可以将其隐藏。例如：

Mouse.show();

在 SWF 动画影片中将隐藏的系统鼠标指针显示出来。

```
my_mc.addEventListener(MouseEvent.MOUSE_OVER,chgMouse);
function chgMouse(me:MouseEvent){
    Mouse.hide();    }
```

为对象"my_mc"建立鼠标事件侦听器，当鼠标指针进入对象范围内时（发生 MOUSE_OVER 事件），调用执行函数"chgMouse"。在函数"chgMouse"中使用 hide 方法隐藏系统默认的鼠标指针。利用 startDrag 制作鼠标效果，配合鼠标对象的隐藏方法，便可以制造个性化的鼠标光标，替换默认的鼠标指针。

以【案例：看图识字】来学习这个命令，如图 9-16 所示，相关的代码和注释如下。

图 9-16　源素材文件和案例效果

```
Mouse.hide();
hand_mc.startDrag(true);
cow_mc.addEventListener(MouseEvent.CLICK,over);
function over(me:MouseEvent){
    name_txt.text = "牛";    }
cow_mc.addEventListener(MouseEvent.MOUSE_OUT,out1);
function out(me:MouseEvent){
    name_txt.text = "";    }
pig_mc.addEventListener(MouseEvent.CLICK,over1);
function over1(me:MouseEvent){
    name_txt.text = "猪";    }
pig_mc.addEventListener(MouseEvent.MOUSE_OUT,out1);
function out1(me:MouseEvent){
    name_txt.text = "";    }
dog_mc.addEventListener(MouseEvent.CLICK,over2);
function over2(me:MouseEvent){
    name_txt.text = "狗";    }
dog_mc.addEventListener(MouseEvent.MOUSE_OUT,out2);
function out2(me:MouseEvent){
```

```
            name_txt.text = "";        }
mouse_mc.addEventListener(MouseEvent.CLICK,over3);
function over3(me:MouseEvent){
            name_txt.text = "老鼠";        }
mouse_mc.addEventListener(MouseEvent.MOUSE_OUT,out3);
function out3(me:MouseEvent){
            name_txt.text = "";        }
tiger_mc.addEventListener(MouseEvent.CLICK,over4);
function over4(me:MouseEvent){
            name_txt.text = "老虎";        }
tiger_mc.addEventListener(MouseEvent.MOUSE_OUT,out4);
function out4(me:MouseEvent){
            name_txt.text = "";        }
```

9.1.4 案例精讲——KeyboardEvent 类与【打字高手入门】

在上一个项目中学习了键盘事件的处理，掌握了"Key"类是基类，不需要使用构造函数就可以使用，同时任何对象都可以通过侦听器的设置来监控键盘操作，与键盘相关的操作事件都属于 KeyboardEvent 类。

对于键盘输入，经常要获取按钮编码，可以使用以下两个属性。

```
keyboardEvent.charCode;
keyboardEvent.keyCode;
```

第一个属性记录了按下的键的字符编号，也就是 ASCII 码。"ASCII"码（American Standard Code for Information Interchange，美国标准信息交换码）是目前计算机中使用得最广泛的字符集及其编码，它已被国际标准化组织（ISO）定为国家标准，每个字符都对应一个"ASCII"码，例如空格键对应的是 32，大写的"A"对应的是 65 等。

第二个属性记录了按下的键控代码值。这两个属性的区别在于，后者检查的是键盘上按下的键，而前者检查的是实际输入的字符。例如，输入"X"和"x"，由于两个字符不同，所以"keyboardEvent.charCode"的结果不同，但是由于它们用的是同一个按键，所以它们的"keyboardEvent.keyCode"结果相同。

功能键也有按键值，但是不便于记忆。例如，取消键（〈Esc〉键）的按钮值是 27，但是不必去记忆，这是因为"Keyboard"类中有内置的常数来记录按键值，检查键盘上的〈Esc〉键是不是被按下了，代码如下：

```
stage.addEventListener(KeyboardEvent.KEY_DOWN,showKey);
// 侦听 "keyDown" 事件
function showKey(event:keyboardEvent){
// 定义响应函数 "showKey"
        if (event.keyCode==keyboard.ESCAPE){          //查看按下的按键是不是 Esc 键
                trace("Esc 键被按下了！");      }      //输出 "Esc 键被按下了！"
      }
```

测试影片，可以看到当按下〈Esc〉键的时候，Flash 在输出面板中输出"Esc 键被按下了！"，而按下其他键，则没有任何反应。

表 9-1 列出了 Keyboard 类中的常数。

表 9-1　Keyboard 类中的常数

键	属　性	说　明
Backspace	KeyBoard.BACKSPACE	与 Backspace 键的键控代码值 (8) 关联的常量
Capslock	KeyBoard.CAPSLOCK	与 Caps Lock 键的键控代码值 (20) 关联的常量
Control	KeyBoard.CONTROL	与 Control 键的键控代码值 (17) 关联的常量
DeleteKey	KeyBoard.DELETEKEY	与 Delete 键的键控代码值 (46) 关联的常量
↓	KeyBoard.DOWN	与向下箭头键的键控代码值 (40) 关联的常量
End	KeyBoard.END	与 End 键的键控代码值 (35) 关联的常量
Enter	KeyBoard.ENTER	与 Enter 键的键控代码值 (13) 关联的常量
Escape	KeyBoard.ESCAPE	与 Escape 键的键控代码值 (27) 关联的常量
Home	KeyBoard.HOME	与 Home 键的键控代码值 (36) 关联的常量
Insert	KeyBoard.INSERT	与 Insert 键的键控代码值 (45) 关联的常量
←	KeyBoard.LEFT	与左箭头键的键控代码值 (37) 关联的常量
Page Down	KeyBoard.PGDN	与 PageDown 键的键控代码值 (34) 关联的常量
Page Up	KeyBoard.PGUP	与 Page Up 键的键控代码值 (33) 关联的常量
→	KeyBoard.RIGHT	与右箭头键的键控代码值 (39) 关联的常量
Shift	KeyBoard.SHIFT	与 Shift 键的键控代码值 (16) 关联的常量
Space	KeyBoard.SPACE	与空格键的键控代码值 (32) 关联的常量
Tab	KeyBoard.TAB	与 Tab 键的键控代码值 (9) 关联的常量
↑	KeyBoard.UP	与向上箭头键的键控代码值 (38) 关联的常量

注意：为了获取所有的输入信号，必须禁用系统的快捷键，否则输入为不正常，得不到正确的结果。在动画测试窗口中选择菜单"控制"→"禁用快捷键"命令，使它前面出现一个小勾，将快捷键禁用。

以【案例：打字高手入门】来学习相关命令，如图 9-17 所示，相关的代码和注释如下。

a)　　　　　　　　　　b)
图 9-17　源素材文件和案例效果

```
var char_str:String="abcdefghijklmnopqrstuvwxyz0123456789";
//定义了变量"char_str"，它的值由"a"～"z" 26 个字母以及 10 个数字组成
stage.addEventListener(KeyboardEvent.KEY_DOWN,examChar);
//侦听键盘事件，并检查按钮是否正确
```

```
function examChar(event:KeyboardEvent) {
    if (String.fromCharCode(event.charCode)==show_txt.text) {
        //如果按键的内容等于舞台上方动态文本的内容
        msg_txt.text="你输入的字符是:"
            +String.fromCharCode(event.charCode)+"\r"+"你太棒了！"
        //显示按键正确的内容，"\r"代表换行
        changeChar();
    }else{    msg_txt.text="你输入的字符是:"
            +String.fromCharCode(event.charCode)+"\r"+"你再试一试！"
            //显示按键不正确的内容        }
}
function changeChar() {
    var N:Number=Math.floor(Math.random()*char_str.length);
    //定义的函数中获取一个 0~35 的随机整数（char_str.length 值为 36），记录为 N
    if (char_str.charAt(N)==show_txt.text) {
    //从 "char_str" 中获取序号为 N 的字母，然后放置到 "show_txt" 中，这里要
    判断一下新的字母是不是和原来的字母相同。如果相同，那么会重新设置一次，
    避免连续出现两个相同字母的情况
        changeChar();
    } else {    show_txt.text=char_str.charAt(N);        }
}
changeChar();        //在函数定义之后，马上执行该命令，设置舞台上方的动态文本
```

9.1.5 案例精讲——Sound 类与【音乐殿堂】

在前面的项目中学习了音频处理的基础知识，如果想做出更复杂的效果，或者对声音在
动画中进行更复杂的控制，那么学习 Flash 的 ActionScript 脚本语言中的声音控制函数是非常
重要的，常用的声音函数有以下几个。

1．构造声音对象

语法：Sound 对象名称:Sound = new Sound(声音文件);

Sound 类为 Media 组件中的类，Sound 类可以控制影片中的声音，在调用 Sound 类的方法
以前，必须使用构造函数 new Sound 来建立 Sound 对象，其中声音文件为 URLRequest 类型参
数，必须使用 URLRequest 类对象来转换字符串成为加载文件存储器的目标路径，例如：

my_sound:Sound = new Sound(new URLRequest("test.mp3"));

构造 "my_sound" 声音对象并加载外部声音文件 test.mp3。

其他声音控制属性属于 Media 组件的特定类，主要为 SoundChannel 和 SoundTransform
这两个类，用于控制向计算机扬声器输出声音音量等属性，在使用前也必须先构造，例如：

my_soundChannel:SoundChannel = new SoundChannel ();

构造一个 "my_soundChannel" SoundChannel 对象。

my_soundTransform:SoundTransform = new SoundTransform ();

构造一个 "my_soundTransforml" SoundTransform 对象。

2．加载声音文件

语法：Sound 对象名称.load(声音文件);

load 方法可将指定的声音文件加载到 Sound 对象中，load 方法针对的是外部的声音文件，所以必须使用 URLRequest 类对象来转换文件来源字符串成为加载文件的目标路径。例如：

    my_sound.load(new URLRequest("test.mp3"));

将声音文件"test.mp3"加载到"my_sound"对象中，声音文件"test.mp3"与 SWF 文件的所在位置相同（相同路径下）。

    my_sound.load(new URLRequest("http://www.xyz.com/test.mp3"));

将声音文件"test.mp3"加载到"my_sound"对象中，声音文件"test.mp3"与 SWF 文件的所在位置不同，位于 Internet 网络中。

要获取加载的声音文件的相关信息，例如声音文件的播放时间长度（length 属性），必须在声音对象加载完成并没有错误发生后才能取消，也就是当声音对象的"complete"事件被触发之后。如果声音文件已经位于 SWF 文件的库中，同时在"连接属性"对话框中已设定成导出，此时只要以构造对象的方式就可以对该声音文件进行控制，并不需要再使用 load 方法。

3．声音文件的播放与关闭

语法：Sound 对象名称.play(开始播放时间位置，重复播放次数，SoundTransform 对象);

　　　　Sound 对象名称.close();

当使用 load 方法让声音对象完成加载声音文件且没有错误发生后，可调用 play 方法开始播放声音文件，调用 play 方法但没有给定任何参数时，声音文件将从头开始播放一次，调用 play 方法也可给定参数来指定从何处开始播放、播放的次数。调用 play 方法后会返回一个 SoundChannel 对象，提供其他可以对声音文件进行控制的方法或属性设置，例如：

    my_sound.play();   //从头开始播放 1 次声音
    my_sound.play(0，99);   //从头开始播放 99 次声音
    my_channel=my_sound.play();
    //指定变量成为调用 play 方法后返回的 SoundChannel 对象

调用 close 方法会关闭音频数据流，所有已加载的数据将全部清除，此时声音对象将成为一个空对象。例如：

    my_sound.close();   //关闭音频数据流，清除所有已加载的数据

4．取得声音已播放的时间

语法：SoundChannel 对象.position;

　　　　Sound 对象名称.length

position 属性值为声音已播放的经过时间，属性值的单位为毫秒。当声音被回放，则 position 属性值会在每次回放的开头被重设为 0。如果要得知声音的可播放长度（声音的持续时间），可通过 Sound 声音对象的 length 属性。

    NT = Math.floor(my_soundchannel.position/100)/10;
    //取得声音已播放的经过时间换算成含小数点一位数的秒数并存入变量"NT"，"my_sound

Channel"为一个 SoundChannel 对象

```
NT = Math.floor(my_channel.position/1000);
myM = Math.floor(NT / 60);
myS =    Math.floor(NT % 60);
trace("声音已播放： " + myM + "分" + myS + "秒";)
//取得声音已播放的经过时间换算成分、秒并显示于输出对话框
NT = Math.floor(my_sound.length/1000);
//取得声音可播放总长度时间换算成秒数并存入变量"NT"，"my_sound"为 Sound 对象
```

5. 设置/取得左右声音的声音变化（平衡）

语法：SoundTransform 对象.leftToLeft

　　　SoundTransform 对象.leftToRight

　　　SoundTransform 对象.rightToLeft

　　　SoundTransform 对象.rightToRight

leftToLeft 属性是设置或取得左声道输出分配多少给左边的扬声器，leftToRight 属性是设置或取得左声道输出分配多少给右边的扬声器，rightToLeft 属性是设置或取得右声道输出分配多少给左边的扬声器，rightToRight 属性是设置或取得右声道输出分配多少给右边的扬声器，以下 4 个属性适用于控制"立体声"的左右声道，属性值都是介于 0 到 1 之间的数值。例如：

```
mySoundTransform. leftToLeft=0;          //设置左声道分配 0 输出给左边的扬声器
myOut= mySoundTransform. leftToRight;
//取得左声道分配给右边扬声器的输出值，并存入变量"myOut"
```

6. 设置/取得播放声音文件的音量

语法：SoundTransform 对象.volume

volume 属性用于设置/取得播放文件的音量，其属性值代表音量准位的数字（由 0 到 1），1 是最大音量，0 则是静音。

```
myNum=mySoundTransform.volume;
//取得目前播放声音文件的音量值并存入变量"myNum"
mySoundTransform.volume =1;          //设置目前播放声音文件的音量值为 1，即最大音量
```

7. 设置/取得左右声道的音量平衡

语法：SoundTransform 对象.pan

pan 属性控制了 SWF 文件当前和之后的声音的左右平衡，它决定声音在左右声道（扬声器）的播放方式或是哪一个扬声器（左或右）要播放声音，主要适用于单声道。其属性值用于指定声音左右平衡，有效范围介于-1 到 1 之间，其中-1 表示只使用左声道，1 表示只使用右声道，而 0 则表示平衡两个声道间的声音。

```
myNum = mySoundTransform.pan;
//取得目前播放声音文件的音量平衡值并存入变量"myNum"
mySoundTransform.pan =1;          //设置目前播放声音文件只有右声道有声音
mySoundTransform.pan = myNum;
//设置目前播放声音文件的左右声道平衡由变量"myNum"的值来决定
```

以【案例：音乐殿堂】来学习相关命令，如图 9-18 所示，相关的代码和注释如下。

图 9-18　源素材文件和案例效果

```
piano_mc.stop();
var my_sound:Sound=new Sound()
    my_sound.addEventListener(Event.COMPLETE,loader_complete);
    my_sound.load(new URLRequest("gaoshanls.mp3"));
this.addEventListener("enterFrame",songPosition);
my_channel=my_sound.play();
function loader_complete (e:Event){
var NL = Math.floor(my_sound.length / 1000);
    var myM = Math.floor(NL / 60);
    var myS = Math.floor(NL % 60);
    state_mc.gotoAndStop(1);
    piano_mc.play();
    soundLength_txt.text="曲目总长度:" + myM + "分" + myS + "秒";        }
function songPosition (e:Event){
var num = Math.floor(my_channel.position/1000);
    var mymin = Math.floor(num/60);
    var mysec = num % 60;
    position_txt.text = "曲目已播放:" + mymin + "分" + mysec + "秒";        }
right_btn.addEventListener("click",rightclick);
function rightclick(me:MouseEvent){
    my_soundtransform = my_channel.soundTransform;
    num=my_soundtransform.pan;
    num += 0.1;
    num=Math.round(num*10)/10;
if (num>=1) num=1;
    num_txt.text= num;
if (num >= 0.5 || num <= -0.5){
    num_txt.textColor = 0xFF0000;
}    else{
num_txt.textColor = 0x000000;        }
    my_soundtransform.pan = num;
    my_channel.soundTransform = my_soundtransform;
}
```

9.2 任务 2——自定义类的编写

【任务背景】 Flash 动画中使用鼠标实现交互效果是非常普遍的，通过不同的自定义类的方法可以实现不同的复杂效果，方便修改，并增加代码的安全性，实现的效果如图 9-19a 和图 9-19b 所示。

【任务要求】 通过提供的素材，使用不同的方法进行各种类的编写，通过对 Mouse Event 类的调用，实现对影片剪辑元件的拖曳。

【案例效果】 配套光盘\【项目 9】ActionScript 3.0 进阶\效果文件\士兵突击.swf、士兵突击Ⅰ.swf、士兵突击Ⅱ.swf 和士兵突击Ⅲ.swf

a)

b)

图 9-19 【士兵突击】

9.2.1 知识储备——自定义类的基本结构

在实际应用中，为了完成特定的任务，许多情况下都需要编制自己的类。例如，在设计阶段制作的影片剪辑元件就是 MovieClip 类的子类，当为它设置了连接类名后，通常还需要具体实现这个类。除了与元件绑定的类外，程序中通常要为每个相对独立的模块定义一个对应的类。ActionScript 3.0 内置的类只向开发者提供了使用的接口（属性和方法声明），而具体的实现代码通常不会对外界提供。

1. 包的概念与脚本文件

和内建类一样，自定义的类也要归属于某一个包之中，包是 ActionScript 3.0 对类的必要的组织形式。在 ActionScript 3.0 中，包本质上就是文件夹，要创建一个包，首先要在当前位置新建一个文件夹，文件夹的名字就是包名。例如，对于一个影片文件 myFile.fla，如果希望把它需要使用的类放在包 newpackage 中，那么首先要在影片文件所在的文件夹里创建子文件夹 newpackage，然后在这个子文件夹中定义包含所需类的脚本文件。

脚本文件是一个名为 as 的文件，它是类的载体。要在脚本文件中定义一个类，需要了解脚本文件的基本结构。在脚本文件中首先使用 "package 关键字+包名" 的形式指定此脚本文件中将要定义的类所归属的包，然后是一对花括号，在花括号中具体实现类的定义：

```
package  包名 {   // 可以定义类、函数等   }
```

252

包名就是这个脚本文件相对于当前影片文件的相对路径，例如，用 Flash CS6 创建的影片文件 myFile.fla 保存为 E:\Flash CS6\myFilm.fla，在这个位置上有两层文件夹 myClass\liu\，在文件 liu 下保存着脚本文件 test.as，在这种文件夹结构下脚本文件 test.as 里面的包应该定义为：

```
package myClass.zhu   {   …   }
```

包名中用 "."取代相对路径字串中的 "\"，表示从 fla 文件到此脚本文件需要经过的路径。每个脚本文件都是为了影片文件服务的，所以必须要明确指出路径才能被影片文件访问到。使用包来组织类可以防止类的命名冲突，也就是说对于两个具有相同名称的类，只要它们分别处在两个不同的包中，就不会导致重名错误。对于小项目，为了简便可以把脚本文件保存在影片文件的当前文件夹下，在这种情况下包名为空，脚本文件的形式如下。

```
package   {   …   }
```

2．导入类

要在代码中（包括在时间轴和脚本文件）使用某个（脚本文件里定义的）类，必须在使用之前导入这个类，方法是使用关键字 import 加这个类的完全限定名称：

```
import  类的完全限定名称；
```

或者使用一个 "*"代表包中的所有类：

```
import  包含类的包名.*;
```

类的完全限定名称就是包名和用 "."连接的类名，在一个脚本文件中，导入类往往是定义包以后第一件要完成的事。例如，在下面的脚本文件里首先向包中导入了 3 个类，这些类都是后续代码在定义类时需要使用到的类。

```
package myClass.zhu   {                          //此包定义在 fla 下 myClass 文件夹里
//导入需要的类
import flash.display.Sprite;                      //导入 Sprite 类
import flash.events.MouseEvent;                   //导入 MouseEvent 类
import myclass.zhu.mc2                            //导入自定义的 mc2 类，文件位于 mycalss/zhu/下
public class mc extends Sprite   {               //使用 Sprite 类，将其作为父类
    var mySprite : mc2;                           //使用 mc2 类，创建该类的对象
    public function mc() {
        mySprite = new mc2();                     //使用 mc2 类创建对象、使用 graphics 属性画图
        mySprite.graphics.beginFill(0x000FF);
        mySprite.graphics.drawCirclel(200,200,100);
        mySprite.graphics.endFill();
        addChild ( mySprite );
        mySprite.addEventListener(MouseEvent.Mouse_DOWN,downf);   }
private function downf(e:MouseEvent){     //使用 MouseEvent 类，相应鼠标事件
    Trace(e);     }
    }
}
```

如果在使用之前没有导入必要的类，在测试影片的时候会导致编译错误。例如，如果注释掉上面代码中的第 2 条导入语句，测试后出现错误：

1046：找不到类型，或者它不是编译时常数：MouseEvent。

如果在时间轴中编写代码，不用导入内置类，因为 Flash CS6 的集成开发环境已经代替开发者完成了这项任务，但是对于自定义的类就需要手工导入了。还可以通过使用 include 方法导入类，include 语句实际上就是复制和粘贴包含在 ActionScript 文件中的内容，与包含该文件的子目录有关。FLA 文件中的 include 语句只可以引入在 FLA 文件内有效的代码，在包含 include 语句的其他地方也是如此。Include 方法导入类的语法格式为：

```
include "FooDef.as"
```

3. 设计一个类

在导入必要的类之后就可以在包中编写自定义的类了，定义一个类需要使用 class 关键字，然后是类的名字及一对花括号。一般情况下，一个类定义好以后是要被外界使用的，所以在 class 关键字的前面需要一个 public 关键字作为该类的访问属性。

```
public    class 类名      { //括号内为类体
         //定义属性
         //定义方法           }
```

类名的命名规则和变量等标识符的命名规则相同，必须要注意的是，类名一定要和脚本文件的主文件名完全一致。类的访问属性限定了这个类的应用范围，public 表示此类可以被外界任意代码访问。

如果想要让当前自定义的类继承某个已存在的类，还需要在类名后面使用关键字 extends 并接被继承的类名（此时被称为父类）：

```
public class mc extends Sprite    { … }
//类 mc 继承自 Sprite 类，直接具有其中的属性和方法
```

9.2.2　案例精讲——使用 include 导入外部类与【士兵突击 I 】

Flash 动画中使用鼠标实现交互效果是非常普遍的，例如在案例【士兵突击】中，通过对 MouseEvent 类的调用，实现了对影片剪辑元件的拖曳。

【案例：士兵突击】操作步骤如下。

1）执行菜单"文件"→"打开"命令，在弹出的对话框中选择"配套光盘\【项目 9】Action Script 3.0 进阶\设计素材\[素材]士兵突击.fla"，如图 9-20a 所示。

2）单击时间轴面板下方的"新建图层"按钮，新建一个图层命名为"瞄准镜"，在库面板中选择影片剪辑元件"gun"，拖曳至舞台正中间，如图为了让动作脚本控制它，必须先给舞台上的实例起一个名字，打开属性面板，在面板左边的"实例名称"文本框中输入"gun_mc"。

3）单击时间轴面板下方的"新建图层"按钮，新建一个图层命名为"AS"，选择该层

的时间轴中的第 1 帧，选择菜单栏中的"窗口"→"动作"命令，打开动作面板，在脚本窗口中输入动作脚本，内容如下。

a)   b)

图 9-20 [素材]士兵突击

```
gun_mc.buttonMode = true ;
gun_mc.alpha = 0.5;
gun_mc.addEventListener("mouseDown", godrag);
function godrag(me:MouseEvent){
gun_mc.startDrag(true);
gun_mc.alpha = 1;
}
gun_mc.addEventListener("mouseUp", stopdrag);
function stopdrag(me:MouseEvent){
gun_mc.stopDrag();
gun_mc.alpha = 0.5;
if(gun_mc.dropTarget.name!="instance1"){
    gun_mc.dropTarget.scaleX*=1.2;
    gun_mc.dropTarget.scaleY*=1.2;    }
}
```

4）执行"文件"→"保存"命令，将文件保存为"士兵突击.fla"，然后执行"控制"→"测试影片"命令，或按下快捷键〈Ctrl+Enter〉，测试动画文件的效果，效果如图 9-19a 所示。

为了使动画方便修改，并增加其安全性，可以将代码程序写在一个 ActionScript 文件中，然后在动画中通过 include 方法导入类，从而实现动画效果，参见案例【士兵突击Ⅰ】。

【案例：士兵突击Ⅰ】操作步骤如下。

1）和【案例：士兵突击】前 3 步的操作步骤一样，只是脚本窗口中输入的代码不同，内容如下。

```
include "solider.as"
```

2）执行"文件"→"新建"命令，在弹出的"新建文档"对话框中选择"ActionScript 文件"类型，单击"确定"按钮，在脚本窗口输入代码，内容和【案例：士兵突击】一样。

3）执行"文件"→"保存"命令，将文件保存为"solider.as"。

4）返回原动画设计窗口，执行"文件"→"保存"命令，将文件保存为"士兵突击Ⅰ.fla"，注意两个文件要在同一个文件夹下，最后执行"控制"→"测试影片"命令，或按下快捷键〈Ctrl+Enter〉，测试动画文件的效果，效果如图9-19a所示。

9.2.3 案例精讲——元件类与【士兵突击Ⅱ】

这里的元件类是指为 Flash 影片中的元件指定一个链接类名（在【案例：蜻蜓】中使用过），与上一节 include 的不同之处在于它使用的是严格的类结构，而不是习惯上的时间轴编写方式。

下面将"gun"元件的拖动功能封装起来，这样会变得很轻松，只需要创建它的实例并显示出来即可，无需设置其实例名称。具体的元件类的使用参见案例【士兵突击Ⅱ】。

【案例：士兵突击Ⅱ】操作步骤如下。

1）执行菜单"文件"→"打开"命令，在弹出的对话框中选择"配套光盘\【项目9】Action Script 3.0 进阶\素材\[素材]士兵突击.fla"，如图9-20a所示。

2）单击时间轴面板下方的"新建图层"按钮，新建一个图层命名为"瞄准镜"，在库面板中选择影片剪辑元件"gun"，拖曳至舞台正中间，为了让动作脚本控制它，必须先给舞台上的实例起一个名字，打开属性面板，在面板左边的"实例名称"文本框中输入"gun_mc"。

3）执行"窗口"→"库"命令，在元件"gun"上单击鼠标右键，在弹出的快捷菜单中选择"属性"命令，在"高级"选项中设置类为"gun_class"。

4）执行"文件"→"新建"命令，在弹出的"新建文档"对话框中选择"ActionScript文件"类型，单击"确定"按钮，在脚本窗口中输入代码，内容如下。

```
package    {
    import flash.display.MovieClip;
    import flash.events.MouseEvent;
    import flash.events.Event;
    public class gun_class extends MovieClip    {
    public function gun_class(){
        this.alpha = 0.5;
        this.addEventListener("mouseDown", godrag);
        this.addEventListener("mouseUp", stopdrag);
    }
    private function godrag(me:MouseEvent){
        this.startDrag(true);
        this.alpha = 1;      }
    private function stopdrag(me:MouseEvent){
        this.stopDrag();
        this.alpha = 0.5;
        if(this.dropTarget.name!="instance1"){
            this.dropTarget.scaleX*=1.2;
            this.dropTarget.scaleY*=1.2;
        }
```

```
                }
            }
        }
```

5）执行"文件"→"保存"命令，将文件保存为"gun_class.as"，因为已将类的名称设置为"sun_class"，所以此类文件一定要保存为"sun_class.as"文件。

6）返回原动画设计窗口，执行"文件"→"保存"命令，将文件保存为"士兵突击Ⅱ.fla"，注意两个文件要在同一个文件夹下，最后执行执行"控制"→"测试影片"命令，或按下快捷键〈Ctrl+Enter〉，测试动画文件的效果，效果如图 9-19a 所示。

9.2.4 案例精讲——文档类与【士兵突击Ⅲ】

文档类是 ActionScript 3.0 新提出的概念，如果一个影片使用了文档类，那么这个 Flash 影片的运行将会从文档类开始，这样影片中的时间轴代码的功能就可以通过文档类来完成了。

对于一些稍微复杂的程序来说，是由主类和多个辅助类组成的。辅助类封装分割开的功能，主类用来显示和集成各部分功能。【案例：士兵突击Ⅱ】中已经封闭了"gun"元件的拖动功能，现在可以创建这样 4 个可以拖动的元件。

文档类的具体使用可以参见【案例：士兵突击Ⅲ】。

【案例：士兵突击Ⅲ】操作步骤如下。

1）执行菜单"文件"→"打开"命令，在弹出的对话框中选择"配套光盘\【项目9】Action Script 3.0 进阶\素材\[素材]士兵突击.fla"，如图 9-20a 所示。

2）执行"窗口"→"库"命令，在元件"gun"上单击鼠标右键，在弹出的快捷菜单中选择"属性"命令，在"高级"选项中设置类为"creategun_class"，注意在此无需将该类拖曳至舞台上。

3）执行"文件"→"新建"命令，在弹出的"新建文档"对话框中选择"ActionScript 文件"类型，单击"确定"按钮，在脚本窗口中输入代码，内容如下。

```
package {
import flash.display.MovieClip;
public class DocumentClass extends MovieClip {
        private var _circle:creategun_class;                          // 属性
        private const maxGuns:int = 4;
        public function DocumentClass(){                              // 构造函数
                var i:int;                                           // 循环创建枪
                for(i=0;i<=maxGuns; i++){                            // 创建可拖动枪的实例
                        _circle = new creategun_class();            // 设置枪实例的一些属性
                        _circle.scaleY = _circle.scaleX = Math.random();  // 场景中的 x,y 位置
                        _circle.x= Math.round(Math.random()*(stage.stageWidth - _circle.width));
                        _circle.y= Math.round(Math.random()*(stage.stageHeight - _circle.height));
                        // 在场景上显示
                        addChild(_circle);          }
        } }
}
```

4）执行"文件"→"保存"命令，将文件保存为"DocumentClass.as"，完成主类的创建。

5）执行"文件"→"新建"命令，在弹出的"新建文档"对话框中选择"ActionScript文件"类型，单击"确定"按钮，在脚本窗口中输入代码，内容如下。

```
package   {
    import flash.display.MovieClip;
    import flash.events.MouseEvent;
    import flash.events.Event;
    public class gun_class extends MovieClip   {
        public function gun_class(){
            this.alpha = 0.5;
            this.addEventListener("mouseDown", godrag);
            this.addEventListener("mouseUp", stopdrag);   }
        private function godrag(me:MouseEvent){
            this.startDrag(true);
            this.alpha = 1;        }
        private function stopdrag(me:MouseEvent){
            this.stopDrag();
            this.alpha = 0.5;
            if(this.dropTarget.name!="instance1"){
                this.dropTarget.scaleX*=1.2;
                this.dropTarget.scaleY*=1.2;   }
        }
    }
}
```

6）执行"文件"→"保存"命令，将文件保存为"creategun_class.as"，完成辅助类的创建，返回原动画设计窗口，在属性面板中的"文档类"文本框中输入"DocumentClass"，如图 9-21 所示，执行"文件"→"保存"命令，将文件保存为"士兵突击III.fla"。

7）执行"控制"→"测试影片"命令，或按下快捷键〈Ctrl+Enter〉，测试动画文件的效果，效果如图 9-19b 所示。

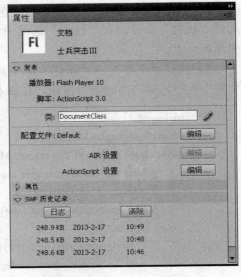

图 9-21　添加文档类

9.3 项目实训——梁祝

9.3.1 实训目标

Flash 的鼠标跟随特效实际上是通过编写脚本，使用函数等对影片剪辑元件或按钮元件进行控制达到的效果。在很多场景中需要使用鼠标跟随特效，根据情境或是设计的需要，编写代码来实现鼠标跟随特效。

9.3.2 实训要求

利用提供的素材文件，编写脚本文件，控制蝴蝶跟随鼠标的效果，如图 9-22 所示。如果鼠标与蝴蝶距离差少于 1 像素，蝴蝶会停下并缓缓扇动翅膀；如果鼠标向左或右方移动，蝴蝶会跟随鼠标向左或右方飞去。"配套光盘\【项目 9】Action Script 3.0 进阶\设计素材\ [素材]梁祝.fla"为素材文件，"FLA 源文件"文件夹下有样例文件"梁祝.fla"，仅供参考。

图 9-22 【梁祝】效果

9.3.3 实训步骤

1）执行菜单"文件"→"打开"命令，在弹出的对话框中选择"配套光盘\【项目 9】Action Script 3.0 进阶\设计素材\ [素材]梁祝.fla"，库面板中各元件的关系如图 9-23 所示。

注意： 舞台正中央放置的是影片剪辑元件"蝴蝶"实例，该元件时间轴有 4 帧，第 1 帧放置的是影片剪辑元件"翩翩起舞"实例，第 2 帧放置的也是影片剪辑元件"翩翩起舞"实例，只不过旋转了 180 度，第 3 帧放置的是影片剪辑元件"缓缓扇动"实例，该元件有 85 帧，由"左边翅膀"、"右边翅膀"和"腹部" 3 个影片剪辑元件组成，第 4 帧中放置的也是影片剪辑元件"缓缓扇动"实例，只不过旋转了 180 度。

2）在舞台上选中影片剪辑元件"蝴蝶"的实例，打开其属性面板，在"实例名称"文本框中输入"gun_mc"，然后选择"AS"层的第 1 帧，选择菜单栏中的"窗口"→"动作"命令，打开动作面板，在脚本窗口中输入动作脚本，内容如下。

```
import flash.events.Event;
const TIMES_UINT:uint = 10;
var left:Boolean = false;
stop();
```

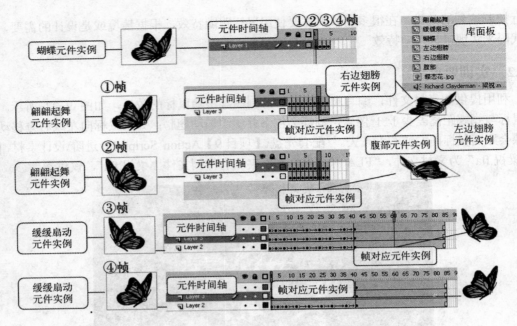

图 9-23 案例元件关系图

```
bird_mc.addEventListener(Event.ENTER_FRAME,enterFrameHandler);
function enterFrameHandler(e:Event):void
{ if (Math.abs(stage.mouseX - bird_mc.x) < 1)
    {  bird_mc.x = stage.mouseX;
       bird_mc.y = stage.mouseY;
       if (left)
       {  bird_mc.gotoAndStop(4);
       }
       else
       {  bird_mc.gotoAndStop(3);
       }
    }
    else
    {  if (stage.mouseX > bird_mc.x )
       {  bird_mc.gotoAndStop(1);
          left = true;
       }else
       {  bird_mc.gotoAndStop(2);
          left = false;
       }
       bird_mc.x -= (bird_mc.x - stage.mouseX) / TIMES_UINT;
       bird_mc.y -= (bird_mc.y - stage.mouseY) / TIMES_UINT;
    }
}
```

3）按下快捷键〈Ctrl+S〉保存文件，然后执行"控制"→"测试影片"命令，或按下快

260

捷键〈Ctrl+Enter〉，测试动画文件的效果，如图 9-22 所示。

9.4 技能知识点考核

一、填空题

（1）绝对尺寸控制一般使用属性＿＿＿＿＿＿＿＿设置影片剪辑元件的绝对宽度，＿＿＿＿＿＿＿＿设置影片剪辑的绝对高度，单位都是像素，并且值都不能为负。

（2）利用＿＿＿＿＿＿＿＿和＿＿＿＿＿＿＿＿来隐藏和显示 SWF 文件中的鼠标指针，默认情况下鼠标指针是可见的，但是可以将其隐藏。

（3）volume 属性用于设置/取得播放文件的音量，其属性值代表音量准位的数字（由 0 到 1），1 是＿＿＿＿＿＿＿＿，0 是＿＿＿＿＿＿＿＿。

二、选择题（1～3 单选，4 多选）

（1）如需限制影片剪辑的等比例缩放，在脚本中需要控制的属性有（   ）。

    A．_xscale   B．_yscale

    C．_xscale 和_yscale   D．yscale 和 yscale

（2）属性"opaqueBackground"用于控制影片剪辑元件的背景颜色，例如：my_mc. opaqueBackground ＝（   ），表示没有背景色。

    A．0xccccff;   B、null;   C、00000000;   D．ffffffff;

（3）visible 属性即可见性，为（   ）时表示影片剪辑可见，即显示影片剪辑。

    A．yes   B．no   C．false   D．true

（4）在脚本中正确定位目标至关重要，下列路径的表示方法正确的是？（   ）

    A．_parent._parent.myMC   B．_level5.myMC

    C．_root.myMC   D．this.myMC

三、简答题

（1）如何捕获键盘操作？

（2）如何利用声音控制函数控制声音？

（3）如何进行自定义类的编写？

9.5 独立实践任务

1.【任务要求】 根据本项目所学习的知识，利用素材（配套光盘\【项目 9】Action Script 3.0 进阶\实践任务\士兵突击 IV.fla），制作如下动画效果：当按下鼠标时，瞄准镜对象可以在舞台中被拖曳，当被拖至目标对象（敌军士兵）上方并按下鼠标时，目标对象（敌军士兵）会被"击中"消失，案例效果如图 9-24a 所示。部分代码提示：

```
if(gun_mc.dropTarget&&armyMc.contains(gun_mc.dropTarget)){
gun_mc.dropTarget.scaleX*=1.1;
gun_mc.dropTarget.scaleY*=1.1;
armyMc.removeChild(gun_mc.dropTarget.parent);}
```

2.【任务要求】 根据本项目所学习的知识，利用素材（配套光盘\【项目 9】Action

Script 3.0 进阶\实践任务\设计素材\[素材]飞舞的蒲公英.fla），制作一个蒲公英飞舞的动画，如图 9-24b 所示。部分代码提示：

```
aa = 20;
this.onEnterFrame = function() {
if (!(random(aa)))  {   i++;
    temp = random(3)+1;
    this.attachMovie("leaf"+temp, i, i);
    this[i]._x = random(400)+400;
    this[i]._y = random(50)+50;
    this[i]._alpha = random(50)+50;
    this[i]._rotation = random(20)-10;
    this[i]._xscale = this[i]._yscale=random(30)+70; } };
```

a)   b)

图 9-24 【士兵突击Ⅳ】与【飞舞的蒲公英】

3. 【任务要求】 根据本项目所学习的知识，利用素材（配套光盘\【项目 9】Action Script 3.0 进阶\实践任务\拼图游戏.fla），对图片进行切割，并对切割后的小图片进行随机排序，如图 9-25 所示。

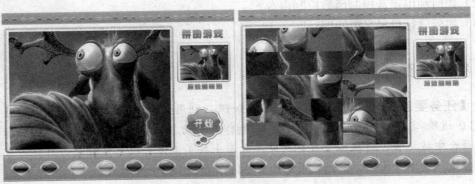

图 9-25 【拼图游戏】

项目 10　组件的使用与动画的发布

项目概述

组件是由多个影片剪辑元件和定义的代码块构成，并对外提供若干参数，允许用户进行定制，可以方便地获取浏览者触发的鼠标、键盘事件，从而实现交互。制作完动画后，可以将动画发布为不同的格式，Flash CS6 甚至支持在手机移动平台上发布动画，将 Flash 动画的魅力发挥到极致。

知识目标

- 了解组件的概念和 Flash 中各种组件的作用
- 熟悉各种 UI 组件和 Video 组件的使用
- 了解 Flash 动画发布的各种格式

技能目标

- 能熟练添加和删除组件、设置组件属性与参数，并能将组件和脚本结合起来
- 能熟练地发布 Flash 动画，并掌握在手机移动平台的发布

10.1　任务 1——组件的使用

【任务背景】　利用 Botton 和 RadioButton 组件，同时使用脚本语句制作出一个投票系统，选择对象后单击"投票"按钮，右边将出现投票的柱状统计图，如图 10-1 所示。

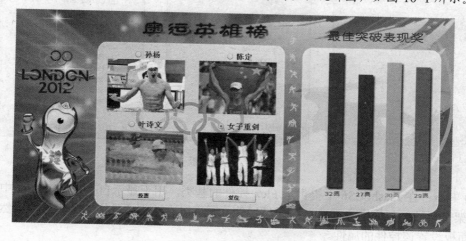

图 10-1【奥运英雄榜】

【任务要求】 通过提供的素材，编写动作脚本实现对按钮组件和单选按钮组件的控制，掌握按钮组件和单选按钮组件的使用方法。

【案例效果】 配套光盘\【项目 10】组件的使用与动画的发布\效果文件\奥运英雄榜.swf

10.1.1　知识储备——组件简介

组件是 ActionScript 3.0 中特殊的影片剪辑，它是为了提高开发效率而对各种相关类及复杂功能的封装。相比普通的影片剪辑元件，组件的功能更加强大，也能够响应更多类型的事件，为用户提供更丰富的交互体验。

组件的概念是从 Flash MX 开始出现的，但其实在 Flash 5 的时候就已经有了组件的雏形，在 Flash 5 中，有一种特殊的影片剪辑，能通过参数面板设置它的功能，称为 Smart Clip（SMC）。可以将具备完整功能的程序包装在影片剪辑中，并且提供一种能够调整此影片剪辑属性的接口，以后若某个影片需要用到这些功能，只要把 SMC 拖放到舞台，并调整它的属性即可使用。组件是 SMC 的改良品，除了参数设置接口之外，组件还具备一些让程序调用的方法。

Flash CS6 提供了更为强大的组件功能，利用它内置的 UI（用户界面）等组件，可以创建功能强大、效果丰富的程序界面。

1．组件类别

Flash CS6 将所有组件分为三大类，即 Flex 基础控件、用户界面组件和视频控件。在执行"窗口"→"组件"命令后，即可打开组件面板。在该面板中，以树形图的方式将所有组件分为 Flex、User Interface 和 Video 三组，如图 10-2 所示。

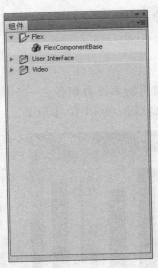

图 10-2　组件面板

（1）Flex：在 Flash CS6 中提供了 Flex 控件的基类，用于显示自 Flash Builder 中添加的 Flex 框架交互控件。如用户需要调用此类控件，则可以直接将控件拖动到舞台中，然后再通过属性面板设置该控件的属性。

（2）User Interface：即 UI 组件，用于设置用户界面，并通过界面使用户与应用程序进行交互操作，在 Flash CS3 中大多数交互操作都是通过该组件实现的，包括了编程语言所用到的常用控件，即按钮、单选按钮、复选框等 17 个组件，见表 10-1。

表 10-1　User Interface 交互组件

组件名	作用	组件名	作用
Button	按钮组件	CheckBox	复选框组件
ColorPicker	颜色组件	ComboBox	下拉列表框组件
DataGrid	数据表组件	Label	标签文本组件
List	列表组件	NumericStepper	计数器组件
ProgressBar	进度条组件	RadioButton	单选按钮组件
ScrollPane	滚动面板组件	Slider	滑块组件
TextArea	文本区域组件	TextInput	输入文本域组件
TileList	项目列表组件	UIloader	加载外部对象组件
UIScrollBar	滚动条组件		

（3）Video 组件：主要用于对播放器中的播放状态和播放进度等属性进行交互操作，在该组件类别下包括 BackButton、PauseButton、PlayButton 等 15 个组件，见表 10-2。

表 10-2　Video 组件

组件名	作用	组件名	作用
FLVPlayBack	Flash 视频播放组件	FLVPlayBack 2.5	基于 AIR2.5 的 Flash 视频播放组件
FLVPlayBackCaptionning	带有字幕的 Flash 视频播放组件	BackButton	后退按钮组件
BufferingBar	缓冲进度条组件	CaptionButton	字幕按钮组件
ForwardButton	快进按钮组件	FullScreenButton	全屏按钮组件
MuteButton	静音按钮组件	PauseButton	暂停按钮组件
PlayButton	播放按钮组件	PlayPauseButton	播放/暂停按钮组件
SeekBar	播放进度条组件	StopButton	停止播放按钮组件
VolumeBar	音量滑块组件		

除了前面介绍的组件面板中有 "UI 组件" 和 "视频相关组件" 的区别外，按照组件文件的发布格式，ActionScript 3.0 中的组件可分为两种：基于 FLA 的组件和基于 SWC 的组件。所有 UI 组件都为 FLA 文件格式，这些组件的定义文件位于 Flash CS6 安装文件夹下的 Common\Configuration\Components\User Interface.fla，打开这个文件可以看到所有用户界面组件的原始定义，基于 FLA 文件格式的组件允许用户静态修改组件的外观。在视频组件中最重要的组件 FLVPlayback 是基于 SWC 格式的组件，这是一种经过编译的文件格式，使用这种格式的组件在影片运行时可以提高运行速度。

2．组件的使用

要向舞台上添加组件实例，需要打开组件面板，双击所需组件或直接将组件播放到舞台上从而创建组件的一个实例，如图 10-3a 所示。要修改组件实例的属性，需要打开属性面板，在

"组件参数"选项区域内可以设置实例的位置、大小和实例名等参数，如图 10-3b 所示。

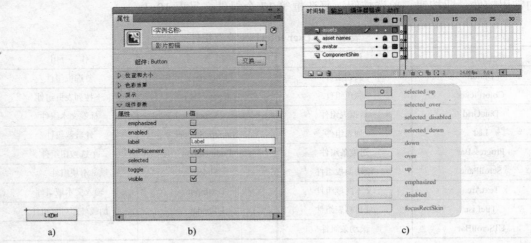

图 10-3 组件的使用

组件参数选项区域内列出的属性是一个组件所有属性中的常用部分，不同组件会显示各自不同的属性列表。通过修改这些属性的值，可以对舞台上的组件实例进行基本的配置。基于 FLA 格式的组件可以方便地更改其外观样式，双击舞台上的一个组件实例即可进入到该组件的第 2 帧编辑状态，在这一帧的舞台上列出了此组件各种状态下的外观元素，如图 10-3c 所示。就像编辑影片剪辑元件一样，可以直接双击某个外观元素进入到它的编辑状态进行修改，这种方式的修改由于修改的是影片元件库中的内容，因而会应用到本影片里所有使用此外观的组件实例。

10.1.2 案例精讲——使用 UI 组件与【奥运英雄榜】

User Interface 类包含 17 个组件，每个组件都从基类继承了大量的属性、方法和事件，再加上自身定义的成员，使得绝大多数的组件都有丰富的编程接口。本节将所有 User Interface 类的组件分为 5 个大类，分别讲解其使用方法。

1. 选择类组件

选择类组件主要用于响应用户鼠标单击选择组件自身，然后再将触发的事件传递给 ActionScript 脚本或数据库系统，包括以下 4 个组件。

（1）Button 组件

Button 组件也就是按钮组件，是任何表单或 Web 应用程序的一个基础部分。每当需要让用户启动一个事件时，都可以使用按钮组件。例如，大多数表单都有"提交"按钮，也可以给演示文稿添加"前一个"和"后一个"按钮。

按钮组件是一个可调整大小的矩形用户界面按钮，在组件面板中选择 Button 组件，将其拖曳至舞台中即可创建按钮，然后选中添加的按钮，打开其属性面板，在"组件参数"选项区域内可对按钮的参数进行设置，如图 10-3b 所示。

- emphasized：获取或设置一个布尔值，当按钮处于弹起状态时，Button 按钮周围是否有边框。true 值表示当按钮处于弹起状态时其四周有边框，false 表示不带边框。

- enabled：一个布尔值，指示组件能否接受用户输入。
- label：设置按钮上文本的值，默认值是"Label"。
- labelPlacement：确定按钮上的标签文本相对于图标的方向。该参数可以是下列 4 个值之一：left、right、top 或 bottom，默认值是 right。
- selected：如果切换参数的值是 true，则该参数指定是按下（true）还是释放（false）按钮，默认值为 false。
- toggle：将按钮转变为切换开关，如果值为 true，则按钮在按下后保持按下状态，直到再次按下时才返回到弹起状态，如果值为 false，则按钮的行为就像一个普通按钮，默认值为 false。
- visible：一个布尔值，指示当前组件实例是否可见。

（2）RadioButton 组件

RadioButton 组件也就是单选按钮组件，是任何表单或 Web 应用程序中的一个基础部分。如果需要让用户从一组选项中做出一个选择，可以使用单选按钮。例如，在表单上询问报名考试的学生的性别时，就可以使用单选按钮组件。

使用单选按钮（RadioButton）组件可以强制用户只能选择一组选项中的一项。RadioButton 组件必须用于至少有两个 RadioButton 实例的组，在任何给定的时刻，都只有一个组成员被选中。选择组中的一个单选按钮将取消选择组内当前选定的单选按钮，可以启用或禁用单选按钮，在禁用状态下，单选按钮不接受鼠标或键盘输入。相比 Button 组件，RadioButton 组件新增了 groupName 和 value 两个参数，如图 10-4 所示。

图 10-4　RadioButton 组件参数

- groupName：单选按钮的组名称，默认值为 RadioButtonGroup。
- value：与单选按钮关联的用户定义值。

以【案例：奥运英雄榜】来说明这两个组件的使用。

【案例：奥运英雄榜】操作步骤如下。

1）执行菜单"文件"→"打开"命令，在弹出的对话框中选择"光盘\【项目 10】组件的使用与动画的发布\设计素材\[素材]奥运英雄榜.fla"，如图 10-5 所示。

图 10-5　源素材文件

2）选择舞台上影片剪辑元件"A"的实例，为了让动作脚本控制它，必须先给舞台上的实例起一个名字，打开"属性"面板，在面板左边的"实例名称"文本框中输入"pic1_mc"，同样为"B"、"C"和"D"的实例设置实例名称为"pic2_mc"、"pic3_mc"和"pic4_mc"。

3）插入新的图层并命名为"得票数"，为了方便统计各个运动员的得票数，选择文本工具，在影片剪辑元件"A"、"B"、"C"、"D"下方插入 4 个动态文本，并设置动态文本的实例名称分别为"a_txt"、"b_txt"、"c_txt"、"d_txt"。

4）插入新的图层并命名为"得票数"，执行"窗口"→"组件"命令，即可打开组件面板，在组件面板中选择 Button 组件，将其拖曳至舞台中，在"组件参数"选项区域内设置 Button 组件显示的名称为"投票"，实例名称为"count_mc"，采用同样的方法创建另外一个 Button 组件，显示的名称为"复位"，实例名称为"reset_mc"。

5）在组件面板中选择 RadioButton 组件，将其拖曳至舞台中，在"组件参数"选项区域内设置 RadioButton 显示的名称为"孙杨"，实例名称为"a_mc"，采用同样的方法创建另外 3 个 RadioButton 组件，显示的名称分别为"叶诗文"、"陈定"、"女子重剑"，实例名称为"b_mc"、"c_mc"、"d_mc"，各个组件的位置如图 10-6 所示。

图 10-6　各个组件的位置

6）插入新的图层并命名为"AS"，单击时间轴中的第 1 帧，选择菜单栏中的"窗口"→"动作"命令，打开动作面板，在脚本窗口中输入动作脚本，内容如下。

```
var A:Number=0;    var B:Number=0;
var C:Number=0;    var D:Number=0;
var counttxt:String
var tf:TextFormat = new TextFormat();
var tf1:TextFormat = new TextFormat();
tf.size = 18;    tf.font = "楷体_gb2312";    tf.bold = true;
a_mc.setStyle("textFormat", tf);
b_mc.setStyle("textFormat", tf);
c_mc.setStyle("textFormat", tf);
d_mc.setStyle("textFormat", tf);
tf1.font = "楷体_gb2312";
tf1.size = 12;
tf1.bold = true;
reset_mc.setStyle("textFormat", tf1);
count_mc.setStyle("textFormat", tf1);
reset_mc.addEventListener(MouseEvent.CLICK, reset);
function reset(event:MouseEvent):void {
pic1_mc.height=1 ;
pic1_mc.y=408.5;
pic2_mc.height=1 ;
pic2_mc.y=408.5;
pic3_mc.height=1 ;
pic3_mc.y=408.5;
pic4_mc.height=1 ;
pic4_mc.y=408.5;
A=0;B=0;C=0;D=0;
a_txt.text=A+"票";
b_txt.text=B+"票";
c_txt.text=C+"票";
d_txt.text=D+"票";    }
a_mc.addEventListener(MouseEvent.CLICK, clickHandler);
b_mc.addEventListener(MouseEvent.CLICK, clickHandler);
c_mc.addEventListener(MouseEvent.CLICK, clickHandler);
d_mc.addEventListener(MouseEvent.CLICK, clickHandler);
function clickHandler(event:MouseEvent):void {
counttxt=event.currentTarget.label;    }
count_mc.addEventListener(MouseEvent.CLICK, count);
function count(event:MouseEvent):void {
if ( counttxt=="孙杨" ) {
    pic1_mc.height+=10 ;
pic1_mc.y-=5 ;
    A++;
    a_txt.text=A+"票";    }
if ( counttxt=="叶诗文" ) {
```

```
            pic2_mc.height+=10 ;
            pic2_mc.y-=5 ;
            B++;
            b_txt.text=B+"票";        }
    if ( counttxt=="陈定" ) {
            pic3_mc.height+=10 ;
            pic3_mc.y-=5 ;
            C++;
            c_txt.text=C+"票";        }
    if ( counttxt=="女子重剑" ) {
            pic4_mc.height+=10 ;
            pic4_mc.y-=5 ;
            D++;
            d_txt.text=D+"票";        }   }
```

7）按下快捷键〈Ctrl+S〉保存文件，然后执行"控制"→"测试影片"命令，或按下快捷键〈Ctrl+Enter〉，测试动画文件的效果，效果如图 10-1 所示。

（3）CheckBox 组件

CheckBox 组件就是复选框组件，是任何表单或 Web 应用程序中的一个基础部分，每当需要收集一组非相互排斥的值时，都可以使用复选框，如图 10-7a 所示。它是一个可以选中或取消选中的方框，当被选中后，框中会出现一个复选标记，还可以为复选框添加一个文本标签，可以将它放在左侧、右侧、顶部或底部。

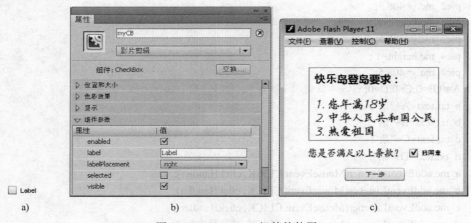

图 10-7 CheckBox 组件的使用

可以在应用程序中启用或者禁用复选框。如果复选框已启用，并且用户单击它或者它的标签，复选框会接收输入焦点并显示为按下状态。如果用户在按下鼠标按钮时将指针移到复选框或其标签的边界区域之外，则组件的外观会返回到其最初状态，并保持输入焦点。在组件上释放鼠标之前，复选框的状态不会发生变化。另外，复选框有两种状态，即选中和取消选中，这两种状态不允许鼠标或键盘的交互操作。如果复选框被禁用，它会显示其禁用状态，而不管用户的交互操作。在禁用状态下，按钮不接收鼠标或键盘输入。

复选框组件的参数与按钮组件的参数相比要少一些，如图 10-7b 所示，复选框组件的使用可以参见【案例：登岛协议】，如图 10-7c 所示。由于篇幅原因，在此不再介绍具体的步骤。

（4）ColorPicker 组件

ColorPicker 组件就是颜色拾取器组件，提供一个可弹出的 256 色盘的按钮，用户在色盘中选择颜色时，用户选择的颜色数值将转换为字符串，并作为组件的 selectedColor 属性输出，如图 10-8a 所示。与以上 3 种组件相比，颜色拾取器组件提供了两种新的参数供用户使用，如图 10-8b 所示。

● selectedColor：定义颜色拾取器中默认显示的颜色。

● showTextField：定义在颜色拾取器的弹出菜单中显示当前选择颜色的字符串。

颜色拾取器组件的使用可以参见【案例：彩色喷枪】，效果如图 10-8c 所示。

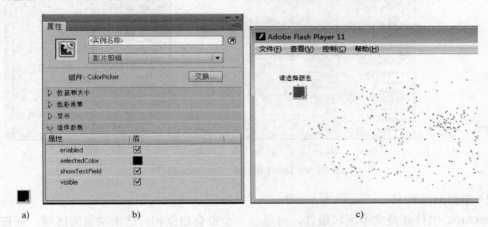

图 10-8　ColorPicker 组件的使用

2．文本类组件

在使用组件与用户进行交互时，如需要获取用户输入的文本，或动态显示某些文本内容供用户浏览，则可以使用文本类组件，包括以下 3 个组件。

（1）Label 组件

Label 组件就是标签组件，一个标签组件就是一行文本。可以指定标签采用 HTML 格式，也可以控制标签的对齐和大小。Label 组件没有边框、不能具有焦点，并且不广播任何事件。

在应用程序中，经常使用一个 Label 组件为另一个组件创建文本标签，例如，TextInput 字段左侧的"姓名："标签用来接受用户的姓名，如图 10-9a 所示。如果要构建一个应用程序，使用 Label 组件来替代普通文本字段就是一个好方法，因为可以使用样式来维持一致的外观。在属性面板中可以设置 Label 组件的参数如图 10-9b 所示。

● autoSize：指明标签的大小和对齐方式应如何适应文本。默认值为 none。参数可以是以下 4 个值之一：none，标签不会调整大小或对齐方式来适应文本；left，标签的右边和底部可以调整大小以适应文本，左边和上边不会进行调整；center，标签的底部会调整大小以适应文本，标签的水平中心和它原始的水平中心位置对齐；right，标签的左边和底部会调整大小以适应文本，上边和右边不会进行调整。

● condenseWhite：获取或设置一个字符串，表示如何调整标签大小和对齐标签以适应其 text 属性的值。

- htmlText：指示标签是否采用 HTML 格式，如果将 HTML 设置为 true，则不能使用样式来设置标签格式，用户可以使用 font 标记将文本设置为 HTML，默认值为 false。
- selectable：指明文字是（true）否（false）可选，默认为 false。
- text：用于输入标签的内容，默认值为 lable。
- wordWrap：指明文本字段是（true）否（false）支持自动换行，默认为 false。

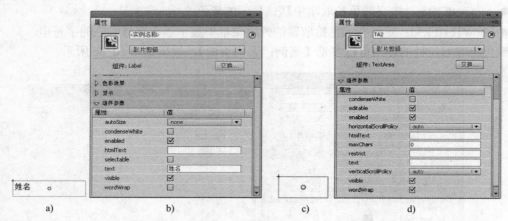

图 10-9　Label 组件和 TextArea 组件

（2）TextArea 组件

TextArea 组件就是文本区域组件，可显示一个带有边框和可选滚动条的区域，并在该区域中显示多行的文本内容，或由 HTML 语言编写的网页文档内容，如图 10-9c 所示。

文本区域组件的组件参数比标签组件更多，其本身除了可显示文本外，还可以显示 HTML 内容和图像，并允许用户对这些内容进行编辑，如图 10-9d 所示。

- editable：定义文本区域组件是否允许用户编辑。
- horizontalScrollPolicy：定义文本区域组件的水平滚动条策略。
- maxChars：定义文本区域组件中允许显示的字符数，0 为不限制。
- restrict：为文本区域使用正则表达式进行验证，输出判断的布尔值。
- verticalScrollPolicy：定义文本区域组件的垂直滚动条策略。

文本区域组件的使用可以参见【案例：我心永恒】，案例左侧是导入外部的文本到组件中，在其内部输入字符时，所输的字符将显示在右侧，效果如图 10-10 所示。

（3）TextInput 组件

TextInput 组件就是输入文本组件，显示为一个单行文本框，在此组件中只能显示单行的文本，不能显示 HTML 数据，也不能通过滚动条显示多行内容。与文本区域组件相比，输入文本组件增加了一个 displayAsPassword 组件参数，在选中该参数后，输入文本将以密码的方式显示组件中的文本内容，可以参见【案例：登录界面】，输入的密码文字将以"***"的形式显示，效果如图 10-11 所示。

3. 列表类组件

列表类组件可以显示和管理多种同一类别的数据信息，并在用户选中其中任意的条目时，将该条目的数据返回给程序，包括以下 4 个组件。

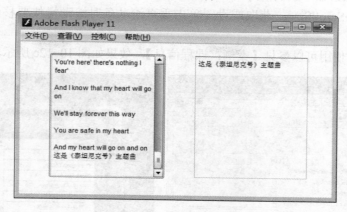

图 10-10　TextArea 组件的使用

图 10-11　TextInput 组件的使用

（1）List 组件

List 组件就是列表框组件，是一个可滚动的单选或多选菜单，其中可显示文本项目，也可显示图形项目或其他组件，如图 10-12a 所示。在创建列表框组件后，用户同样可以在属性面板中设置其组件参数，如图 10-12b 所示，相比之前各种组件，其主要新增了以下组件参数。

- allowMultipleSelection：获取一个布尔值，指示能否一次选择多个列表项目，默认值为 false。
- dataProvider：单击该参数右边的 🔍 图标，将打开"值"对话框，在其中可设置 data 值和 label 值，以此来决定 List 组件列表框中显示的内容。
- horizontalLineScrollSize：获取和设置一个值，该值描述当单击滚动箭头时要在水平方向中滚动的内容量，默认值为 4。
- horizontalPageScrollSize：获取或设置按滚动条轨道时水平滚动条上滚动滑块要移动的像素数，默认值为 0。
- verticalLineScrollSize：获取和设置一个值，该值描述当单击滚动箭头时要在垂直方向上滚动的像素数，默认值为 4。

● verticalPageScrollSize：获取或设置单击垂直滚动条时滚动滑块要移动的像素数，默认值为 0。

列表框组件的使用可以参见【案例：课程信息】，效果如图 10-12c 所示。

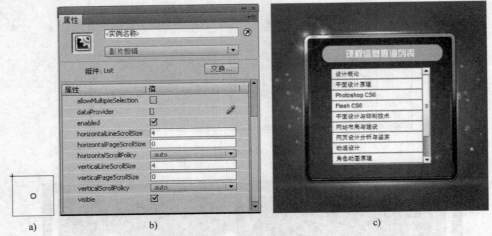

图 10-12　List 组件的使用

（2）ComboBox 组件

ComboBox 组件就是下拉列表框组件，应用于需要从列表中选择一项的表单或应用程序中，如图 10-13a 所示。组合框组件由 3 个子组件组成，它们是 Button 组件、TextInput 组件和 List 组件。组合框组件可以是静态的，也可以是可编辑的。使用静态组合框，用户可以从下拉列表中做出一项选择。使用可编辑的组合框，用户可以在列表顶部的文本字段中直接输入文本，也可以从下拉列表中选择一项。如果下拉列表超出文档底部，该列表将会向上打开，而不是向下。当在列表中进行选择后，所选内容的标签被复制到组合框顶部的文本字段中，进行选择时既可以使用鼠标也可以使用键盘。在属性面板中可以设置其参数，如图 10-13b 所示，相比之前各种组件，新增了以下参数。

● editable：确定 ComboBox 组件是可编辑的（true）还是只能选择的（false），默认值为 false。

● prompt：获取或设置对 ComboBox 组件的提示，此提示是一个字符串，会显示在 ComboBox 的 TextInput 部分中，默认为无输入，即显示列表中第一个数据。

● rowCount：设置在不使用滚动条的情况下一次最多可以显示的项目数，默认值为 5。

下拉列表框组件的使用可以参见【案例：图片管理】，效果如图 10-13c 所示。

（3）DataGrid 组件

DataGrid 组件也就是数据表组件，是基于列表的组件，如图 10-14a 所示，它提供一个呈行和列分布的网格。网络的顶部是一个可选的标题行，用于显示所有属性列的名称。数据表组件的数据来源可以是二维数组、DataProviter 对象或外部的 XML 文件。该组件提供了多种类型的组件参数，除与之前介绍的组件重复的参数外，还包括以下参数，如图 10-14b 所示。

● headerHeight：以像素为单位指定 DataGrid 标题的高度。

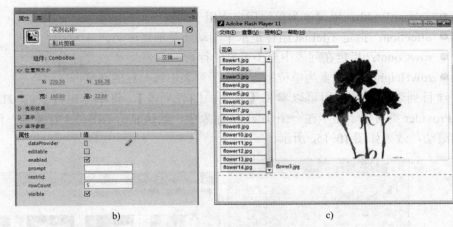

图 10-13 ComboBox 组件的使用

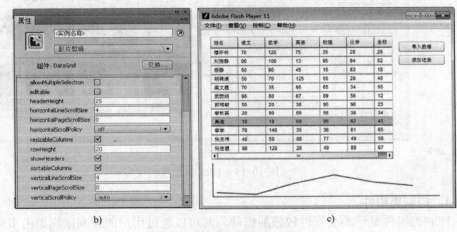

图 10-14 DataGrid 组件的使用

- resizableColumns：一个布尔值，指定用户能否更改列的尺寸。
- rowHeight：以像素为单位指定 DataGrid 组件中每一行的高度。
- showHeaders：一个布尔值，指定 DataGrid 组件是否显示列标题。
- sortableColumns：一个布尔值，指定用户能否通过单击列标题单元格对数据中的项目进行排序。

数据表组件的使用可以参见【案例：成绩表】，效果如图 10-14c 所示，单击"导入数据"按钮，可以导入外部数据，单击表格中的不同项目时会根据当前选择行中的数据绘制一条折线图，单击"添加项目"按钮，可以在数据的下方添加新的纪录，还可以单击列标题的方法对表格数据进行排序操作。

（4）TileList 组件

TileList 组件就是项目列表组件，是由一个列表组成的，如图 10-15a 所示。该列表内包含若干行和列的单位，可以显示多种类型的外部数据源，包括文本内容、图像、音频、视频等。项目列表组件的参数设置比其他组件更复杂一些，新增了以下参数，如图 10-15b 所示。

- columnCount：指定在列表中至少可见的列数。

275

- columnWidth：以像素为单位指定应用于列表中列的宽度。
- direction：指定 TileList 组件是水平滚动还是垂直滚动。
- rowCount：指定在列表中至少可见的行数。
- rowHeight：以像素为单位指定应用于列表中每一行的高度。

项目列表组件的使用可以参见【案例：图表列表】，将本地磁盘上的 21 幅位图通过 DataProvider 类对象，显示在一个 TileList 对象中，默认显示范围是 3 行 4 列，滚动条设置为横向滚动，效果如图 10-15c 所示。

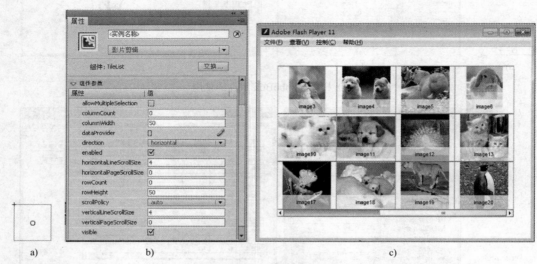

图 10-15　TileList 组件的使用

4．控制类组件

控制类组件是一类交互性较强的组件，其可以通过用户的精确鼠标单击事件或键盘输入的数字传递给程序，以控制程序的执行过程，包括以下 4 个组件。

（1）NumericStepper 组件

NumericStepper 组件通常称为计数器组件，它包括一个单行字段和一对箭头按钮，前者用于文本输入，后者用于单步调节该组件中的数值，如图 10-16a 所示。该组件可以显示一组已排序的数字，用户也可以直接修改显示的数字，也可以使用向上键或向下键查看这组数值中的其他数字。在计数器组件的参数中，主要包含以下参数，如图 10-16b 所示。

- maximum：指定计数器中可计入的最大数值。
- minimum：指定计数器中可计入的最小数值。
- stepSize：指定计数器中任意两个相邻数值之间的间隔。
- value：指定计数器中显示的当前数值。

计数器组件的使用可以参见【案例：简历】，单击"提交"按钮，将各组件中的信息收集到一个字符串中并显示出来，如图 10-16c 所示。

（2）ProgressBar 组件

ProgressBar 组件也称为进度条组件，如图 10-17a 所示，可以显示内容的加载进度，也可以根据用户定义的事件，显示某些数值与总数值之间的比例。在进度条组件的参数中，主要包含以下参数，如图 10-17b 所示。进度条组件的使用可以参见【案例：统计图表】，通过脚本设置进度条值的显示方式以及进度的取值范围等，如图 10-17c 所示。

图 10-16　NumericStepper 组件的使用

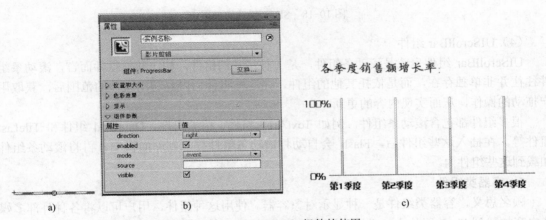

图 10-17　ProgressBar 组件的使用

- direction：指定进度栏的填充方向。
- mode：指定用于更新进度栏的方法。
- source：指定加载的内容，ProgressBar 将测量对此内容进行加载操作的进度。

（3）Slider 组件

Slider 组件也称为滑块组件，如图 10-18a 所示，包括一个滑块和一个直线轨道，用户可以在轨道的两个端点之间移动滑块来选择值，并将该值反馈到脚本中。在滑块组件的参数中，与其他组件不同的主要是以下参数，如图 10-18b 所示。

- liveDragging：布尔值，指定用户移动滑块时是否持续调用 SliderEvent.CHANGE事件。
- snapInterval：指定用户移动滑块时值增加或减少的量。
- tickInterval：相对于组件最大值的刻度线间距。

在使用滑块组件时，用户可以通过事件监听滑块的组件的当前值中，然后再将该值传递给其他脚本程序，实现滑块交互。如图 10-18c 所示，在【案例：八戒】中，拖动左侧的滑块上下滑动时，可以调节八戒的大小，拖动左下侧的滑块左右滑动，可以调节八戒的透明度。

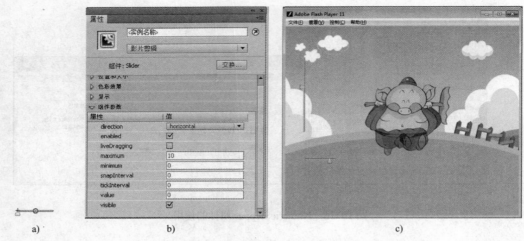

图 10-18　Slider 组件的使用

（4）UIScrollBar 组件

UIScrollBar 组件也就是滚动条组件，是一种特殊的组件，相比其他组件而言，滚动条组件往往并非单独存在，而是依托其他的组件，在这些组件的内容超出组件的范围后，获取用户拖动的操作，从而实现内容的更新。

很多组件都包含滚动条组件，例如 TextArea 组件、List 组件、DataGrid 组件和 TileList 组件等。在插入这些组件后，Flash 会自动将滚动条组件导入到库面板中，再将滚动条组件加载到这些组件内。

5．容器类组件

顾名思义，容器类组件是一种显示对象容器。使用这种组件，用户可以将各种外部多媒体内容加载到 Flash 影片中，再通过这些组件实现显示和播放，包括以下两个组件。

（1）ScrollPane 组件

ScrollPane 组件通常被称为卷轴加载容器组件，如图 10-19a 所示，可以显示超出其本身尺寸的外部多媒体内容，并为用户提供滚动条工具移动的显示区域，辅助用户查看整个多媒体内容。卷轴加载容器组件与其他组件相比，包含一个新的组件参数，如图 10-19b 所示。

● scrollDarg：指定用户在滚动空格中拖动内容时是否发生移动。

（2）UILoader 组件

UILoader 组件通常被称作界面加载容器组件，如图 10-19c 所示，同样可以为 Flash 影片加载多种类型的文档，包括 Flash 影片、JPEG 图像、渐进式 JPEG 图像、PNG 图像和 GIF 图像等。相比卷轴加载容器组件，界面加载容器组件除了可加载本地的数据外，还可以从远程位置加载数据。界面加载容器组件上的特殊参数主要包括如下几种，如图 10-19d 所示。

● autoLoad：指定 UILoader 实例是否自动加载指定的内容。

● maintainAspectRatio：指定是要保持原始图像中使用的高度比，还是要将图像的大小调整为 UILoader 组件的当前宽度和高度。

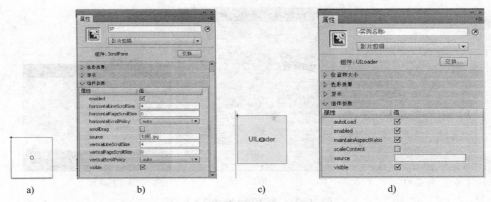

a)   b)   c)   d)

图 10-19　ScrollPane 组件和 UILoader 组件

● scaleContent：指定是否要将图像自动缩放到 UILoader 实例的大小。

卷轴加载容器组件和界面加载容器组件的使用可以参见【案例：图片展示】，利用组件制作出界面，控制图片的展示，效果如图 10-20 所示。

图 10-20　ScrollPane 组件和 UILoader 组件

10.1.3　案例精讲——使用 Video 组件与【飞翔的使者】

Video 组件是 Flash 提供的一组用于展示视频和控制视频播放的特殊组件，其主要分为两类，一类是视频播放组件，可作为容器显示视频内容，另一类则是视频控制组件，其本身是一组按钮，可以控制视频播放的进度和其他一些参数。

1．视频播放组件

Flash 的视频播放组件包括 FLVPlayback 和 FLVPlayback 2.5 等两种组件。其中，FLVPlayback 组件主要为旧版本的 Flash 视频提供支持，而 FLVPlayback 2.5 组件则除了为新版本的 Flash 视频提供支持，还提供动态流和数字影像记录功能。

在组件面板中选择 FLVPlayback 2.5 组件，然后即可将其拖曳至舞台中，此时即可查看默认的 Flash 播放器界面，如图 10-21a 所示。

与 UI 类组件类似，FLVPlayback 2.5 组件也允许用户在属性面板中设置组件的参数，如图 10-21b 所示，主要的参数功能如下。

a)   b)   c)

图 10-21　FLVPlayback 2.5 组件

- align：定义导入视频的对齐方式。
- autoPlay：定义导入的视频是否允许自动播放。
- cuePoints：显示视频的提示点。
- dvrFixedDuration：数字影像记录的固定周期。
- dvrIncrement：定义数字影像记录的增量。
- dvrIncrementVariance：数字影像记录的增量偏差。
- dvrSnapToLive：数字影像记录的动态截取功能。
- isDVR：判断是否启用数字影像记录功能。
- isLive：判断是否为流视频。
- preview：判断是否存在预览图。
- scaleMode：视频的缩放模式。
- skin：选择视频播放控件的皮肤。
- skinAutoHide：是否允许视频播放控件自动隐藏。
- skinBackgroundAlpha：视频播放控件在未激活状态下的透明度。
- skinBackgroundColor：视频播放控件的背景。
- volume：定义视频的音量，最小为 0，最大为 1。

FLVPlayback 2.5 组件的使用可以参见【案例：飞翔的使者】，效果如图 10-21c 所示。

2．视频控制组件

除了视频播放组件外，Flash 还提供了一组视频控制组件，允许用户为视频编辑字幕，以及控制视频播放的各种状态。

（1）字幕组件

字幕组件（FLVPlaybackCaptioning）允许用户从外部编辑一个字幕文档，并将其导入到 Flash 视频中，在播放视频时与视频同步显示。字幕文件应为标准的 W3C XML 格式，其与网页的 HTML 文档类似。

在加载字幕时，字幕组件将利用嵌入的事件提示点显示字母，而非直接读取整个 XML 字幕。在 Flash 中，允许用户使用多个字幕文档和流字幕文档。另外，Flash 还允许用户通过切换按钮实现字幕文档的切换。

字幕组件的参数与之前一些组件参数区别较大，其主要参数如下。

280

- autoLayout：定义字幕组件是否可以自动根据字幕文本的数量移动位置。
- captionTargeName：定义要显示字幕的显示对象实例名称。
- flvPlaybackName：定义字幕组件指向的视频播放组件实例名称。
- showCaptions：定义字幕是否显示。
- simpleFormatting：判断是否限制来自 XML 文件的格式设置指令。

（2）辅助组件

BackButton、CaptionButton、FullScreenButton、PauseButton、PlayPauseButton、StopButton、BufferingBar、ForwardButton、MuteButton、PlayButton、SeekBar、VolumeBar属于辅助组件，即用于控制视频播放时各种状态的组件，与 FLVPlayback 和 FLVPlayback 2.5等组件内置的控制按钮完全相同，在此不再介绍。

10.2　任务 2——动画的发布

【任务背景】　Flash 动画设计制作完之后，还要将作品进行优化，以保证网络播放效果，同时还可对其进行发布，制作成脱离设计环境的其他各种文件格式。随着技术的发展，Flash CS6 支持在各种智能手机上发布动画。

【任务要求】　通过提供的素材，使用 Flash CS6 的动画发布功能，发布 AIR for Android应用程序，具体的动画效果如图 10-22 所示。

图 10-22　【DemoPhone】

【案例效果】　配套光盘\【项目 10】组件的使用与动画的发布\效果文件\DemoPhone.apk和 DemoPhone.swf

10.2.1　知识储备——动画的测试与优化

在动画的设计过程中，经常要测试当前编辑的动画，以便了解动画作品是否达到预期效果。如果动画要在网络环境中播放，还要考虑动画作品文件的大小，要在保证动画作品效果的同时，优化动画文件，保证其最好的网络播放效果。

选择"控制"→"测试影片"命令，进行影片测试窗口，测试窗口上方将出现系统的菜单栏，在菜单栏中最常用的是"视图"菜单，选择"视图"菜单，弹出其下拉子菜单，如

图 10-23a 所示，其中主要的菜单功能如下。

- "放大"命令：可以将测试区中的影片放大显示。
- "缩小"命令：可以将放大后的影片缩小显示。
- "缩放比率"命令：可以将测试区中的影片按照百分比或完全显示的方式进行显示。
- "宽带设置"命令：可以显示出带宽特性窗口，用来观察数据流的情况，如图 10-23b 所示。窗口的左侧显示的是当前动画的信息和播放情况，右侧显示的是动画各帧上的数据量。矩形条越大，表示该帧上的数据量越大。红色的水平线是显示动画传输速率的警备线，其位置由传输条件决定。当帧上的矩形条高于红色水平线时，表示在播放该帧时，有可能产生停顿。在播放动画时，指针经过其中一帧，在窗口左侧的"帧"选项上显示出当前播放的帧数。

 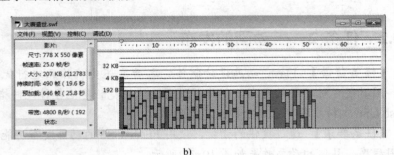

a)　　　　　　　　　b)

图 10-23　视图菜单与数据流图表

- "数据流图表"命令：可以用条形图的形式模拟下载方式，显示每一帧数据量的大小，如图 10-23b 所示。
- "帧数图表"命令：可以用条形图形式显示每一帧数据量的大小，如图 10-24a 所示。
- "模拟下载"命令：可以模拟在设定传输条件下，以数据流方式下载动画时的情况，可以通过标尺上绿色的进度条来观察下载情况，如图 10-24b 所示。在窗口左侧的"已加载"选项上显示加载的百分比，在右侧的标尺上显示出绿色的进度条，代表加载的速度，标尺上的指针表示当前动画播放的位置，当指针显示的位置赶上加载进度条时，动画就会出现停顿现象。
- "下载设置"命令：可以设置模拟的下载条件，要在其子菜单中选择传输速率，也可自定义传输速率。
- "品质"命令：可以设置影片测试区中动画显示的效果。

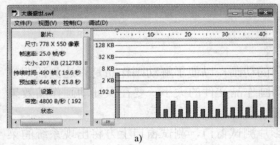 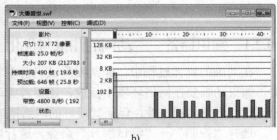

a)　　　　　　　　　b)

图 10-24　帧数图表与模拟下载

在互联网上进行动画展示时，它的质量与数量问题会直接影响到动画的播放速度和播放时间。质量较高会增加文档的大小，而文档越大，下载的时间就会越长，动画的播放速度也会越慢，所以对 Flash 动画进行优化便显得非常有必要了，造成文档尺寸增大的元素包括许多，如帧、声音、代替过渡的关键帧、嵌入的字体和渐变色等。下面列举一些优化动画的方法，但要注意在优化时不要损害动画的播放质量。

（1）元件的优化：如果动画对象在动画中多次出现，应使用元件，这样在网上浏览时，下载的数据就会减少许多。重复使用元件并不会使动画文件明显增大，因为动画文件只需要存储一次元件的图形数据。

（2）动画的优化：在制作时尽量使用补间动画，少使用逐帧动画，关键帧使用得越多，动画文件就会越大。

（3）线条的优化：多采用实线，少用虚线。限制特殊线条类型（如短画线、虚线、波浪线等）的数量，因为实线占用的资源比较少，可以使文件变小，但用"铅笔工具"绘制的线条比使用"刷子工具"绘制的线条占用的资源要少。

（4）图形的优化：多用构图简单的矢量图形，矢量图形越复杂，CPU 运算起来就越费力，少用位图图像，矢量图可以任意缩放却不影响 Flash 的画质，位图图像一般只作为静态元素或背景图，Flash 不擅长处理位图图像的动作，应避免位图图像元素的动画。

（5）位图的优化：导入的位图图像文件尽可能小一点，并以 JPEG 方式压缩，避免将位图作为影片的背景。

（6）音频的优化：音频文件最好以 MP3 方式压缩，MP3 是使声音最小化的格式之一。

（7）文字的优化：限制字体和样式的数量，尽量不要使用太多不同的字体，尽可能使用 Flash 内定的字体。尽量不要将字体打散，字体打散后就变成图形了，这样会使文件增大。

（8）填色的优化：尽量减少使用渐变色和 Alpha 不透明度，使用过渡填充颜色填充区域比使用纯色填充区域要多占 50 字节左右。

（9）帧的优化：尽量缩小动作区域，限制每个关键帧中发生变化的区域，一般应使动作发生在尽可能小的区域内。

（10）图层的优化：尽量避免在同一时间内安排多个对象同时产生动作，有动作的对象也不要与其他静态对象安排在同一图层中，应该将有动作的对象安排在独立的图层内，以加速动画的处理过程。此外，尽量使用组合元素，使用层来组织不同时间、不同元素的对象。

（11）尺寸的优化：动画的长宽尺寸越小越好，尺寸越小，动画文件就越小，可以通过菜单命令修改影片的长宽尺寸。

（12）优化命令：选择"修改"→"形状"→"优化"命令，可以最大限度地减少用于描述图形轮廓的单个线条的数目。

10.2.2　知识储备——动画的输出与发布

动画作品设计完成后，要通过输出或发布方式将其制作成可以脱离设计环境播放的动画文件，并不是所有应用系统都支持 Flash 文件格式，如果要在网页、应用程序、多媒体中编辑动画作品，可以将它们导出成通用的文件格式，如 GIF、JPEG、PNG、BMP、QuickTime 或 AVI。将 Flash 动画保存为位图、GIF、JPEG、BMP 文件时，图像会丢失其矢量信息，仅以像素信息保存，但是将其导出为矢量图形文件（如 Illustrator 格式）时，可以保留其矢量信息。

选择"文件"→"导出"命令，可以选择将文件导出为图像或影片，该命令包括 3 个子菜单。（1）"导出图像"命令：可以将当前帧或所选图像导出为一种静止图像格式或导出为单帧 Flash Player 应用程序；（2）"导出所选内容"命令：可以将当前所选择的内容导出为一个以.fxg 为后缀的文件；（3）"导出影片"命令：可以将动画导出为包含一系列图片、音频的动画格式或静止帧，当导出静止图像时，可以为文档的每一帧都创建一个带有编号的图像文件，还可以将文档中的声音导出为 WAV 文件。

通过发布 Flash 操作，可以将制作好的动画发布为不同的格式、预览发布效果，并应用在不同的文档中，以实现动画的制作目的或价值。发布操作通常是在"文件"菜单中实现的，其中包括 3 个关于发布的命令，即"发布设置"、"发布预览"和"发布"命令。

1. 发布设置

选择"文件"→"发布设置"命令，弹出"发布设置"对话框，用户可以在发布动画前设置发布的格式，默认情况下会创建一个 Flash SWF 文件和一个 HTML 文档，如图 10-25 所示。

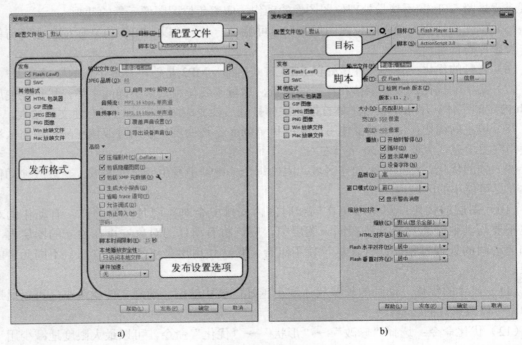

图 10-25　发布设置

- 配置文件：在此处显示当前要使用的配置文件，单击后面的"配置文件选项"，会弹出下拉菜单，可以创建、复制、导入、导出以及重命名配置文件，使用配置文件可以让用户的操作更为方便。
- 目标：用于设置当前文件的目标播放器，单击后面的小三角按钮可以在下拉列表中选择相应的目标播放器。

- 脚本：用于显示当前文件所使用的脚本。
- 发布格式：用以选择文件发布的格式，详细内容会在后面介绍。
- 发布设置选项：此处的选项会随着选择发布格式的不同而变动，用于对相应的发布格式进行设置。

2. Flash

图 10-25a 为 "Flash" 选项卡，可以对发布的 SWF 动画进行各种参数的设置，各项参数功能如下。

- 输出文件：用于设置文件保存的路径。
- JPEG 品质：在此处移动滑动或在文本框中输入相应的数值，可以控制位图压缩，数值越小，图像品质越低，生成的文件就越大，反之品质就越高，压缩比越小，文件越大。
- 启用 JPEG 解块：选择此复选框，可以使高度压缩的 JPEG 图像显得更为平滑，即可减少由于 JPEG 压缩导致的典型失真，如图像中通常出现的 8×8 像素的马赛克，但可能会使一些 JPEG 图像丢失少许细节。
- 音频流和音频事件：这两个参数项是动画中声音压缩的设定，可以单击链接文字进入 "声音设置" 对话框中进行相应的设置，可以调整音频流类型和音频事件类型。
- 覆盖声音设置：若要覆盖在属性面板的 "声音" 部分中为个别声音指定的设置，请选择此复选框。若要一个较小的低保真版本的 SWF 文件，请选择此复选框。如果取消该复选框，则 Flash 会扫描文档中的所有音频流（包括导入视频中的声音），然后按照各个设置中最高的设置发布所有音频流。如果一个或多个音频流具有较高的导出设置，则可能增加文件大小。
- 导出设备声音：导出适合设备（包括移动设置）的声音而不是原始库声音。
- 压缩影片（默认）：压缩 SWF 文件以减少文件大小和缩短下载时间，有两种模式。①Deflate，旧压缩模式，与 Flash Player 6.x 和更高版本兼容；②LZMA，此模式效率比 Deflate 模式高 40%，只与 Flash Player 11.x 和更高版本或 AIR 3.x 和更高版本兼容。LZMA 压缩对于包含很多 ActionScript 或矢量图形的 FLA 文件非常有用。如果在 "发布设置" 对话框中选择了 "SWC" 选项，则只有 Deflate 压缩模式可用。
- 包括隐藏图层（默认）：选择该复选框将导出 Flash 文档中所有隐藏的图层，取消选择该复选框将阻止把生成的 SWF 文件中标记为隐藏的所有图层导出，这样用户就可以通过使图层不可见，以轻松测试不同版本的 Flash 文档。
- 包括 XMP 元数据：默认情况下，将在 "文件信息" 对话框中导入所有输入的元数据。
- 生成大小写报告：生成一个报告，按文件列出最终 SWF 内容中的数据量。
- 省略 trace 语句：使用 Flash 忽略当前 SWF 文件中的 ActionScript Trace 语句，如果选择此复选框，trace 语句的信息将不会显示在输出面板上。
- 允许调试：激活调试器并允许远程调试 Flash SWF 文件。
- 防止导入：防止其他人导入 SWF 文件并将其转换回 FLA 文档，可使用密码来保护。
- 密码：在文本框中输入密码，防止他人调试或导入 SWF 文件，如果想要执行调试或导入操作，则必须输入密码，只有使用 ActionScript 2.0 或 ActionScript 3.0，并且选择了 "允许调试" 或 "防止导入" 复选框。

- 脚本时间限制：可以设置时间脚本在 SWF 文件中执行时可占用的最大时间量，在此文本框中输入一个数值，FlashPlayer 将取消执行超出此限制的任何脚本。
- 本地播放安全性：可以选择要使用的 Flash 安全模型，是授予已发布的 SWF 文件本地安全性访问权，还是网络安全访问权，包括两个选项。①只访问本地文件，可使已发布的 SWF 文件与网络上的文件和资源交互；②只访问网络，可使已发布的 SWF 文件与网络上的文件和资源交互，但不能与本地系统的文件和资源交互。
- 硬件加速：可以设置 SWF 文件使用硬件加速，包括两个选项。①第 1 级-直接，通过允许 Flash Player 在屏幕上直接绘制，而不是让浏览器进行绘制，从而改善播放性能；②第 2 级-GPU，Flash Player 利用图形卡的可用计算能力，执行视频播放并对图层化图形进行复合。根据用户的图形硬件不同，将提供更高一级的性能优势。如果用户拥有高端图形卡，则可以选择此选项。

3. HTML

在图 10-25b 中为"HTML"选项卡，可以对发布的 HTML 文档进行参数的设置，各项参数功能如下。

- 模板：在一般应用情况下，只要选择"仅限 Flash"即可，这个选项也是一个默认选项，单击右边的"信息"按钮可以显示选定模板的说明。
- 信息：单击"信息"按钮，可以在弹出的对话框中显示所选模板的说明。
- 检测 Flash 版本：如果用户选择的不是"图像映射"模板，只有"模板"选项设置为前 3 个时，复选框才可选。选择该复选框，SWF 文件将嵌入包含 Flash Player 检测代码的网页中，如果检测代码发现在用户的计算机上安装了可接受的 Flash Player 版本，则 SWF 文件便会按要求播放。
- 大小：可以在"大小"下拉列表中选择以下 3 个选项。①匹配影片：这是一个默认设置，将会使用 SWF 文件的尺寸大小。②像素：选择这个选项以后，可以在下面的"宽"和"高"中输入宽度和高度的像素数，从而控制影片的尺寸。③百分比：指定 SWF 文件将占浏览器窗口的百分比。
- 播放：设置"播放"选项可以控制 SWF 文件的回放和各种功能，包括 4 个选项。①开始时暂停：会一直暂停播放 SWF 文件，直到用户单击按钮或从快捷菜单中选择"播放"后才开始播放。默认情况下，该选项处于取消选中状态，Flash 内容一旦加载就立即开始播放。②循环：将在 Flash 内容到达最后一帧后再重复播放，取消选中此选项会使 Flash 内容在到达最后一帧后停止播放。③显示菜单：选中该项后，当用鼠标右键单击 SWF 文件时，将显示一个快捷菜单。如果取消选中此选项，那么快捷菜单中就只有"关于 Flash"一项。默认情况下，此选项处于选中状态。④设备字体：会用消除锯齿（边缘平滑）的系统字体替换用户系统上未安装的字体，使用设备字体可使小号字体清晰易辨，并能减小 SWF 文件的大小。此选项只影响那些包含用设备字体显示静态文本（在创作 SWF 文件时创建并在 Flash 内容播放时不会改变的文本）的 SWF 文件。
- 品质：设置"品质"选项以在处理时间和外观之间确定一个平衡点，包括 6 个选项。①低：主要考虑回放速度，基本不考虑外观，并且不使用消除锯齿功能。②自动降低：主要强调速度，但是也会尽可能改善外观，回放开始时，消除锯齿功能处于关闭状态，若Flash Player 检测到处理器可以处理消除锯齿功能，就会打开该功能。③自动升高：在开始时同等强调回放速度和外观，但在必要时会牺牲外观来保证回放速度。回放开始时，消除锯齿功能处于打开状态，若实际帧频降到指定帧频之下，就会关闭消除锯齿功能以提高回放速度。使用此设置可模拟Flash中的"查看"→"消除锯齿"命令。④中：选项会应用一些消除锯齿功能，但并不会平滑位图。该设置生成的图像品质要高于"低"设置生成的图像品质，但低于"高"设置生成的图像品质。⑤高：考虑外观，基本不考虑回放速度，始终使用消除锯齿功能，若 SWF 文件不包含动画，则会对位图进行平滑处理；若包含动画，则不会对位图进行平滑处理。⑥最佳：提供最佳的显示品质，而不考虑回放速度，所有的输出都已消除锯齿，而且始终对位图进行光滑处理。

- 窗口模式：可以在更改了文档的原始宽度和高度的情况下，将内容放到指定的边界内，包括 4 个选项。①窗口：Flash 内容的背景不透明，并使用 HTML 背景颜色。HTML 无法呈现在 Flash 内容的上方或下方，为默认设置。②不透明无窗口：将Flash 内容的背景设置为不透明，并遮蔽 Flash 内容下面的任何内容，此选项使HTML 内容可以显示在 Flash 内容的上方或顶部。③透明无窗口：将 Flash 内容的背景设置为透明，此选项使 HTML 内容可以显示在 Flash 内容的上方和下方。需要注意的是，透明无窗口模式中复杂的呈现方式可能会导致动画在 HTML 图像同样复杂的情况下速度变慢。

- 显示警告消息：如果在标签设置发生冲突时，会显示错误消息。

- 缩放：可以修改内容边框或虚拟窗口与 HTML 页面中内容的关系，包括 4 个选项。①默认（显示全部）：会在指定的区域显示整个文档，并且不会发生扭曲，同时保持SWF 文件的原始高宽比，边框可能会出现在应用程序的两侧。②无边框：这个选项会对文档进行缩放，以使它填充指定的区域，并保持 SWF 文件的原始高宽比，同时不会发生扭曲，并根据需要裁剪 SWF 文件的边缘。③精确匹配：会在指定区域显示整个文档，它不保持原始高宽比，这可能会导致发生扭曲。④无缩放：这个选项将禁止文档在调整 Flash Player 窗口大小时进行缩放。

- HTML 对齐：这个选项确定 Flash SWF 窗口在浏览器窗口中的位置，默认选项使Flash 内容在浏览器窗口内居中显示，如果浏览器窗口小于应用程序，则会裁剪边缘。左对齐、右对齐、顶部、底部这些对齐选项会将 SWF 文件与浏览器窗口的相应边缘对齐，并根据需要裁剪其余的三边。

- Flash 水平和垂直对齐：这个选项可设置如何在应用程序窗口内放置 Flash 内容以及在必要时如何裁剪它的边缘。对于"水平"对齐，可以选择"左对齐"、"居中"或"右对齐"；对于"垂直"对齐，可以选择"顶部"、"居中"或"底部"。

4．GIF 图像

GIF 文件提供了一种简单的方法来导出绘画和简单动画，并在 Web 中使用，标准的 GIF文件是一种简单的压缩位图。在"GIF"选项卡中，对 GIF 文件的发布进行设置，如图 10-26a所示，各项参数功能如下。

- 大小：用于设置发布的 GIF 文件尺寸，以像素为单位，如果选择"匹配影片"复选框，则发布后的GIF 文件尺寸以动画文件的尺寸为准。

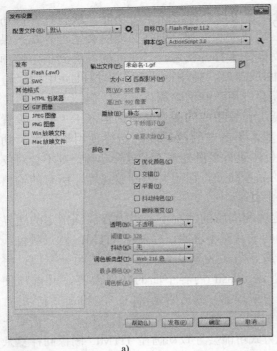
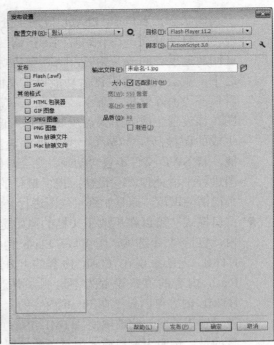

a)　　　　　　　　　　　　　　b)

图 10-26 "GIF 图像"和"JPEG 图像"发布设置

- 播放：设置发布后的 GIF 文件是静态图片（"静态"项）还是 GIF 动画（"动画"项）。如果选择"动画"，还可以设置成"不断循环"或者输入动画循环播放的次数。
- 颜色选项：可以设置发布的 GIF 文件的外观设置范围，包括 5 个选项。①"优化颜色"选项，可以将没有用到的颜色从 GIF 文件的颜色表里删除，从而减小文件的尺寸；②"交错"选项，可以在网速较慢时提前显示图片的简略图，从而缩短 GIF 文件区域的空白时间，一般最好不要在 GIF 动画中使用此项；③"平滑"选项，可以消除锯齿，从而改善 GIF 文件的质量，但会增大文件的尺寸；④"抖动纯色"选项，可以抖动纯色和渐变色；⑤"删除渐变色"选项，可以转变 Flash 原始动画文件中的渐变颜色为纯色，从而减小文件的尺寸。
- 透明：可以设置应用程序背景的不透明度，以及将 Alpha 设置转换为 GIF 的方式，包括"不透明"、"透明"和"Alpha" 3 个选项。
- 抖动：可以设置如何组合可用颜色的像素来模拟当前调色板中没有的颜色，可以改善颜色品质，但是也会增加文件大小，包括 3 个选项。①无：关闭抖动，并用基本颜色表中最接近指定颜色的纯色替代该表中没有的颜色。如果关闭抖动，则产生的文件较小，但颜色不能令人满意。②有序：提供高品质的抖动，同时文件大小的增长幅度也最小。③扩散：提供最佳品质的抖动，但会增加文件大小并延长处理时间，只有选择"Web 216 色"调色板时才起作用。
- 调色板类型：可以设置图像的调色板，包括 4 个选项。①Web 216 色：使用标准的 Web 安全 216 色调色板来创建 GIF 图像，这样会获得较好的图像品质，并且在服务器上的处理速度最快。②最合适：分析图像中的颜色，并为所选 GIF 文件创建一个唯一的颜色表。对于显示成千上万种颜色的系统而言是最佳的，它可以创建最精确的图像颜色，但会增加文件大小。③接近 Web 最适色：与"最合适"选项相同，但是会将接近的颜色转换为 Web 216 色调色板。生成的调色板已针对图像进行优化，但 Flash 会尽可能使用 Web 216 色调色板中的颜色。如果在 256 色系统上启用了 Web 216 色调色板，此选项将使图像的颜色更出色。④自定义：设置已针对所选图像进行优化的调色板，自定义调色板的处理速度与"Web 216 色"调色板的处理速度相同。单击"调色板"文件夹图标，然后选择一个调色板文件，可以选择自定义调色板。Flash 支持由某些图形应用程序导出的以 ACT 格式保存的调色板。

5. JPEG 图像

通常 GIF 格式对于导出线条绘画的效果较好，而 JPEG 格式图像的使用范围较为广泛，适合显示包含连续色调的图像，JPEG 格式可以将图像保存为高压缩比的 24 位位图，使图像在体积很小的情况下得到相对丰富的色调。在"JPEG"选项卡中，对 JPEG 文件的发布进行设置，如图 10-26b 所示，与"GIF 图像"选项卡相比，不同的参数功能如下。

- 品质：用于设置 JPEG 图像的压缩程度，不同"品质"数值的图像效果有所不同。选择"渐进"复选框，可以在 Web 浏览器中增量显示渐进式 JPEG 图像，从而可以低速网络连接上以较快的速度显示加载的图像，类似于 GIF 和 PNG 图像中的"交错"选项。

6. PNG 图像

PNG 是一个唯一支持不透明度的跨平台位图格式，它也是 Adobe Fireworks 的本地文件格式，与"GIF 图像"选项卡相比，不同的参数功能如下。

- 位深度：可以设置创建图像时要使用的每个像素的位数和颜色数，位深度越高，文件就越大，包含 3 个选项。①8 位：用于 256 色的 PNG 图像。②24 位：用于数千种颜色的 PNG 图像。③24 位 Alpha：用于数千种颜色并带有透明度（32 位）的图像。
- 滤镜选项：用于设置图像信息逐行过滤的方法，使 PNG 文件的压缩性更高，并用特定图像的不同选项进行实验，包括 6 个选项。①无（默认）：不对图像信息进行过滤。②Sub：即"下"传递每个字节和前一像素相应字节值之间的差。③Up：即"上"传递每个字节和它上面相邻像素的相应字节的值之间的差。④Average：即"平均"使用两个相邻像素（左侧像素和上方像素）的平均值来预测该像素的值。⑤Path：即"线性函数"路径计算 3 个相邻像素（左侧、上方、左上方）的简单线性函数，然后选择最接近计算值的相邻像素作为颜色的预测值。⑥Adaptive：即"最合适"分析图像中的颜色，并为所选 PNG 文件创建一个唯一的颜色表。对于显示成千上万种颜色的系统而言是最佳的，它可以创建最精确的图像颜色，但所生成的文件要比和"Web 216 色"调色板创建的 PNG 文件大。通过减少最合适色彩调色板的颜色数量，减少用该调色板创建的 PNG 的大小。

7. Win 放映文件和 Mac 放映文件

Win 和 Mac 是指用户用的系统，Win 即 Windows 系统，选择该项后在"发布设置"对话框中不会出现相应的选项卡，但可以将 Flash 动画发布为扩展名为.exe 的可执行文件，即在没有安装 Flash 播放器的 Windows 系统或苹果机系统中播放此文件。发布后的文件比 Flash 动画文件要大一些，原因是.exe 文件中内置 Flash 播放器。Mac 即苹果机系统，选择该项后，同样不会出现相应的选项卡，Mac 会将 Flash 动画发布为.app 的文件夹类型。

8．发布 AIR for Android 应用程序

从 Flash CS5.5 开始，可以为 AIR for Android（Google 提供的移动设备操作系统）发布内容，这就可以很方便在移动平台上使用 Flash 动画。用户可以选择"文件"→"新建"命令，在 Flash 中创建 Adobe AIR for Android 文档，还可以创建 ActionScript 3.0 FLA 文件，并通过"发布设置"对话框将其转换为 AIR for Android 文件。

在开发完应用程序后，选择"文件"→"AIR 3.2 for Android"命令，或在"发布设置"对话框的"目标"下拉列表中选择"AIR for Android"选项，如图 10-27a 所示。在该对话框中可以对应用程序描述文件、应用程序图标及应用程序包含的文件进行设置。

9．发布 AIR for iOS 应用程序

Flash 支持为 AIR for iOS（Apple 提供的移动设备操作系统）发布应用程序，AIR for iOS 应用程序可以运行于 Apple iPhone 和 iPad 上，在为 iOS 发布应用程序时，Flash 会将 FLA 文件转换为本地 iPhone 应用程序。

要想为 AIR for iOS 发布应用程序，需要在创建文档时，选择创建 AIR for iOS 文档，执行"文件"→"AIR 3.2 for iOS 应用程序设置"命令，在弹出的"AIR for iOS 设置"对话框中可以对应用程序的宽、高、渲染模式、图标和语言等参数进行设置，如图 10-27b 所示。

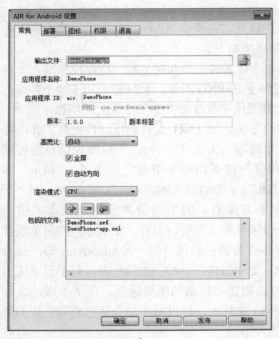

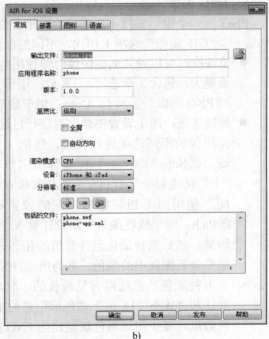

a)	b)

图 10-27　AIR for Android 设置与 AIR for iOS 设置

10.2.3　案例精讲——DemoPhone

2010 年，Adobe 公司成功地将 AIR 技术引入到移动平台，从此一举打开通往移动领域的大门，而对于 Flash 开发者来说，该技术的出现为他们转向移动应用开发提供了便利的条件。

Flash CS5.5 是最早支持 AIR Android 的开发工具，使用起来非常方便，Flash CS6 进一步完善了相关的功能，下面以【案例：DemoPhone】来学习如何发布 AIR for Android 应用程序。

【案例：DemoPhone】操作步骤如下。

1）执行菜单"文件"→"打开"命令，在弹出的对话框中选择"配套光盘\【项目 10】组件的使用与动画的发布\FLA 源文件\DemoPhone.fla"，如图 10-28 所示。

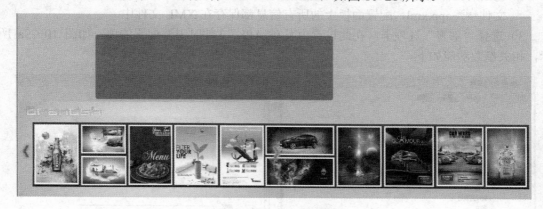

图 10-28　设计素材

2）选择"文件"→"AIR 3.2 for Android"命令，或在"发布设置"对话框的"目标"下拉列表中选择"AIR for Android"选项，弹出对话框如图 10-27a 所示，相关参数功能如下。

- 输出文件：用于设置文件保存的路径，文件名以.apk 为后缀，APK 是 Android package 的缩写，即 Android 安装包，是 JAR 文件的一种变体，类似 Windows 系统上的 EXE 文件。

- 应用程序名称：程序名，它将显示在系统的程序列表页面，命令的原则是中英文皆可，但不宜太长，不要使用系统默认的如"未命令-1.swf"此类格式，否则 Flash 将无法解析应用程序描述类文件。

- 应用程序 ID：程序在系统中唯一的标识名，一般使用公司名+项目名的结构，类似 ActionScript 类的包名。例如，com.fluidea.testapp，所有用 AIR 开发的 Android 程序的 ID 前都会加上 air。

- 版本和标签：这两个参数很容易混淆，前者是数字，供程序升级之用，后者是字符，仅供显示版本信息之用。如果要将程序发布到 Google 电子市场或其他市场上，则必须特别注意版本参数。每次向电子市场上传 APK 文件时，必须保证同一程序的版本值比上一个版本高，这样系统才能通过电子市场检测到有新版本发布，然后自动去下载更新或提示用户手动更新。另外版本采用的是 000.000.000 的格式，1.0.0 表示的是 1.000.000，而不是 1。对于标签这个参数没有严格要求，可以根据开发习惯来设置，例如 V1.0、Ver1.2.0322 等。

- 高宽比：表示程序在设备屏幕的朝向，支持 3 个可选项：纵向、横向和自动。如果选择了自动，那么程序将自动适应设置的屏幕朝向，否则屏幕朝向总是固定不变的。不管怎样，界面上的元素都不会自动按照手机水平和竖直方式定位，一切还得靠代码来控制。"全屏"复选框决定程序是否全屏运行，在运行期间也可以改变全屏状态。"自动运行"复选框决定设备的屏幕朝向发生变化时，是否派发舞台自动运行事件。

- 渲染模式：支持 3 个值，AUTO、CPU 和 GPU，默认为 CPU。GPU 模式一般在开启了位图缓存的时候使用，使用硬件加速来提高程序性能。

- 包括的文件：所有包含在 apk 包中的资源文件，默认包括了主程序 SWF 文件和配置文件***-app.xml，配置面板上的所有信息都保存在 XML 文件中。

3）选择"部署"选项卡，在此设置为发布 APK 文件时需要配置的项，如图 10-29a 所示，相关参数功能如下。

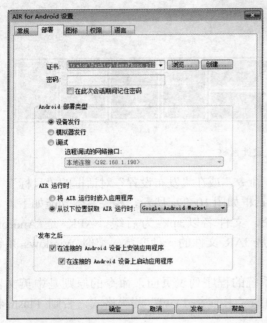
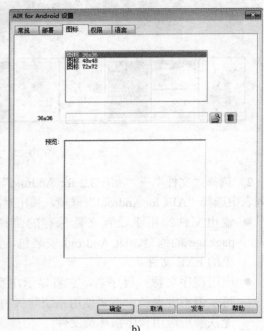

a)　　　　　　　　　　　　b)

图 10-29　"部署"与"图标"选项卡

- 证书：此处选择输入 p12 格式的签名证书路径，签名证书主要用来保证程序的可靠性，如果没有，可以单击右侧的"创建"按钮，按照向导创建新的证书。

- 密码：输入创建证书时设置的密码，可选择"在此次会话期间记住密码"复选框，支持自动记忆设置的密码。

- Android 部署类型：设置程序打包的类型，有 3 个选项。①"设备发行"选项针对移动设备的版本，也是最终发布的版本；②"模拟器发行"选项，针对模拟器的版本，用于测试；③"调试"选项，开启了调试模块的版本，可以在设备上进行联机调试。

- AIR 运行时：如果用户的手机并没有安装 AIR，那即便安装了自己开发的应用程序也没有什么意义，因为程序必须依靠 AIR 运行时才能运行。"将 AIR 运行时嵌入应用程序"选项解决了 AIR 的安装问题，嵌入应用程序后，当用户运行使用 AIR 技术开发的程序时，不再询问是否安装 AIR 运行时。"从以下位置获取 AIR 运行时"选项支持当没有安装 AIR 运行时程序时，选择下载的电子市场"Google Android Market"或"Amazon Appstore"。

● 发布之后：包含两个复选框。①"在连接的 Android 设备上安装应用程序"复选框表示 apk 包创建后，自动将生成的 apk 包安装到当前已连接的设备上，可以是模拟器或通过 USB 线连接在 PC 上的移动设备。②"在连接的 Android 设备上启动应用程序"，在选择上一个复选框后，再选择此复选框可以马上在移动设备上运行该程序。

4）选择"图像"选项卡，在此设置程序的图标，有"36×36"、"48×48"、"72×72" 3 个尺寸，推荐使用 PNG 格式的图标，如图 10-29b 所示。

5）选择"权限"选项卡，在此设置程序对设备资源的访问权限。例如，是否允许访问网络、是否允许操作 SD 卡上的文件等，如图 10-30a 所示。选择"语言"选项卡，在此设置程序支持的语言，如图 10-30b 所示。

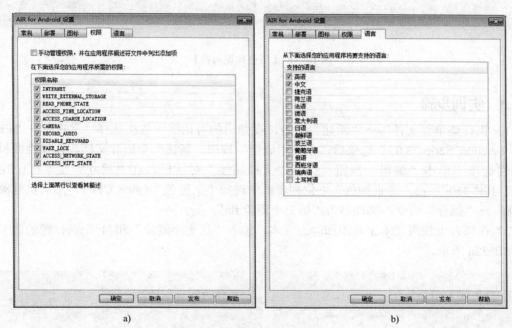

a)   b)

图 10-30 "权限"与"语言"选项卡

6）单击"发布"按钮，即可在连接的 Android 手机上发布应用程序"DemoPhone.apk"，在手机上用手指触摸该程序即可运行该程序，效果如图 10-22 所示。

10.3 项目实训——历史知识问答

10.3.1 实训目标

从 Flash CS4 开始不再提供测验模板，让许多使用者感到不便，其实可以利用组件来制作测验类的课件，使用单选按钮组件，通过编写脚本文件，实现单项选择题的效果。

10.3.2　实训要求

通过编写脚本文件，调用单选按钮组件，完成本案例的设计，如图 10-31a 所示，单击"提交"按钮后进行判分，如图 10-31b 所示，单击"复原"按钮可以回复原状。"配套光盘\【项目 10】组件的使用和动画的发布\FLA 源文件\历史知识问答.fla"为样例文件，仅供参考。

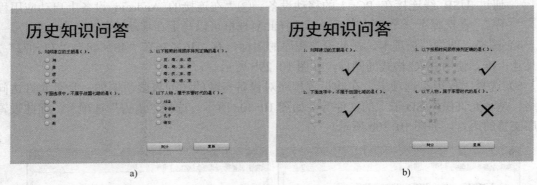

a)　　　　　　　　　　　　　　　　b)

图 10-31　【历史知识问答】

10.3.3　实训步骤

1）执行菜单"文件"→"新建"命令，在弹出的对话框中依次选择"常规"→"Flash 文件（Action Script 3.0）"选项后，单击"确定"按钮，新建一个影片文档，在属性面板中的属性选项中单击"编辑"按钮，打开"文档属性"对话框，在"尺寸"文本框中输入"720"和"450"，在"背景颜色"下位列表框中选择"天蓝色"（#99CCFF），然后执行菜单"文件"→"保存"命令，文件名为"历史小测验.fla"。

2）在舞台上使用文本工具添加静态文本，输入"历史小测验"和 4 个选择题的题干，如图 10-32a 所示。

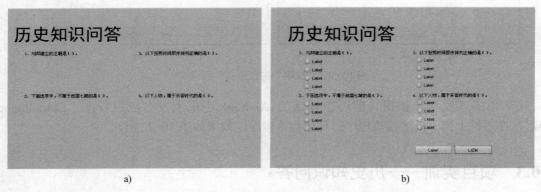

a)　　　　　　　　　　　　　　　　b)

图 10-32　添加静态文本和组件

3）执行"窗口"→"组件"命令，打开组件面板，将单选按钮组件和按钮组件拖放到舞台上并进行排列，每个小题需要 4 个单选按钮，对应 4 个选项，另外添加两个按钮放置在舞台的右下方，如图 10-32b 所示。

4）选中第一题的第一个单选按钮，在组件参数面板中设置参数，要设置 3 个参数。①将"groupName"参数设置为"T1"，表示这是第 1 题，每个题目的单选按钮，"groupName"参数的值必须相同；②将"label"设置为"周"，这是显示出来的文字内容；③将"value"设置为"1"，每个题目的 4 个单选按钮，"value"参数的值依次是"1"、"2"、"3"和"4"。使用同样的方法，设置第一题中 4 个选项的内容，对于这一组单选按钮，"groupName"的值都是"T1"，而"label"和"value"的值各不相同。

5）为了可以控制各个单选按钮，还需要为它们命名，选中舞台上的单选按钮，在属性面板上设置它们的实例名称。例如，第 1 题的第 1 个单选按钮设置为"C_1_1"，第 1 题的第 2 个单选按钮设置为"c_1_2"，依次类推。

6）选中舞台上的按钮组件，在组件参数中设置"label"属性，将两个按钮的标签分别设置为"判分"和"复原"，同时将"判分"的按钮实例名称设置为"checkBtn"，将"复原"按钮的实例名称设置为"reseBtn"。

7）执行"插入"→"新建元件"命令，创建一个新元件，元件名称为"影片剪辑-判定"，类型为"影片剪辑"，进入元件编辑界面绘制一个"√"符号，如图 10-33a 所示。

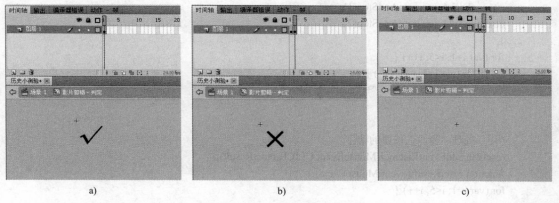

图 10-33　影片剪辑元件"影片剪辑-判定" 3 帧的内容

8）执行"插入"→"时间轴"→"空白关键帧"命令，将会在第 2 帧处插入一个空白关键帧，在此绘制一个"×"符号，如图 10-33b 所示。

9）执行"插入"→"时间轴"→"空白关键帧"命令，在第 3 帧插入空白关键帧，在动作面板中写入动作脚本"stop"，使得影片剪辑元件停留在这里，显示空白的内容，如图 10-33c 所示。

10）返回主场景继续进行编辑，打开库面板，将"影片剪辑-判定"拖放到舞台，一共需要 4 个影片剪辑实例，均放至题目右侧，并给各个影片剪辑命令，选中第一题对应的影片剪辑，在属性面板中将实例名称设置为"check1_mc"，同样将另外 3 个影片剪辑实例分别命名为"check2_mc"、"check3_mc"和"check4_mc"。

11）添加一个新的图层，选中图图层中的帧，打开动作面板，添加如下动作脚本。

// "RadioButtonGroup"是 Flash 的"单选按钮组"，为了处理舞台上的单选按钮组，需要先使用"import"语句进行导入

```
import fl.controls.RadioButtonGroup;
//为"判分"按钮添加事件侦听器，侦听"CLICK"事件，也就是鼠标单击事件，响应函数为
"checkResult"
checkBtn.addEventListener(MouseEvent.CLICK,checkResult);
function checkResult(event:MouseEvent) {
    if (RadioButtonGroup.getGroup("T1").selectedData==4) {
        check1_mc.gotoAndStop(1); }
    else {              check1_mc.gotoAndStop(2);
    }
    if (RadioButtonGroup.getGroup("T2").selectedData==2) {
        check2_mc.gotoAndStop(1); }
    else {              check2_mc.gotoAndStop(2);
    }
    if (RadioButtonGroup.getGroup("T3").selectedData==2) {
        check3_mc.gotoAndStop(1);
    }
    else {              check3_mc.gotoAndStop(2); }
    if (RadioButtonGroup.getGroup("T4").selectedData==4) {
        check4_mc.gotoAndStop(1); }
    else {check4_mc.gotoAndStop(2);
    }
    for (var i=1; i<5; i++) {
        for (var j=1; j<5; j++) {
            this["C_"+i+"_"+j].enabled=false;}
        }
    }
//用于处理"复原"按钮的动作
resetBtn.addEventListener(MouseEvent.CLICK,resetResult);
function resetResult(event:MouseEvent) {
for (var i=1; i<5; i++) {
    this["check" + i + "_mc"].gotoAndStop(3);
    for (var j=1; j<5; j++) {
        this["C_"+i+"_"+j].enabled=true;          }
    }
}
```

12）按下快捷键〈Ctrl+S〉保存文件，然后执行"控制"→"测试影片"命令，或按下
快捷键〈Ctrl+Enter〉，测试动画文件的效果，如图 10-31 所示。

10.4 技能知识点考核

一、填空题

（1）按照组件文件的发布格式，ActionScript 3.0 中的组件可分为两种，基于 FLA 的组
件和＿＿＿＿＿＿＿＿＿＿的组件。

（2）ComboBox 组件就是下拉列表框组件，应用于需要从列表中选择一项的表单或应用

程序中，该组件由 3 个子组件组成，它们是＿＿＿＿＿＿、TextInput 组件和＿＿＿＿＿＿组件。

（3）Label 组件就是标签组件，一个标签组件就是一行文本，该组件＿＿＿＿＿＿＿、不能具有焦点，并且＿＿＿＿＿＿＿。

（4）Slider 组件的当前值由滑块与端点之间的相对位置确定，其中 minimum 和 maxunum 两个属性的值分别对应滑块在最左端和在最右端的组件值。

（5）在任何需要单行文本字段的地方，都可以使用单行文本（TextInput）组件，该组件可以＿＿＿＿＿＿＿，或＿＿＿＿＿＿＿。

二、选择题（1～4 单选）

（1）RadioButton 组件有一个独特的参数用于设置组名称（　　　）。

A．label　　　　　　B．groupName　　　　　C．text　　　　　　D．name

（2）ComboBox 组件属性 rowCount 设置在不使用滚动条的情况下一次最多可以显示的项目数，默认值为（　　　）。

A．1　　　　　　　B．7　　　　　　　C．3　　　　　　D．5

（3）TextInput 组件的（　　　）参数设置用户可以在文本字段输入的最大字符数。

A．editable　　　　B．restrict　　　　　C．maxChars　　　　D．text

（4）TextArea 组件的（　　　）参数指明文本是否自动换行，默认值为 true。

A．text　　　　　　B．wordWrap　　　　　C．html　　　　　　D．editable

三、简答题

（1）TextArea 和 TextInput 组件有什么异同？

（2）简述 List 组件的基本用法。

（3）在发布 Flash 动画时，支持发布哪些格式的文件？

（4）在智能手机上发布 Flash 动画时，如何进行发布的设置？

10.5　独立实践任务

1.【任务要求】 根据本项目所学习的知识，利用素材如图 10-34a 所示（配套光盘\【项目 10】组件和模板的使用\实践任务\设计素材\[素材]星座查询.fla），利用组件制作如下动画效果：当选择其中一个日期段，单击"提交"按钮，将显示日期所属的星座，效果如图 10-34b 所示，单击"返回"按钮，回到主界面。部分代码提示：

```
if (a_mc.selected == true){
this.gotoAndStop(2);}
else if (b_mc.selected == true)      {
this.gotoAndStop(3);}  …
```

2.【任务要求】 根据本项目所学习的知识，利用素材（配套光盘\【项目 10】组件和模板的使用\实践任务\设计素材\[素材]旅游调查问卷.fla），制作一个网站信息调查问卷，如图 10-35a、图 10-35b 所示。

3.【任务要求】 根据本项目所学习的知识，利用素材（配套光盘\【项目 10】组件和模板的使用\实践任务\设计素材\FourCalligraphy.fla），如图 10-36 所示。使用 Flash 发布功能发布到 Android 手机上，发布文件格式为 APK。

图 10-34 【星座查询】

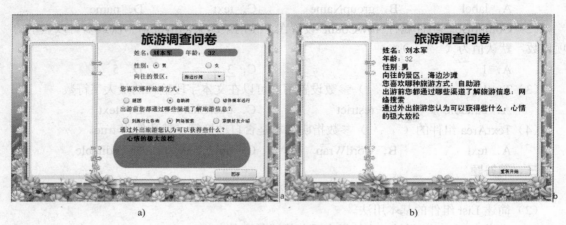

a)   b)

图 10-35 【旅游调查问卷】

图 10-36 【FourCalligraphy】